生态学名著译丛

Transdisciplinary Challenges in
Landscape Ecology and Restoration Ecology

景观与恢复生态学
——跨学科的挑战
Jingguan yu Huifu Shengtaixue——Kuaxueke de Tiaozhan

Zev Naveh 著

李秀珍 冷文芳 解伏菊 李团胜 角媛梅 译

高等教育出版社·北京

内容简介

本书是以色列著名景观生态学家 Zev Naveh 教授毕生从事景观生态学研究的著作精选，内容涵盖了景观生态学的若干理论研究和应用案例，以及从人类生态学角度对景观与恢复生态学所做的一些思考。其中不乏对生态系统与景观、生物多样性、景观多功能性、文化景观、区域可持续发展，以及后工业化信息社会未来发展走向的深刻思考和剖析，强调人类对大自然认识和行为的转变是实现可持续未来的唯一途径。本书可供地学、生态学、环境科学等学科的研究生和教学、科研人员参考，也值得人文科学乃至管理领域的人员关注。

图书在版编目（CIP）数据

景观与恢复生态学：跨学科的挑战／（以色列）那维（Naveh, z.），著；李秀珍等译. —北京：高等教育出版社，2010.5（2021.2 重印）

书名原文：Transdisciplinary Challenges in Landscape Ecology and Restoration Ecology

ISBN 978-7-04-029579-5

Ⅰ．①景…　Ⅱ．①那…②李…　Ⅲ．①景观学：生态学　Ⅳ．①Q149

中国版本图书馆 CIP 数据核字（2010）第 063211 号

策划编辑	李冰祥	责任编辑	孟 丽	封面设计	张 楠
责任绘图	尹 莉	版式设计	王 莹	责任校对	王效珍
责任印制	韩 刚				

出版发行	高等教育出版社	咨询电话	400-810-0598
社　　址	北京市西城区德外大街 4 号	网　　址	http://www.hep.edu.cn
邮政编码	100120		http://www.hep.com.cn
印　　刷	涿州市星河印刷有限公司	网上订购	http://www.landraco.com
开　　本	787×1092　1/16		http://www.landraco.com.cn
印　　张	18	版　　次	2010 年 5 月第 1 版
字　　数	340 000	印　　次	2021 年 2 月第 3 次印刷
购书热线	010-58581118	定　　价	59.00 元

本书如有缺页、倒页、脱页等质量问题，请到所购图书销售部门联系调换
版权所有　侵权必究
物　料　号　29579-A0

序

能为 Zev Naveh 先生的这本书作序，感到非常荣幸和骄傲，因为这本书不仅凝聚了他毕生的心血，而且具有重要的划时代意义。

写此序是我个人的荣幸，因为 Naveh 先生的理论并不仅仅局限在理论领域，而且还体现在应用上——或者至少在与实践有关的应用理论上，这在理论研究中是很难得的。我惊喜地发现，他在整体人类生态系统模型（THE）中，不仅运用了我长期倡导的整体性思想作为总体框架，而且还用到了我在一般进化论模型中提出的、基于分支点理论的进化序列，这种十分特殊的概念。他甚至还用到了基于全息场概念，或称 A 域的、包含所有事物的综合理论（integral theory of everything），这是我最近几年才刚概括出来的新理论。

能为此书作序，还是一种道德和学术上的责任，因为 Naveh 先生这部著作的重要性不仅在于理论模型的选择上。可以毫不夸张地说，Naveh 先生的贡献，不仅是对景观生态学的，他还超越这一学科，领会了行星地球上决定我们生活的一些内在过程，这种贡献是非常重要的。对于外行人来说也许会感到惊讶——Naveh 把系统思维真正引入到了生态学领域，虽然这门学科一直被当做是针对系统的，而实际上这一领域的研究却缺乏真正的系统性。他指出，世界上任何景观的研究与管理、保护与恢复，都需要一种整体性方法，贯穿自然科学、社会科学，甚至人文和艺术领域的前沿。这一观点非常重要，对于生态的主流思想来说，也是一种根本性的创新。

Naveh 先生认为，所有环境领域的理论和实践都迫切需要一个跨学科性的变革，这种变革在景观生态学、恢复生态学和一般性的景观研究中尤其重要。这场变革是"迫切需要的环境革命"的核心，它将导致后工业化时代人与自然的和谐共生，表现为人类与景观之间相互作用和影响。在本书的一些章节中，通过系统科学、控制论、复杂性理论、一般进化论，以及本人的一些综合性世界观理念，充分展示了跨学科性变革的必要性和实践意义。

正如 Naveh 先生所指出的——也是大家公认的——世界上大部分生态系统目前正处在退化之中。它们不仅需要维持现状，更加需要恢复一种较为平衡的、健康的状态。因此，Naveh 先生认为，对生态系统的恢复不仅要恢复其植被格局，而且还要恢复其维持可持续性健康状态和富有吸引力景观的所有过程。这就需要一种整体性的方法，既能保持和恢复生物多样性，又能保证生态和人类文化景观的异质性，在自然和人类土地利用格局之间实现一种动态平衡。最终需要的，是一种整体性的土地利用政策。遗憾的是，目前来说，无论是在科学界还是政治领域，都还远远不够现实。然而，Naveh 先生关于生态学在整体性的社会-经济、生态-文化发展中所起作用的观点，将使地球上所有生命的生活质量和环境质量得到提高，这已为人们所共识。

本书指出了生态学领域以外的人不太熟悉的一个问题，那就是科学和社会学中还原论和机械论世界观在景观生态学上的深刻烙印，至今仍垄断着景观生态学的研究范式。必须克服这个问题，因为它错误地把人类社会和文化活动同生物过程分割开来，而实际上所有的人类活动都会给周围环境带来影响。这种人与自然的分离所隐含的最严重后果，就是人们通常所说的环境问题是自然问题，而不是社会问题，因此他们关心的是生物学家、化学家、景观工程人员，而不是政治家、商业管理人员和人类社会。这种观点忽视了社会与环境之间的多重相互作用关系，误导人们将自然只是当做生物有机体系统，无视人类文化和技术与这一系统之间的相互作用。

把自然与社会截然分开的观点，是驱动社会远离自然节律和过程的一些动态机制必然而有害的后果。与许多其他物种一样，我们的祖先与其自然环境是融为一体的。随着人类的进化，这种融为一体的程度日益受到削弱。大约 4 千万年前，灵长类从其他哺乳动物类群中分离出来；约 920 万年前，灵长目分裂为两大类群：猩猩科类人猿（pongid），保留了树栖生活；而其他类群（如巨猿（*Gigantopithecus*）和西洼古猿（*Sivapithecus*））后来则灭绝了。猩猩科类人猿类群后来进化成了现代类人猿：黑猩猩、大猩猩、猩猩、长臂猿。这一类群又进一步分化出了陆栖的二足类：人科。

大约 250 万年前，早期的人类南方古猿（*Australopithecines*）分化成为几个分支。许多分支后来灭绝了（如鲍氏南方古猿（*boisei*）和罗氏南方古猿（*robustus*）），幸存下来的进化成为工具人（*habilis*）和直立人（*erectus*），最终成为智人（*sapiens*）。四万年前，现代人在欧洲出现，或许与尼安德特人（*Homo neanderthalis*）共同生活在这个大陆上。大约 3 万年前，尼安德特人也灭绝了，自此现代人成为人类的唯一幸存分支。

现代人类与环境的融合倾向于文化而不是生物基因方面的：即人类的进化从生物领域转向了社会文化领域。在过去的 3 万～5 万年里，更多的是社会文化组织群体的相互变更，而不是基因库的变更。一系列的社会文化变动，使人类社会的过程和动态逐渐与其所在的生态系统分离开来。随着现代工业化社会的出现，这种分离达到了极点。从此人类社会成为具有独特规律（*in sui generis* laws）和过程的系统。环境的功能降格为源和汇：提供自然资源和居住空间，以及接纳废弃物。

工业化社会的动态与其自然环境的节律"不同步"，但它并非是独立的生态系统。社会与环境通常被视为有着各自动态规律的系统，但它们也并非完全独立到可以忽略二者共属于一个更大的整体系统的事实，因此在对它们的动态过程进行模拟时不能不考虑彼此。Naveh 先生强调景观是整体人类系统的有机组成部分，这是非常正确的，因为景观正处于自然动态过程与人类思想文化活动的界面上。

工业社会与生物圈之间的联系越来越密切了，在许多地区，已经转化为严重的依赖关系。人类社会一直依赖于洁净的空气和水、肥沃的土壤，以及在数量和质量上充足的空气和生物产品，但工业社会还要额外依赖于大量的矿产和能源资源。这使一些社会学家在模拟相关的流和过程时，把环境也包括进来。例如，经济学家现在把"自然"当做经济的一个子系统。这说明自然与人类领域之间的鸿沟正在变窄，但同时也表明，新的思想仍然不够。与其说自然是经济的一个子系统，倒不如说经济（实际上是整个人类社会）是自然的一个子系统。

人类-文化-技术-生物系统的全部动态过程——社会生物圈，或者用 Naveh 先生的术语，整体人类生态系统——构成了我们生活的基础。重新与自然融合，恢复其被破坏的完整性，是我们继续生存下去的前提条件。我们应该感谢像 Naveh 先生这样勇敢而富有洞察力的生态学家，指出了还原论方法导致的人与自然的割裂，强调为了科学的严密性和我们的未来生活，急需应用贯穿复杂性、相互作用和信息系统理念的整体性思想范式。

如果哪位读者还对景观生态学整体性方法的科学性和实用性存有疑问，建议读读这本书。它可以称得上是经验科学向综合性系统进化思想迈进的一个里程碑。

Ervin Laszlo
2009 年 4 月

中文版前言

很高兴为中国读者献上此书，无论您是景观生态学研究人员，还是其他学科的科学家，以及他们的学生，或者从事景观规划、管理、恢复与保护方面研究与实践的人员。此书的中文版基础是2007年由施普林格出版社出版的景观生态学系列丛书之一，原著中的章节源自我个人发表在不同英文期刊和论著中的文章，涵盖了景观生态学从理论到实践的不同领域，以及这一学科面临的跨学科性挑战。

为了更适合中国景观生态学者和研究人员的需要，我们对原著中的章节进行了精心选择，同时又增加了三章新的内容，最后我和李秀珍又专门为中文版合写了一章内容作为结语。

能得到李秀珍女士的合作，由她翻译此书，我感到非常欣慰。她是致力于中国景观生态学研究的年轻一代中最出色的代表之一。她在荷兰攻读博士学位期间，有机会熟悉了以解决实际问题为导向的最佳景观生态学研究范例，而这种范例所体现的整体性和跨学科性理念也正是本书的思想基础。

在景观规划与管理、保护与修复的理论和实践方面，本书是对《景观生态学：理论与应用》（Naveh and Lieberman，1994）一书的补充和更新。该书的中文版（李团胜等译）于2001年由西安地图出版社出版，它基于系统论、控制论和复杂性科学理论的发展，介绍了景观的整体性概念，强调在景观生态学研究、教育和实践中运用跨学科性的方法。该书出版以来，整体性的景观生态学研究取得了长足发展，跨学科性的环境和景观生态学研究也呈现了稳定增长的态势。

当前正处于从工业化时代向后工业化的全球信息化时代过渡的混沌过渡期，人类社会面临着一场错综复杂的生态、社会-经济、政治和文化危机。因此，更加迫切地需要在所有环境领域实现一种跨学科性的转变。这对于景观生态学、恢复生态学方面的研究来说是非常重要的，而对于经济快速增长的中国，则关系到未来可持续发展能否实现。

我希望本书能为中国朝着正确的方向发展尽到绵薄之力，帮助中国的景观生态学家和专业人员为当代和未来的中国人民建设更加健康、高效和可持续的景观。

Zev Naveh

2008年11月

目　录

引言——作者自传与各章简介 ·· 1

第一部分　理论、方法和应用

第1章　生态系统和景观——批判性的比较与评价 ······································· 21
　1.1　引言 ··· 21
　1.2　生态系统概念的内涵以及应用中的模糊性 ··· 21
　1.3　生态系统概念的关键方法和它的"自然生态系统"范式 ································· 24
　1.4　对景观含义的批判性评价 ··· 25
　1.5　结论：对比鲜明的生态系统与景观定义 ·· 28

第2章　从生物多样性到生态多样性：保护和恢复的景观生态学方法 ········· 34
　2.1　作为后工业时代环境变革一部分的生态多样性保护及恢复 ···························· 34
　2.2　生物多样性与生态异质性 ··· 35
　2.3　景观生态学和生态多样性 ··· 40
　2.4　整体性的景观保护和恢复 ··· 42

第3章　多功能景观整体理念的10个主要前提 ··· 44
　3.1　引言 ··· 44
　3.2　跨学科的景观研究的含义 ··· 45
　3.3　构建多功能景观整体性理念的10个主要前提 ··· 46
　3.4　结论 ··· 59

第4章　多功能的、自组织的生物圈景观和整体人类生态系统的未来 ········· 61
　4.1　引言：向全球信息化的转变——地球生命的决定性时期 ······························· 61
　4.2　景观生态学的使命和可持续性演化 ··· 64
　4.3　景观是整体人类生态系统中具体的具有格式塔结构的多功能系统 ·················· 65
　4.4　关于非平衡系统中自组织和演化进程的新视角 ·· 67
　4.5　作为远离平衡态的具有耗散结构的自组织景观的演化与动态 ························ 71
　4.6　基于整体人类生态系统的多功能景观分类：生物圈景观，技术圈景观和
　　　　农业产业化景观 ··· 75
　4.7　结论：后工业化时代人类社会与自然和谐共生的需求 ··································· 84

第二部分　文化和景观的保护与恢复

第5章　文化与景观保护：景观生态学透视 ··· 91
　5.1　引言 ··· 91

I

5.2	景观生态学作为跨学科性科学的基本前提	92
5.3	景观演化与感知的文化方面	97
5.4	生物圈景观及其生态多样性的动态保护	103
5.5	讨论与结论	109

第6章 生态文化景观恢复与后工业化时代走向人类社会和自然共生关系的文化演化 113

6.1	引言	113
6.2	生态与文化景观恢复的前提	114
6.3	文化景观的演化	115
6.4	自然文化生物圈与技术圈景观的功能分类及其主要恢复策略	116
6.5	结论	121

第三部分 可持续发展：从马萨伊生态系统到信息社会的后工业化景观

第7章 坦桑尼亚马萨伊地区的发展：社会与生态挑战 125

7.1	引言	125
7.2	坦桑尼亚马萨伊地区的自然和生物环境	125
7.3	马萨伊游牧生态系统衰减的生态影响	128
7.4	马萨伊地区牲畜产量的提高	132
7.5	马萨伊地区牧场产量的提高	135
7.6	小结	138

第8章 景观生态学在发展中的作用 139

8.1	引言	139
8.2	作为一门跨学科的"人类生态系统"科学的景观生态学	140
8.3	地中海高地发展的多用途对策模型	143
8.4	小结	146

第9章 区域可持续发展的生态学维度 148

9.1	可持续性与可持续发展的含义	148
9.2	对可持续发展进行跨学科研究的需要	149
9.3	环境可持续性革命的需要	150
9.4	度量生态可持续性中出现的问题	151
9.5	作为一门横断科学，景观生态学在可持续发展中的作用	152
9.6	结论	155

第10章 区域可持续发展的跨学科教育计划 157

10.1	需要一场深刻的全球可持续性变革	157
10.2	要科学地领导区域可持续发展，就需要广泛的跨学科教育	162

	10.3	跨学科教学计划的三大前提	164
	10.4	一般系统论和新兴的关于整体性和复杂性的科学	164
	10.5	等级理论及其跨学科区域发展的含义	169
	10.6	整体人类生态系统——跨学科可持续发展统一超理论的概念基础	171
	10.7	对动态自组织和共同进化的新认识	171
	10.8	从多学科到"生态学科"的综合	172
	10.9	Jantsch 的跨学科教育等级系统方法及其可持续发展含义	176
	10.10	跨学科可持续发展的创新性数学方法	178
	10.11	跨学科可持续发展的真正含义	178
	10.12	区域可持续发展的综合模拟模型实例	182
	10.13	结论	184

第四部分 要 点 回 顾

第 11 章 从景观生态学和恢复生态学向跨学科的整体性景观研究、管理、规划、保护与恢复转变 ············ 187

	11.1	引言	187
	11.2	在向全球信息化时代过渡过程中面临的生态、社会-经济和文化危机	187
	11.3	面向全球的后工业化生态经济和可持续革命	193
	11.4	景观生态学家和恢复生态学家在思维方式和行为方式上需更新观念	197
	11.5	对传统生态科学中自然-人类-文化关系的批判性评价	198
	11.6	生态科学中的整体论倾向	201
	11.7	综合性的生态科学——跨学科性的进步	204
	11.8	跨学科性在景观生态学和恢复生态学中的作用	205
	11.9	跨学科性对两门景观科学的真正意义	209
	11.10	整体性与跨学科性科学革命	212
	11.11	整合所有事物的理论及其对人与自然交互作用的重要意义	214
	11.12	结论：跨学科性景观科学的新挑战	218

第 12 章 全球信息社会和整个后工业化景观之未来 ············ 222

	12.1	引言	222
	12.2	人类社会及其景观的无序转变动态	224
	12.3	历史的教训	226
	12.4	加速的生态、社会经济和文化危机	227
	12.5	农作物提取生物燃料的悲剧	231
	12.6	苦涩的大米故事	233
	12.7	同时代的两个对比明显的实例：格陵兰和中国生态现状分析	233
	12.8	结论：急需可持续发展变革的重要但非充分的标志	241

参考文献……………………………………………………………… 243
索引………………………………………………………………… 268
中文版后记………………………………………………………… 272
译者的话…………………………………………………………… 273

引　言
——作者自传与各章简介

景观生态学作为一门交叉学科，深深植根于生态学、地理学以及景观建筑、设计和规划等应用领域，而中国的景观生态学起步较晚。因此，我希望阅读此书的中国景观生态学方面的学生、教师、学者、研究人员和专业技术人员，通过本书以及我个人作为景观生态学工作者的成长经历，能从中受到启发。

在进入各章简介之前，我先简单介绍一下我自己，以及我职业生涯中几个重要的转折点。其中与一些杰出科学家的相识，极大地影响了我的思想，塑造了我的整体性生态观。

我的个人经历和整体性景观生态思想的形成

我1919年出生于阿姆斯特丹，在德国长大。为逃避纳粹迫害，我于1935年跟其他Zionist Scouts青年运动成员一道迁移到位于耶斯列（Jezreel）山谷的Kibbutz Ginegar（Kibbutz是集体农庄，遵循社会主义的分配方式，即"每个人各尽其力，各取所需"）。1938年，我们在加利利（Galilee）西部建立了自己的"Mazuba"集体农庄。在那里，我参与了石坡的开垦，主要是把茂密的灌丛连根拔掉，搬走石块，建立梯田，就和5 000年前以色列部落在这一带山区所做的差不多。后来，我的主要工作是放牧山羊和绵羊，继而成为专门生产奶和肉的牲畜养殖人员。这就是我接触地中海山丘景观的开始，这里有丰富的自然和文化财富。与中国景观相似，这些景观是由很长的人类活动历史所塑造的，为当地居民利用得更好或更差。1945年，我决定到位于耶路撒冷的希伯来大学学习生物学和农学，先后取得了农学（agronomy）硕士和生态学博士学位（这是希伯来大学授出的第一个博士学位）。此后我就把自己的科研生涯几乎全部奉献给了地中海景观，先是在一家政府部门做牧场研究人员，1965年以后又在位于海法市的以色列技术研究所（Technion）从事生态学、景观生态学和恢复生态学方面的教学和科研工作。我研究的主要内容就是，地中海景观中自然与文化之间紧密联系的格局与过程。然而，在了解了世界上其他地方的一些景观之后，我才认识到，对于所有人类利用的或者改造的景观，其研究、管理、保护与修复，都需要整体性的或者综合性的方法，需要跨越自然科学、社会科学和人文科学的范畴。

自从1987年，我作为荣誉教授退休以来，我把自己的科学使命定位在向景观和恢复生态学工作者传播跨学科的、以解决实际问题为导向的景观科学上，以期为从工业化社会向后工业化时代的信息社会过渡做出贡献。令人欣慰的是，这些努力并没有白费。2007年本书的英文版出版。今天，本书中文版面世，也是我完成这一使命的一部分。

在我职业生涯的早期，很幸运地得到了美国科学院的奖学金，到加利福尼亚林学院做了两年的客座研究人员，时间是1958—1960年。这两年的美国学习使我成长为一名年轻的生态学家。同时，我也得以与妻子、孩子生活在一起并到处旅行，还充分利用了这所大学优良的学习条件。我的合作导师H. Biswell教授在火生态学方面的探索性研究，激发了我对以色列火生态学方面的研究兴趣（Naveh，1989a）。在Biswell教授坚持不懈的努力下，终于顶住了来自同事和林政人员的巨大压力，在加利福尼亚实施了计划火烧（controlled fire），以此来防止破坏性高温火灾的发生，实践证明这一有效做法对森林和灌丛中的野生动物和狩猎活动（browsing game）都有好处，对自然保护区和公园也很有利。他为我树立了一个榜样，当时以色列高地，乃至整个地中海盆地，对火灾普遍持敌对态度，需要用理智的方法来化解这种态度，使生态学家、林政人员和土地管理人员认识到，良好控制的计划火烧对防止高温烈火具有非常重要的价值。

Biswell教授的助手A. M. Schultz教授在加利福尼亚北部的Pigmy森林以及阿拉斯加进行了一系列令人振奋的、具有划时代意义的生态系统研究。他给我留下了非常深刻的印象，我们也因此成为好友。他执教一门跨学科性课程"生态系统学（ecosystemology）"多年，来自大学里许多不同院系的学生蜂拥到他的课堂上，来体验其他任何课程都不曾有过的感受。后来，我有幸邀请他到以色列技术研究所来授课，并讲授"ecosystemology"，他的讲座极大地激发了研究生和所有前来听课人员的兴趣。

通过Schultz教授我才了解到，美国的生态学正从定量的植被科学向系统生态学转变。我也有幸结识了加利福尼亚大学伯克利分校的几位著名科学家。其中H. Jenny教授是一位具有生态学思想的杰出土壤学家，他使我认识到土壤与其属性之间的密切关系，以及植被、自然条件和人类活动对土壤的影响。我还熟识了H. G. Backer教授和G. L. Stebbins教授，他们是非常出色的遗传学家和进化论学家，他们开创性地把遗传学与生态过程结合在一起。另外，我还与K. Sauer教授进行了许多有益的交谈，他是一位杰出的文化地理学家，也可以说是第一位持"整体论"观点的美国景观生态学家。他使我注意到地中海地区农业利用前的火灾史与加利福尼亚火灾现状的相似性，这一点在我以后的研究中得到了证实。通过参观著名的伯克利人文历史博物馆和图书馆，我也了解了许多关于欧洲人占领之前美洲土著人的土地利用情况。这些使我认识到，在农业活动开始之前的加利福尼亚印第安人与旧石器时代后期以色列的采集狩猎人之间，其人种特征有许多惊人的相似之处。

总之，在加利福尼亚大学伯克利分校的这两年，与上述科学家和学者的交流为我开辟了新的视野，对我日后的工作和思想产生了非常重要的影响，使我逐步成为思想开放的系统生态学家。

在我返回以色列的途中路过美国的东海岸，在这里第一次（后来又若干次）遇到了 Frank Egler 教授，他是一位很有远见的、最早开始思考整体论的生态学家之一。我们成为好友之后，我采纳了他的"整体人类生态系统（total human ecosystem）"概念，将人类和其整个生存环境结合起来，并把人类置于自然生态系统的一部分，作为更高层次的协同进化等级。在雅典佐治亚大学，我就自己在加利福尼亚的工作做了个讲座，并结识了 E. P. Odum 教授，他被学术界尊为生态系统生态学之父。我并不同意他关于植被向顶极群落定向演替的理论范式，但他的人品和整体论生态系思想给我留下了非常深刻的印象。1960 年，我回到以色列，以后引进了他们的创新性教材《生态学基础》，在特拉维夫大学讲授生态学。这些生态学课程在以色列是首次为植物学和动物学专业的学生联合开设的。为此，我运用 Odum 的生态概念作为共同的生态学基础，在植物生态学和动物生态学教学之间架起了一座桥梁。后来我到技术研究所（Technion）任职之后，选择了该教材第 3 版（Odum，1971）的部分章节作为农业与环境工程/设计专业研究生的指定必读文献。

在布鲁克林（Brooklyn）学院，我见到了 Whittaker 教授，发现自己遇到的是一位植物生态学领域的巨人。十年后我在康奈尔大学再次见到他，这时他已经建立起北美定量植被科学方面最先进的研究院。很幸运与他进行了一项合作研究，内容是关于地中海型森林、灌木及不同放牧压力草场的植被结构多样性，研究区域涉及以色列和其他一些相关地区（Naveh and Whittaker，1979）。

Whittaker 在其他地中海式气候区域进行研究时，曾发展了一系列创新性的、定量的方法，其研究区域包括加利福尼亚、智利、澳大利亚和南非。在我们的合作研究中，不仅试用了这些方法，而且在进行结构多样性研究时还使用了植被盖度分层和丰富度指数等作为参数。尽管这些参数在决定下层植物和鸟类生态位多样性方面具有重要意义，但在生物多样性研究中却大都被忽略了。我们对以色列维管束植物多样性进行的调查是整个地中海盆地最早的生物多样性研究。同时，我的同事 Warburg 教授也开展了动物多样性方面的研究。

在加利福尼亚大学伯克利分校学习的两年里，我的主要成果之一就是使我对以色列和其他地中海式气候区之间的植被和生态系统进行了对比思考（Naveh，1967）。我对两个地中海式气候区进行了综合比较，包括气候、地形、土壤、植被以及其他一些景观特征和土地利用方式，我把总体上最相似的景观定义为"生态等同景观（ecologically equivalent）"，表示相似气候条件下具有相似母岩、地形和土地利用条件的景观单元。

几年后，在 F. Di Castri 和 H. Mooney 教授的领导下又进行了一项类似的，但更广泛的比较研究，主要是围绕智利和加利福尼亚的地中海式气候区进行的（Di Castri and Mooney，1973）。他们两人都是杰出的、有重要影响的生态学家。1971 年在智利召开的一次会议，使来自不同大洲的从事地中海生态系统和景观比较研究的科学家得以近距离互动交流，并成立了国际地中海生态学研究协会（international society for the study of mediterrantan ecology, ISOMED），我有幸成为其中的活跃一员。

上述火生态学方面的研究（Naveh，1989a）是本书英文版第 1 章的内容，反映了我从生态系统到景观的科学观察和认知扩展。我从景观生态学的角度探讨了火的作用，强调火在地中海高地可以作为一种工具参与到综合动态保护与管理中。

我从生态学向景观生态学的转移，主要是受到 20 世纪六、七十年代在中欧访学的影响。在那里我熟悉了景观生态学，并与德国和荷兰的一些著名科学家成为挚友。他们广泛的整体性方法和以解决实际问题为导向的研究理念丰富了我的思想，也使我的未来工作方向得到了启发。这些杰出的景观生态学家中，包括慕尼黑技术大学的 Wolfgang Haber 教授（他最近被中国科学院授予"爱因斯坦教授"荣誉称号）。我是通过他的导师 H. Ellenberg 教授认识他的，当时 Ellenberg 教授正在我游学的哥廷根大学执教。他也是当时中欧最出色的、最具有影响力的植物生态学家。他把自己的研究从狭隘的单向的"植物社会学（phytosociology）"扩展到综合的生态系统研究，其中索岭森林（Solling forest）项目是当时欧洲最具有综合性的、多学科的生物学国际合作项目。他的生态系统概念使我区分了生态系统和景观中的自然生物圈与人工技术圈（artificial technosphere）的概念。

在荷兰，我有幸结识了景观生态学的创始人之一 Isaak Zonneveld 教授，他执教于 Enschede 的 ITC 学院，是首先运用跨学科方法的人之一。1984 年，他当选为首任国际景观生态学会（IALE）的主席。所有这些都为我们出版那本景观生态学教材（Naveh and Lieberman，1984）奠定了基础。该书也详细介绍了景观生态学在中欧的发展，是最早的英文版景观生态学专著。该书的合作者 Arthur Lieberman 教授在康奈尔大学任职，他也使我了解了这门科学在北美的兴起，后来北美成为国际景观生态学会的一个重要而活跃的分支。

这些年来我积极参加了大部分欧洲和国际的景观生态学会议，也参加了一些美国分会的年会，因此也有机会认识一些年轻的景观生态学家，了解他们的研究工作，并与部分年轻人保持密切联系，我非常喜欢这种互益的关系。

整体性的景观概念得到越来越多的认可，我感到十分欣慰。这一概念在前面所讲到的那本教材中进行了介绍，该书的第 2 版也译成了中文（李团胜等译，2001），在我的一些讲座和论著中也经常介绍这一概念，正如一次专题研讨会（"整体性景观生态行动"，Palarg et al.，2000）所指出的，现在全世界都在使用这种方法，希望它也能影响中国的跨学科发展，包括景观生态学、景观规划、保护与修复等。

中文版文集的各章简介

第一部分　理论、方法和应用

第 1 章　生态系统与景观——批判性的比较与评价（2007）

为澄清生态系统与景观之间普遍存在的概念混淆，本章批判性地评价了生态系统和景观的定义和含义，并对比了它们的复杂性。通过回顾生态系统的定义，发现它是一个模棱两可的、没有清晰边界的东西，作为一个功能系统也不具体。即使是在考虑整体性的研究中，生态系统都被当做"自然系统"来对待。人类不是这些生态系统的内在部分，而是外部干扰因素。为避免混淆，我建议把生态系统看做是功能上相互作用的系统，其特征是生物与其非生物环境之间的能量、物质和信息流动，并且在不同的尺度上具有一些内在联系的属性。景观则是有具体时间和空间的、边界清晰的生态系统，是密切联系的自然和文化实体。从最小的、可辨识的生态细胞或生态区（ecotope），到整个全球景观，都是所有生命，包括人类及其种群、群落和生态系统的基质和生存场所。

在生态系统研究中，主要涉及功能方面，即自然－生物－生态过程及其自然的生物物理信息。因此，其有序的复杂性是一维的。但在景观中我们还必须考虑认知思想方面，其通过文化信息的传递，体现为自然和文化景观格局的紧密交织，景观的这种多功能复杂性要求一种双重的视角，把它看做具有连贯整体性的空间和思维系统。对景观的这种双重视角，使我们在评价它时，不仅仅是从人类角度衡量其"硬的"功利和市场价值，而且还从生态和伦理学角度看它的软价值。这些价值不依赖于使用价值，只能靠我们的认知和觉悟来识别。

区分上述概念的结果，就是需要一些更宽泛的、综合的和跨学科的途径和方法来进行景观生态学研究，为了评价景观的多功能性及其内在的、作为生命支持系统的价值，景观生态学家需要把自然和社会科学，以及人文和艺术科学联系起来。

为了综合评价密切联系的生物和文化多样性，我们需要发展和应用一种综合性的指标，即"整体景观生态多样性"指标。

第 2 章　从生物多样性到生态多样性：保护与修复的景观生态学方法（1994）

这篇文章发表时"Restoration Ecology"杂志刚刚创刊不久，我的初衷是把整体性的景观理念置于恢复生态学的框架内，即整体景观恢复（whole landscape restoration）。我认为这样的景观恢复是当前急需的环境革命的一部分，这场革命将导致后工业化时代人类与自然的和谐共生，表现为人与景观之间协调的相互作用。这一思想来自于 20 余年间我在裸露的山坡和路边从事植被恢复和生物保护方面的研究和实践。其中有一个项目是关于废弃采石场的植被修复（这是地中海国家半干旱区开展的第一个相关项目）（见第 9 章）。从事这样的一个景观恢复的想法，最初是受前面提到的去德国访学的影响，特别是从摩泽（Mosel）河、鲁尔河，到著名的鲁尔工业区露天煤矿，进行的令人印象深刻的景观恢复工作。当时是 20 世纪 60 年代，其目的是提高当地的生活质量，以防止那些熟练技术人员和工程师往更具吸引力的地区迁移，比如巴伐利亚那样的发达工业区。

后来，我又有机会到其他国家和特定环境了解了一些景观恢复与实践的经验和专门技术，并得到了向导们的热情帮助。在此我只略提几点，比如，对沿 BP 高速公路的大型生物工程项目的进一步了解，以及瑞士的一些类似的小尺度项目，极大地启发了我在以色列开展"植被工程"方面的研究工作。

与利物浦大学 A. D. Bradshaw 教授的个人联系，使我受益匪浅。他是首批献身于恢复生态学实践的科学家之一，主要从事工业废弃地和废铜矿的复垦工作。他与 Chadwick 出版了恢复生态学方面的第一本开创性的论著（Bradshaw and Chadwick，1980）。

1978 年，我一部分时间在澳大利亚休假，做了一系列景观生态学方面的讲座，那时英语国家的人们还不知道"景观生态学"为何物。通过这次机会，我也了解了澳大利亚在恢复生态学方面所做的出色工作。来自澳大利亚西南部珀斯（Perth）农业司的 C. V. Malcolm 是我的出色向导，他是澳大利亚最早从事恢复生态学工作的生态学家之一，不仅以此为业，而且把这项工作当做使命来完成。通过他我有幸看到了很多澳大利亚西南部盐碱化桉树林坡地的恢复工作，他们主要是利用盐生的滨藜属（*Atriplex*）植物作为牧场灌丛，在此之前植被已经退化到近乎绝迹。我从大洋洲引种了部分这样的灌木种类，发现耐石灰岩的大洋洲滨藜（*A. nummularia*）最具潜力，适口性强，生产力高，可以作为牲畜饲料。在很强的山羊采食压力下，这个物种成功地竞争过了多刺肉地榆（*Sarcopoterium spinosa*），后者是贫瘠黑色石灰土上发育的矮灌丛群落的优势种，有时会重新侵入复垦区。

在美国，我有幸结识了 E. B. Allen 教授，并与她保持着长期密切的联系，她邀请我参加了一个干旱、半干旱地区恢复生态学研究方面的一个重要会议（Allen，1988）。Allen 教授是加利福尼亚恢复生态学方面的著名专家，

2005年以前一直担任"Restoration Ecology"杂志的主编，她使这本杂志从报道以美国为主的研究动态发展到国际性的重要信息源。随着恢复生态学的迅速发展，该刊也成功地发展为最具有高科技含量的、专业性很强的交流工具。她的很多研究是与她的丈夫 M. F. Allen 教授合作进行的，他是一位出色的微生物生态学家，他们运用 VA 菌根（*Vesicular-arbuscular mycorrhisas*）在遭受严重干扰的土地上进行生态恢复，为恢复生态学开辟了新的领域。因为与他们的联系，我很快成为恢复生态学会的活跃一员，也更多地了解了加利福尼亚草原和牧场上的生态恢复工作。在 2001 年的欧洲景观生态学会议上，我们联合做了一个关于"恢复生态学和景观生态学双赢关系"的报告（Naveh and Allen, 2001）。这是我们通过在以色列、加利福尼亚、墨西哥等截然不同地区做出的生态恢复工作之后，得出的共同结论。

正是基于这种世界范围内的经历，使我在讲授恢复生态学这门课时，能够把生态工程既当做科学，也作为艺术，从理论到应用描述得绘声绘色。我的学生来自于农业工程、景观建筑、区域规划等不同的专业。这门课的授课地点在技术学院的生态园里，该园建于 1982 年，离我所在的系不远，其目的是为引种和实验耐旱、易管理的植物提供一个研究场所，同时也作为教学和示范基地。一些研究生在园内完成他们的研究项目。生态园日益成为技术学院校园里一处最具有吸引力的地方，一片为师生享受自然之美的绿洲。我也很高兴看到它现在成了以色列环境教育的中心。

我在其他论著中也谈到过（Naveh, 1988），我们在地中海高地退化的坡地上，创立了自己独特的植被恢复方法。我们不再完全依靠自然的再生过程，而是通过构建半自然的、多层结构的、稳定而有吸引力的植物群落来实现。迅速有效地恢复植被和稳定植被，而且这种植被最大限度地与未受干扰的、相似条件下的高地植被相似。为达此目的，我们分两步模仿和压缩了自然的演替过程：①选择那些扩展迅速、对资源要求低的当地先锋种，包括禾草、豆科植物和一些低盖度的灌木，它们大都枝叶浓密，可以较快地控制水土侵蚀；②同时种植生长较慢、较高大、对环境条件要求较高，但也更持久的、深根性的灌木和乔木种类，可以最大限度地恢复土壤功能。这些恢复对策先后在生态园里、在受干扰的山坡上、在技术学院新建的大楼旁边做过试验，也应用到了更大尺度的恢复项目里，与政府的土壤保护部门共同合作完成。

在本章中我特别强调的一点，就是在整体景观恢复中不仅要恢复植被格局，而且要恢复健康的、有吸引力的景观中使其保持可持续性的所有过程。这就要求在人类土地利用影响下仍能保持和恢复生物多样性、生态与文化异质性之间各种流的动态平衡。为达此目的，必须全面掌握和理解区域景观的进化和历史过程。

作为自然与文化过程之间密切相互作用的一个范例，本章研究了以色列犹太山南部被废弃的古梯田的植被恢复工作，此项研究是与一位土壤学专家共同完成的（Naveh and Dan，1973）。当我们把调查对象从最小的景观单元或称"生态区"，亦即单个梯田扩展到区域景观系统时，发现它跨越了一系列对比鲜明的坡地，其生态学和土壤学特征都是连续递变的，因而土地利用历史也有所不同。

以我们在生物多样性方面的研究为基础，我提出来一个塑造景观因素的"生物－生态－文化三角形"模型。借用 Whittaker 对生物多样性指数的分解，我建议将他的物种指数转化为整体性的、空间生态多样性指数。为了进一步说明小生境的分类，我列举了一项丹麦的农田景观生态研究。

本章最后指出了文化景观中整体性景观保护与恢复的对策，IUCN（世界自然保护联盟）也曾签署通过了我们"景观保护与恢复绿皮书工作组"所提的建议，要在世界范围内起草一个具有很高价值的、受威胁景观的红名单，遗憾的是，由于 IUCN 领导换届，这个建议被忽略了。假如这个建议实施了的话，它将是一部世界范围内景观恢复的对策导则，也将为建立后工业化时代的人类－自然和谐共生关系做出积极贡献。

第3章 多功能景观整体理念的10个主要前提（2001）

在一次研讨会上，为表述多功能景观的理论基础，我提出了多功能景观整体性概念的十大前提。这些前提是压缩版的多功能景观理论，多功能景观是具体的，有自超越和自组织能力的自然－文化混合系统，即我们的整体人类生态系统。假如这些景观用双重系统观来看待，认为它既是物质的、生物地理的系统，也是带有思想的认知系统在发挥作用，那么这些景观就可以在自然和人类思想之间架起一座具体的、多功能的桥梁。

我对目标明确、有使命感的景观研究人员如何将这些理念应用到跨学科、可持续未来建设中去做了一些说明。他们既是本领域的专家，也参与到面向未来的、整体创新的研究和行动中去，这使他们能借助土地利用方式来沟通生物与人类生态学诸多方面之间的鸿沟。

这次研讨会及其诸多分会场都是经过精心准备的，会议地点是在 Roskilde 大学，这里也是整体性、交叉学科和跨学科性景观生态学研究和教学的中心。会议参加人员主要是景观生态学工作者，组织者是 J. Brandt 和 Tress 夫妇。在较小的分组讨论里，与会者充分而热情的交流产生了许多有益的想法，这在其他同类会议里往往是没有的。会议对多功能景观的研究提出了许多很好的建议，并在"Landscape and Urban Planning"杂志上出版了一期专刊，由 Tress 夫妇主编（Tress and Tress，2001），本章内容作为会议的开场白也收录其中。另外，会议还出版了3卷文集（Brandt and Vejre，2004）。

第4章 多功能、自组织的生物圈景观和整体人类生态系统的未来（2004）

在这篇特邀论文中，我概括了以太阳能驱动的、具有自生和再生能力的自然和文化生物圈景观的重要作用，它们不仅对生物自身的进化和可持续性未来具有重要意义，而且对人类的身心健康也是大有裨益的。此文的读者群与我以前发表论文的读者群有很大不同。因此，我较详细地介绍了景观生态学的一些主要前提，特别是信息时代所面临的一些跨学科挑战。为此，我把景观描述为具体的、多功能的格式塔系统，即整体人类生态系统，在非平衡系统及自催化、交叉催化环的共同驱动下，在自组织和进化过程中不断吸收和发展新的内容。我说明了由于都市－工业技术圈和工业化农业景观及其多种景观中多种功能受到威胁的情况。我引用了 Laszlo 关于目前急需的、全方位可持续性变革的观点，认为这场变革是由有觉悟、有责任感的人类作为脆弱生命网络的管理者来实现的。我进一步指出，景观生态学家和恢复生态学家在这一进化过程中将发挥重要的作用。在一项模拟区域可持续发展的国际合作项目中，证实了可以通过在整体人类生态系统中恢复文化－经济方面的交叉催化网络，把生物圈景观与技术圈景观之间敌对的、破坏性的关系转化为互相支持、协调共生的关系。

第二部分　文化和景观的保护与恢复

第5章　文化与景观保护：景观生态学透视（1998）

这是当代生态学研究文集中的一章，我撰写此文的目的，是想以跨学科的系统方法为基础，系统阐述文化景观保护与恢复方面的观点。在此，景观被看做是一个具体的格式塔系统，即整体人类生态系统，是自然与人类思想交汇的地方。

本文补充和扩展了文化景观保护的概念，这是景观生态学理论和应用方面的内容（Naveh and Lieberman，1994）。对于自然与文化的整体性景观生态学方法而言，其理论部分包括以下几个方面：

（1）生态等级中景观的地位，被一个由自然生物圈到人工技术圈的功能排序模型所放大。

（2）生物圈景观的跨学科性，被 Victor Frankl 用分维方法来描述。Frankl 是著名的心理疗法专家，被誉为"存在主义疗法的（Logo therapy）维也纳精神治疗法第三学派"之父。

（3）笛卡儿机械论秩序之上的更高阶的景观秩序，其理论基础是著名的理论物理学家和科学哲学家 Bohm 和 Peat 提出来的隐含秩序和生发性秩序。

（4）在研究文化景观时，处理模糊的、定性的价值过程中运用模糊逻辑学，这是一种创新性的研究工具。

（5）最后，景观进化与感知的文化方面体现了哲学家和文化地理学家对文化的定义，以及在感知人类－环境相互作用时的不同方法。关于景观和文化之间的相互作用，另有文章专述（Naveh，1995a）。

在本书诸多章节中反复提到了 Laszlo 关于文化进化的解释,他的观点对景观生态学和恢复生态学都是非常重要的,他本人是一位著名的系统哲学家、广义进化论和全球问题专家。他把文化进化看做是宇宙和地球生命"大协调(grand synthesis)"中生物和社会进化的不可分割部分,其主要步骤是通过渐进渐高组织水平的一系列分支点分化。

本章的方法论部分主要探讨整体(生态的+文化的)景观生态多样性的保护与恢复,以及它内在的使用价值。这要通过动态的景观管理来实现保护和恢复生物圈景观及其生态多样性。为此,我强调需要一种平衡的、以生态为中心的方法,以及人与自然之间更好的交流工具,并重视生态过程的保护和恢复。

在本章的结论部分,我列举了一些令人振奋的文化景观保护和恢复的案例,这些是走向环境和文化变革的重要一步。我提出,为成功实现这场变革,"科学家们需要把科学知识与生态智慧、生态伦理结合起来,帮助我们学习过去的经验,了解当前并建设未来的文化景观。"

第6章 生态文化景观恢复与后工业化时代走向人类社会和自然共生关系的文化演化(1998)

我在"Restoration Ecology"上早先发表的一篇文章,主要是关于地中海景观的,但在本章中将讨论的范畴扩大到全球,从生态和文化恢复的角度来讨论恢复生态学,其背景是人类社会的文化变革,而景观恢复则是其中不可分割的重要部分。对文化内涵的介绍需要一种跨学科的方法。在恢复整体人类生态系统中那些开阔地或建成区景观单元(或生态区)时,不仅要考虑它们的生物生态学方面,而且要考虑到人类生态学方面。在一个生态区功能分类排序模型中,我提出了一种"再生性生态区(regenerative ecotope)"作为农业景观修复和生态文化恢复的范例。在这种生态区里,不仅农田的自然可再生能力得到了恢复,而且在转化的太阳能的驱动下,自然生物圈景观中基本的能流、水流和养分流循环也得到了恢复。这种生态区后来被景观可视化设计师 John Lyle 采用,在位于泼莫纳(Pomona)的加利福尼亚工业大学里实验,成为可再生技术教学、科研和示范的基地,对不同院系的研究生开放,是学科交叉的集中体现。实际上,正因为我参观了这个令人回味的示范中心,并与 Lyle 教授及项目有关的师生交流之后,才产生了撰写此文的想法。

1996 年,我们有幸邀请到 Lyle 教授以及其他一些著名的景观生态学家、恢复生态学家,来参加我和城乡规划设计学院的同事 S. Burmill 博士共同组织的一次关于生态文化恢复的研讨会,会后到"Neoth Kedumim"进行了一次野外实地考察,这个地方是由 Nogah Hareuveni 博士领导设计的景观恢复经典之作(Naveh, 1990a);另外还参观了前面提到的技术研究所生态园。在会后考察中,除了对生态文化恢复的含义进行了热烈的讨论(Allen and Naveh, 1996),与会人员还对我们的生态恢复项目提出了很多不错的建议。所有参观过"Neoth kedumim"的人员都对这个项目的效果交口称赞，这是一个独具特色的，集生态、文化、教育和历史多功能于一体的恢复项目，位于耶路撒冷南面荒芜的犹太山上，不仅恢复了往日繁茂的自然植被和动物类群，并且重新修筑了梯田，模拟传统的灌溉网络精心栽培了葡萄、橄榄和各种水果。他们也赞扬了我们在技术学院校园里所做的尝试，认为这样一种把自然之美与工程应用结合起来，并且恢复一个古 Carmel 森林式的生物岛示范项目，很值得借鉴。

第三部分 可持续发展：从马萨伊生态系统到信息社会的后工业化景观

这部分囊括了可持续发展有关的诸多方面的内容。这些章节跨越了从我早期在坦桑尼亚马萨伊地区所做的一些工作，到最近关于景观生态学在可持续发展中作用的一些研究。

第7章 坦桑尼亚马萨伊地区的发展：社会学与生态学挑战（1966）

1962—1965年，我被以色列外交部国际合作司派到坦桑尼亚北部，职务是牧场草地方面的科学家和副领队，到那里协助牧场研究和发展。这篇文章就源自那次富有挑战性的任务。当时以色列政府正在实施一系列对发展中国家的科技援助计划，特别是对那些刚刚独立的国家，如非洲的坦桑尼亚。

我在马萨伊地区所做的工作对形成"整体人类生态系统"的思想及其应用具有重要的意义。在那里不久我就认识到，要遏制马萨伊地区及其人民的生态和文化的退化，就必须在马萨伊的发展与保护、恢复当地独特而广阔的景观，以及保护生物和文化财富之间做出协调。实际上类似这样的问题是世界性的，30多年前我就发展所提的一些建议，至今仍有现实意义，有些内容在后面的章节里还会提到。

在为马萨伊准备发展报告的时候，我很幸运地得到了 David Branagan 的协助，他是一位思想开放的不墨守成规的英国兽医，在马萨伊地区工作了多年。我使他认识到，要达到全面的生态与社会经济发展和自然保护的目的（现在称为"可持续发展"），需要以整体人类生态系统思想为基础，发展一套综合的、创新性的解决方案。我自己的研究也使我认识到，在这样一种封闭的、非常短而脆弱的食物链体系里，马萨伊部落尼罗－含米特人的萨瓦纳干草原牧场生产力无法与马萨伊人和他们的牲畜分开。只有通过一种整体性的方法，顾及到食物链的各个环节，才能打破当时面临的干旱－饥荒恶性循环，主要是通过种植固氮的豆科牧草来提高土壤含氮量，借此我们就可以解除提高草场生产力的主要限制因子，而且还可以提高牧草质量，进而提高奶的产量，这是马萨伊人生存的基础。我们发现，牛奶是马萨伊人最主要的食品和最重要的商品，与这里的野生动物和旅游业一起成为马萨伊人最大的财富，这些财富应当是马萨伊人特有的，而不是属于政府或私人企业的。

草场、牧群和牧场管理水平的提高，必须结合对马萨伊人社会经济和文化状态的保护与改善，以及对他们整个自然和生物环境的保护——即考虑整个马萨伊生态系统。这就需要把原来近乎崩溃的、低水平维持性经济转化为一种精细的、现代化多样性的畜牧业和野生动物经济，使牧场的利用可以富有弹性，在那些现代化牧场不太适合或者不想去发展的地方，也就是被边缘化了的草地上，可以保护野生动物及其生境，并通过旅游来增加马萨伊人的经济收入。

作为上述计划实施的第一步，我们先在第一批参加合作的马萨伊人部落里选择其中的一个，开展了一个集研究、发展和示范于一体的试点项目，在这里我已经开始进行了一些牧场改善实验，并且发现了一些很有潜力的豆科－禾草组合类型。这项建议得到了联合国粮食与农业组织（FAO）和坦桑尼亚政府的认可，但受一些政治因素的影响，后来没有被纳入马萨伊牧场经济现代化进程中去。后来，随着以色列援助计划的中断，这一马萨伊人－畜群－野生动物共存的项目也很遗憾地被放弃了。

对马萨伊人和坦桑尼亚马萨伊地区的发展来说，上述方法完全不同于英国牧场和畜牧专家的做法。当时有很多英国人在坦桑尼亚和肯尼亚工作，他们想说服马萨伊人，唯一的生存希望就是像白人定居者在肯尼亚和坦桑尼亚经营的牧场那样，降低牲畜的数量，并把畜群限制在围栏里，以生产肉类，而不是以生产牛奶为目的，将经济转型为现代化的商品经济，但这种游说都失败了。

在这些非洲国家赢得独立后的早期阶段，一些在发展中容易犯的错误表现得很明显。遗憾的是大部分想把传统的、适应当地环境的所谓"原始的"牧场经济以及其他一些低层次的维持性经济转化为"现代化"经济（即殖民经济）的尝试，不管是在非洲还是其他一些地方，都以失败告终。

正如我在一篇关于干旱区国家的论文中所指出的那样（Naveh，1989b），那些负责这类地区发展计划的人大部分不懂得也不欣赏在牧人、牲畜、草场植物、野生动物，以及景观中的自然和生物特征之间早已形成的互相适应的协同进化关系，而这种关系所具有的内在抗性和真实特点，是非常重要的。

在东非和撒哈拉地区，通过提供额外的食物和水，使大部分具有保护和调节功能的负反馈环消失了。但那些试图用合理的资源管理和控制人口来建立文化调节反馈环，以替代原有负反馈环的种种新尝试都失败了。这种失败后逃跑所造成的恶性循环，导致了景观的进一步破坏和人口的爆炸式增长。问题在于，一方面，不同领域的科学家和专家之间缺乏有效沟通；另一方面，在科技人员和当地群众之间，也缺乏有效的沟通。在准备马萨伊地区发展计划报告过程中我就经历了这些问题，当时忽略了这些所谓"原始"牧民和农民的生态智慧。

幸运的是，通过两位天主教传教士 Hillman 和 Donovan，我们更多地了解了马萨伊人和他们的生活，他们在马萨伊生活和工作了多年，有很多详细的关于马萨伊人的知识。他们在教堂附近建立了一所学校，使它成为马萨伊孩子的第二个家，但并没有试图让这些孩子的父母信奉天主教。这些传教士非常善解人意，理解马萨伊人的想法，并且支持他们倾力保护自己的牧草地和半游牧式的生活，还有他们的标志和文化。在他们的影响下，我们成功地赢得了马萨伊人的信任，尤其是在我妻子教会了他们如何利用多余的牛奶制作奶酪之后。

在 Chagga（乞力马扎罗山）部落那些热心的技术人员的帮助下，我们在学校附近建立了一片改良的没有围栏的牧场，种植的禾草和豆科植物可作为奶牛的食料。在这一过程中我们与一位来自 Longido 聪明的马萨伊年轻人熟悉起来，在本章正文中也提到过他。他是当地农学院最优秀的学生之一，该农学院附属于我们在 Tengeru 的实验站。与大部分受过教育的马萨伊人一样，他英语讲得很好。我们"收养"了他，他经常花大量时间呆在我住的地方，和我一起在田间劳作，通过他，我得到了关于马萨伊人的大量第一手资料，比如他们的 Zebu 牛，他们的牧场管理办法，还有一些主要的牧草及其马萨伊名称。

从几位来自澳大利亚北部的草地研究人员和专家那里，我也学到了不少知识，他们主要从事半干旱的热带地区草地研究，来马萨伊是为了采集一些有引种潜力的禾草或豆科牧草的混合类群，当时我也想在我们的实验小区里引种这些牧草类群。

20多年之后，我们关于马萨伊人在牧场管理和牧畜饲养方面体现生态智慧的许多设想得到了验证，而这种验证是通过一系列精心设计的野外、室内和计算机实验模拟实现的（Western and Finch，1986；Krummel et al.，1986）。这些研究有力地说明，大量的奶牛是马萨伊人在严重干旱年份赖以生存的保障。Western 和 Finch（1986）的研究结论是，牧人能够获得生存，并且成功繁衍下去，取决于他在畜群生产力和大家庭的影响力之间能否建立一种紧密的联系，而大的畜群往往来自于新娘的嫁妆。Western 在 20 世纪 80 年代是肯尼亚 Amboseli 国家公园保护部门的主管，他在当地实施的政策是让那些与野生动物和谐共生的牧民全方位地享受旅游业带来的收入，这与我们在 20 世纪 60 年代为坦桑尼亚马萨伊地区提出的发展方案不谋而合。

我们提出了通过经济发展与自然保护相结合，即在社会经济发展与自然、文化多样性保护之间适当妥协，来促进马萨伊地区发展的建议，后来成为 IUCN 国际自然保护联盟的主要全球性准则之一，这些原则也被纳入可持续发展的对策中。不过，对这些原则的解释和在发展中国家的应用也受到了不少批评（Naveh，1997）。对非洲的一些国际援助不仅被当地一些腐败的政府官员浪费了，而且也不足以阻止当前许多非洲国家所面临的一些灾难。

第8章 景观生态学在发展中的作用（1978）

此文最初是在一次由工程师和建筑师组织的关于发展问题的对话会上宣读的报告，内容是针对当时发展面临的一些主要迫切问题（Naveh，1970a）。如果把整体人类生态系统作为社会经济、生态和文化综合发展的核心概念，我认为发展就是所有生物及其环境质量全面提高的过程，在这一过程中，景观生态学将发挥重要作用，这需要我们把视野从狭隘的、以物质价值来衡量的经济利益，扩大到全面的精神、文化和知识价值的提高，以充分发挥人类和自然的潜力。

这些早期的提法与后来的整体性概念"可持续发展"有着异曲同工之处，并在一项由多个国家参加的欧盟项目里得到了应用，该项目是关于信息社会区域可持续发展模型的，在第 9 章和第 12 章里都会提到这一模型。

在这个过程中，如果景观生态学既研究自然和半自然景观，也关注农业和城市-工业景观，它的作用将是非常大的。为此，我用一个景观单元分类模型做了说明，其排序的依据是物质、能量和信息输入的类型和数量，以及生物圈生态区逐渐被技术圈生态区所改变、转化和替代的程序。

我们用一个流程图描述了地中海高地及其多效益土地利用方式的保护和恢复对策，其中包含了一些环境功能及其价值的相对参数。这一模型说明，通过多目标的森林植被恢复，完全可以达到自然保护、野生动物多样性、休闲娱乐、环境质量保护、牲畜、林产品和地下水储存量等总体效益最高。

那时候我还没有强调"跨学科性"这一概念，不过我实际上已经在运用跨学科的方法，来应对景观生态学所面临的发展方面的挑战，以及用一些实际的定量的生态学、社会生态学和经济学指标来代替当时一些常用的定性指标。

第 9、10 章内容是我在"欧洲城乡可持续发展网络（ENSURE）"论坛上所做的报告的基础上撰写的。

第 9 章　区域可持续发展的生态学维度（1998）

（"区域——可持续发展的基石"研讨会，1998 年 10 月 28—30 日，Graz）

这次报告的重点，是强调在我们整体人类生态系统的发展中，需要一种跨学科的方法来协调生态、社会和经济之间的关系，并且把人类与其整个环境结合起来。对于可持续发展而言，压倒一切的生态学目标就是使一切保持在整体人类生态系统健康、完整和高产的承载力范围之内。只有通过一场可持续性革命，这一目标才能实现。Brown（1996）在关于可持续经济长远需求的论著中，支持了我的这一观点。他声称，"这场变革涉及的范围将比得上第二次世界大战"。遗憾的是，这场变革至今还没有实现，对可持续性革命的需求越发迫切了，这一点在本书的结论部分也提到了。

Carpenter（1995）曾探讨了衡量生态可持续性的生物物理参数所存在的局限性，认为可持续性只能是相对的，某种管理方式只是对某个特定的地方而言带有或多或少的可持续性。

目前广泛应用的"生态足迹"法是一种很有价值的定量方法，可以用来评价某一地区或国家对生态承载力的过度使用程度，但它无法为实现可持续发展提供对策准则。

作为景观生态学在可持续发展中所起作用的例子，我列举了以色列景观生态学家团队在一项多国参加的跨学科性欧盟合作项目中所做的工作。这个项目结束之后，在本书的12章里也提到了有关内容。

在本章结论部分我指出：为了实现我们的行星地球及其自然和人类系统景观实体可持续发展的共同目标，必须把生态学方面与社会和经济方面有机结合起来，其途径是通过自然和社会科学的知识与生态智慧伦理等方面的观点的融合。

第10章 区域可持续发展的跨学科教育计划（2002）

在这篇文章中，我概括了跨学科区域可持续发展所面临的一些教育和认识论方面的挑战，并提出了一个详细的、综合的、面向未来的教育计划。其目的是培养一批年轻的科学家和专业技术人员，使他们能够弥补自然科学、社会科学、人文科学不同领域之间的鸿沟，参与到可持续发展的实践中去。

横亘在这一跨学科性教育之上的总体目标，就是整体人类生态系统的概念，它包括三个主要的前提条件：

（1）一般系统论及其关于整体、秩序和复杂性的观点，这是系统思想、模型和行为的科学基础。

（2）生态进化论——在与系统有关的生态学和进化论之间创造一种互补联系，为跨学科区域发展服务。

（3）在迈向全球信息化社会的进程中，可持续发展跨学科性的真正意义。

该课程应该把授课、研讨会、野外实习和一些与可持续规划和管理有关的设计项目结合起来。

本章的一大特色，就是对一般系统论的进一步讨论，以及更加详细地介绍整体性与复杂性这一新兴学科，虽然这些内容在其他章节里也提到过。

在目前从工业化社会向全球信息化社会过渡的较为混乱的时期，社会－文化面临着巨大的挑战，环境变化剧烈，更加需要这种较为宽泛的、带有学科交叉性质的课程。

在可持续发展进程中一些致命性后果的实例中，其突出特点就是专业教育的内容过于狭窄，导致了一些"专业性"方法盛行，忽视了生物物理学、生态学和社会反馈环之间存在的密切耦合关系。在此，我列举了1998年去中国时见到的长江大洪水暴发之后的情景，发现在中国中部和北部无数的大小河床里，有非常严重的淤积和堵塞现象，这大大降低了河流的行水、持水能力，陷入了暴雨、淤积、侵蚀、洪水、居民点密集的怪圈。中国政府采取的对策是，集中大量人力、物力投入到"三峡工程"的建设中，我在中国讲课时也曾提醒人们，不要盲目地接受西方式的技术现代化的专家建议。

在批判性地评价了一些流行的可持续发展概念之后，我展示了基于整体人类生态系统的整体模拟模型，并应用到前面提到的那个欧盟项目中。

第四部分　要点回顾

第 11 章　从景观生态学和恢复生态学向跨学科的整体性景观研究、管理、规划、保护与恢复转变（2006）

在这一结论性的章节里，我详细讨论了景观生态学与恢复生态学向跨学科性科学过渡的各个方面。景观生态学家、恢复生态学家，以及其他与环境有关的研究人员、专业技术人员与实践应用领域的人员，都可以为实现这一目标做出贡献，主要是通过改变其思想和行为，放弃传统自然科学所依存的还原论和机械论世界观。这对于应对全球性的生态、文化和社会经济危机是至关重要的，也是对可持续变革所做出的巨大贡献。

本章的大部分内容是关于整体性和跨学科性革命的重大突破的，即最近由 Laszlo（2003，2004）提出的"包含一切的整体论（integral theory of everything）"。这一理论的基础是科学上的一个革命性发现，即在客观现实的背后存在一个互相联系的、保存信息和传递信息的宇宙域。这个域不仅仅限于自然的世界，还遍及所有的生物体——整个生命网络——包括我们的人类意识领域。发现整体人类生态系统背后，存在着自然地理空间，又存在着认知思想和精神智慧空间，这为理解人类社会与其景观之间的相互作用关系开辟了新的视野。Laszlo 整合了许多创新性科学领域前沿的新发现，从宇宙学到量子力学，以及从进化生物学到意识领域的一些研究，都有涉及。他的推断是：系统中的所有要素，从原子到生态系统乃至整个星系，都有一个连贯的"准一致性（quasi-timing together）"，它们彼此之间密切联系，以至于在系统中某一部分发生的情况，也会发生在系统的其他部分。

我认为对于景观和整体人类生态系统而言，把人类与其生物圈景观和技术圈景观结合起来，这种相关性和连贯性的统一对自然－人类－文化三角关系来说具有非常深远的意义。最后，我把三者之间的进化和历史关系纳入一个整体人类生态系统的等级模型里，作为 Laszlo "信息宇宙（informed universe）"及其背景 A 域的一部分。

对这种相互关系新视角的认识，需要首先从 Laszlo 的"包含一切的整体论"角度，来回顾景观概念的整体性和跨学科性。这将强化我们关于健康的、有活力的景观有益于身心健康的信条，但这一论断用传统的科学方法是很难理解的。景观恢复项目中由于人类积极参与到保护和修复自然与文化中，或许这类项目能成为上述正相关关系最有说服力的证据。

能否获得一些与环境有关的量子物理学家和生物学家的合作，将是这两门跨学科性的景观科学所面临的最大挑战。

第 12 章　全球信息社会与整个后工业化景观之未来（2008）

本书的最后一章是由我和译者共同完成的，作为中文版文集的结论性章节。我们进一步讨论了当前向信息化社会过渡的过程中生态危机加剧和加速扩大的状况。这种加速在气候变暖、动植物灭绝、人类生命财产受威胁，以及生物圈景观及其关键过程受到的威胁等方面，表现得尤为突出。与社会经济危机耦合在一起，这些过程又随着目前严重的金融危机进一步加强。

我们以 Laszlo（2006）的观点作为理论依据，把人类社会及其整体后工业化景观、整体人类生态系统看做一个整体，其混乱的动态转变过程可以分为四个主要阶段。分析发现我们目前处在第三个阶段，即"决策窗（window for decision）"阶段，并且正在迅速向第四个阶段靠拢，即无路可退的"混沌点（chaos point）"，在这一点上，全球的人类社会只剩下两种选择：要么继续沿着"崩溃之路（breakdown path）"快速下滑，要么做出迅速改变，走向"突破之路（break through path）"。

根据 Laszlo（2006）的观点，导向"突破之路"的关键，就是对混乱的社会价值和认知有一个思想上的巨大进步。因此，即便是在技术革新方面有大快人心的进展，也不足以阻止人类滑向"崩溃之路"。要实现突破，只有通过一场深刻的可持续性革命，而且是自愿的、带有前瞻性的，需要调动起所有的科技、经济、政治、社会和道德力量来共同完成。

为了说明生态、社会经济和文化危机加速的现状，我们列举了两个对比鲜明的例子，一个是格陵兰岛加速融化的冰雪景观，另一个是中国高速经济发展所带来的环境危机。

中国的景观生态学家正面临着一项巨大挑战，就是引导人与自然建立起真正的和谐共生关系。为此，他们需要活跃地参与到创造更加健康的、更为宜人的和更富有吸引力的城市－工业技术圈景观中，以及在保护和恢复多样而有活力的、以太阳能驱动的生物圈中发挥更大的作用。所有这些，都离不开前瞻性很强的景观可持续性跨学科科学，即景观生态学和恢复生态学。

第一部分
理论、方法和应用

第1章
生态系统和景观——批判性的比较与评价

1.1 引言

生态系统和景观是生态研究和实践中两种主要的空间单元。尽管它们代表了不同的概念框架，但是其差别依然模糊。因此许多生态学家、土地规划和管理者，保护学家和恢复学家以一种模棱两可的方式将这两个术语混合交替使用。为了纠正这种现象，本文拟从整体性的系统观点出发，批判性地辨明生态系统在认识上和概念上的发展，将它与景观的概念相比较，并进一步比较二者的意义和复杂性，以及从其他角度为二者提供定义和应用模式（alternative ways）。

1.2 生态系统概念的内涵以及应用中的模糊性

为了恰当地比较这两个概念，我们首先要明确这两个术语的内涵。此时，我们就已经碰到了一个难题，因为"生态系统"这一术语本身就具有含糊性，在研究和实践中又缺乏相应的方法。而要讨论与生态系统概念和应用相关的海量文献又超出了本文的范畴，并且这部分工作已经由 Haber（2004）完成了。Haber 强调了生态系统对于现代生态学发展历程的重要性和价值。

在我们的《景观生态学：理论与应用》一书中（Naveh and Lieberman，1994），已经讨论过生态系统概念的模糊性，以及它在有机体之上的综合生态等级中的作用。我们提出了以下疑问：生态系统究竟是一个"真正的"位于有机体之上的有形的现象，还是一种为研究生态系统中能量、物质和信息流的概念框架？或者像 Schultz（1967）在一篇评论文章中所认为的，二者兼而有之？

在美国权威生态学家 E. P. Odum（1971，p8）的关于生态学基础的经典书籍中，提出了下面的生态系统定义，并被绝大多数生态学家所认可：

"在特定区域内，与物理环境相互作用的、包括所有生物（即"群落"）的任何单元都是生态系统，在系统内，可以由能量流来清晰地定义营养结构、生物多样性和物质循环（即生物和非生物环境的物质交换）。"

在此定义中我们可以看到，混淆的根源是由生物和群落的交替使用造成的。该定义没有明确说明"生物"（包括人类吗？）意味着什么？而"群落"又代表什么？以及它们是一致的吗？

在 Odum（1993，p26）更近的一本重要专著中，使用了一种更为简单、更加"实际"的生态系统定义，但是它依然保留了有很大争议的模糊的群落概念，值得商榷：

"群落和非生物环境相互作用构成了生态系统。"

同样，在此书中，Odum（1993）第一次提到景观，在他的自然等级模型中，景观位于生态系统之上，他称这个等级水平是"生态系统和人造物的综合体"。然而，他并没有阐述这种等级是否意味着是生态系统的一个空间组织和分支，或者任何带有人造物的生态系统都是具有新特性，具有额外复杂性的景观。

美国生态学家 R. O. Whittaker，没有被语义或认识上的问题所困扰。他认为目前关于群落与生态系统真实意义方面的争论，不仅没有结果，而且对于生态学的学科进步没有帮助（Whittaker，1973，个人通信）。因此，他采用经验方法，认为一片橡树林或者沙漠斑块，在生产力、多样性和类似的可确定的方面，可以作为群落对待；在能量和物质循环方面，又能作为生态系统对待（Whittaker，1975）。

绝大多数其他的生态系统定义强调它的整体特征，即作为生命有机体和其非生物环境之间相互作用的整体性的系统。然而，最近一些权威生态系统调查的理论和实践却表明，在生态系统研究中，结构和功能的相互作用归根结底是一种功能方法，这种方法更带有还原论特点，而非整体性倾向。实例就是 Lindeman 在 1942 年进行的经典研究，它是生态系统研究发展中的一个里程碑。Lindeman 在探索一个具有明确边界的小湖泊的营养结构和能量流时，第一个将生态系统的概念作为"一种营养−动态方法"应用于其研究之中。他能够把整个湖泊生态系统作为一个具有明确边界的确定性空间单元来对待。然而，如果要在更大的水域系统中开展类似研究，这一点则无法办到。

德国北部的"Solling 项目"中应用了一种严格的功能方法，来度量生态系统中的物理−化学和生物过程。这是全球生物计划研究中最复杂且最成功的森林和草地生态系统研究之一。该项目是在著名德国生态学家 Hans Ellenberg（1971）的指导下，由来自相关自然学科的大批科学家共同完成的。Ellenberg 在总结这些多样化方法产生的结果并将其归并于"Solling 生态系统"这一主题之下时，碰到了大难题。原因就是大家用彼此孤立的方式进行这种"整体生态系统研究"，缺少学科内和学科间的统一与合作（Ellenberg，1970，个人通信）。

Ellenberg（1973）将生态系统定义为一个由生命有机体和其非生物环境构成的相互作用的系统。他认为生态系统概念是"无等级的"，既可以被应用于抽象的系统模型，也可以应用于具体的时空系统。他清楚地意识到，作为一种"超自然因素",人类处在生态系统之内和生态系统之外的分界位置上(dichotomic position)。然而,在其实际分类中,他认为生态系统是功能单元,并明确区分了自然、近自然生态系统以及人工建成的城市工业生态系统之间的差别。正如 Naveh 和 Lieberman(1994)所讨论的,他的观念激发了我们去区分由太阳能驱动的生物圈景观和由化石和核能驱动的技术圈景观。

Likens 等(1977)在其经典的关于北美 Hubbard Brook "森林生态系统"的长期研究中,应用了一种典型的功能生态系统方法,该研究在较大的森林实验样地上测量不同流域景观单元的营养输入、输出以及生物化学机能(biochemistry)。然而,在谈到其结果时,研究人员对这些流域和样地不加区别,有时称之为生态系统,有时又称之为景观。

Jørgensen(1997)对生态系统的复杂性及其形成进行了一项完备的理论研究,他将整体性方法主要建立在热力学原理和最近的耗散结构(dissipative structure)的自组织性观点之上。他提出了由能量驱动的与不同循环功能相关的生态系统网络关系。这些关系是典型的功能型生态系统模型。作为空间单元的生态系统研究的唯一实例是从描述(well-delineated)水系统开始的,例如湖泊和河流。然而,如果将水域与周围的陆地生态系统的输入、输出,以及由此导致的水陆交错带考虑进来的话,它们的功能边界也会变得模糊起来。Jørgensen(1997)将其讨论仅仅局限于生物-生态和化学-物理维度,把这样的生态系统当做是排除了人为活动的自然系统,因此也就不包括人类-生态维度了。

为了综合这两种相对的观点,Jørgensen 和 Müller(2000,p10)将生态系统定义为:"既是生物系统,又是功能系统,能够维持生命并包括所有生物变量(biological variables)。它们没有一个固定的、优先的时间和空间尺度,研究的时空尺度根据研究对象而定"。

同样徒劳无益的是,Noss(2001,p105)为了生态保护学家和土地管理者实际操作的方便,将生态系统作为具有空间不确定边界的功能性系统看待,简单地把生态系统定义为"开放的系统,在系统之间有物质、能量和有机体的交换。要想把它们区分开来是非常武断的。"

尽管他在一些模型中使用了普通术语"生态系统管理",在本研究中,他主要就整个景观或生态区域(即更大区域尺度上的景观)的保护进行了讨论,并得出了有实践意义的结论。

生态系统的最近的一个定义是由 De Leo 和 Levin(2000)给出的:"生态系统既不是可辨识的实体,也没有明确的边界。相反,它们是松散定义的集合体,在一系列时空尺度和组织复杂性上展示出特征格局(characteristic patterns)"。

对于这一定义,美国环境哲学家 Sagoff(2000,p269)在一篇关于生态学理论的评论文中做出了回应：

"'松散定义'这种矛盾说法是为了描述或者维护某一特定理论而在计算机里构造的一种表达方法，实际上就是没有定义的委婉说法。"

广泛收集关于生态系统边界概念和研究方法的文献，以促进生态边界结构和功能的整体性研究是非常重要的。自然而然地，这些重点是放在不同尺度的景观系统而不是生态系统上。"生态系统"这个术语根本没有被 Cadenasso 及其合作者所提到（Cadenasso et al，2003）。

1.3 生态系统概念的关键方法和它的"自然生态系统"范式

O'Neill 等（1986）提出了一种恰当的等级系统方法来改进生态系统概念上的弱点——"分散性和模糊性"，尝试克服相互矛盾的生物和生态功能研究方法，后来得到了广泛引用。15 年后，O'Neill（2001）以一种更加批判的方式提出了生态系统范式的严重局限性。在他享有盛誉的获 Robert H. Mac Arthur 奖的演说中，他甚至提出如下问题：是不是到了该"埋葬生态系统概念"的时候。他坚持认为生态系统的空间维度存在两个严重的问题：首先，它简化假设，认为相互作用和反馈发生于生态系统边界以内，能够必要而充分地解释动态变化，然而实际上，其种群组分的空间分布范围可能更广。其次，它假设生态系统内是空间均质性的。这种简化忽视了系统的一些本质特征：**是系统的异质性**维持着系统内的整个种群。另一个关键的生态系统范式的局限是，它把人类活动看成是外部干扰。

根据 O'Neill（2001）的看法，生态系统概念上的争议是由于其基础是根植于系统分析理论的"机械解析（machine analogy）"，暗含了一种过时的稳态平衡的自然观。由于生态系统不是一个关于自然的后验观察，而是以特定方式来看待自然的先验范式，强调了它的一些特征而忽略了其他的一些特征。在这些被忽视的因素中就有智人，他们将生态系统移出了已经存在于进化历史中的环境。然而，"智人并非处在系统之外"。

明显地，绝大多数生态学家忽略了这个事实，即 Tansley（1935）在其开创性的论文中就曾提到的：人类是产生变化的一种主要营力，是生态系统概念中的主要部分。但他们依然坚持"自然生态系统"的范式，认为人类是生态系统外部多余的（unwanted）、产生干扰的营力，通过改变顶极打破了自然的和谐。因此，大部分采用了 Tansley 的生态系统术语的生态学家仍然将不包括人类的"自然生态系统"当成是他们的主要研究对象。

对于声称具有整体性生态系统概念的生态系统生态学家也是如此。例如，Odum 的极有影响力的《生态学基础》（1971）直到第 3 版才将人类作为一种生态因子考虑进去，然而，本书的主要篇幅都在详尽地论述自然生态系统，它们的生物群落和非生物环境，朝向一个"成熟的"、没有人类干扰的稳定的顶极阶段发展。他将自然生态系统作为自然中的基本功能单元，生态等级理论中的最高等级水平。只有在最后一章，谈到关于人类生态学的应用和技术时，他才把人类维度考虑进来。然而，在其重要的、关于生态学和濒危的生命支持系统的著作中，他把人类看做是"城市－工业"生态系统的一部分（Odum，1993）。

同样地，Jørgensen（1997）在其研究中将他的"整体生态理论"完全局限于生物－生态和化学－物理维度。他把所有的生态系统都当做自然生态系统对待，排除了人类以及由此导致的人类生态维度。在绝大部分著名的生态系统研究中也存在这样一种趋势，即强调系统的生物、化学和物理要素，而忽略了人类文化要素（Connell et. al，1987；Levin，1990；Noy-Meir，1975；Pacala et al.，1993；Picket and White，1985）。

与此相反，我们在关于地中海景观的演化研究中（Naveh，1984a；Naveh and Lieberman，1994；Naveh and Carmel，2003），认为自从更新世，现代人类出现之前的十几万年以来，人类在塑造这片景观中已经扮演了重要的角色。更新世时代，在火的帮助下，人类通过采集食物和捕猎活动将地中海区域从原始的"自然"景观变成了半自然的农业前景观。这种景观又在其后的全新世中，被地中海的农牧业活动在一种动态平衡中转变成了半自然的文化景观。然而，尽管存在十几万年的人类集约化的干扰，未被耕种的地中海景观依然被许多生态学家和保护学家认为是"自然的"生态系统。

Alberti 及其合作者（2003）在他们最近的一篇综述性文章中称，尽管目前地球上再没有一个生态系统不受到人类活动或多或少的影响或改变，但是这种"自然生态系统"范式在今天依然流行。然而，即使在人类被视为生态系统组分的"新范式"中，那些致力于人类主导系统的研究仍是还原论的，还把人类生态过程作为独立现象来对待。在 Mc Donnel 和 Pickett（1993）出版的书中，这一点也很明显。

然而，与此同时，反对这种狭隘的生物－生态自然生态系统范式的生态学家注意到了一个明显的趋势，那就是网络期刊《保护生态学》（如今更名为《生态与社会》）的出现。该期刊目的是促进生态和人类系统的综合（Holling，2000）。同样徒然的是，最近收录的一些论文显示，人们试图从恢复和适应性循环变化的角度来发展一种自然和人类系统转换的综合理论（Gunderson and Holling，2002）。欧洲（Breuste et al.，1998）和美国（Alberti et al.，2003）生态学家在把人类纳入城市生态系统中也做了大量的努力。

1.4 对景观含义的批判性评价

景观这一术语的演化是一个漫长而有趣的历史，但是要详细回顾它的所有历程又超出了本文的范畴。第一次提到它是在《圣经》之中，圣咏集《诗篇》(48.2) 中描述了带有所罗门王庙宇、城堡和宫殿的耶路撒冷的美丽景观。这种原初的视觉感受和美学内涵（aesthetic connotation）在文学和艺术中被采用，还被景观建筑和设计师、园艺师所应用。自文艺复兴以来，它逐渐获得了更多的内涵，景观既是一种有形的、空间可视化的实体，也是一种无形的、心理上、精神上和艺术上的体验（Naveh and Lieberman，1994）。

19世纪早期，洪堡（A. von Humboldt）将景观作为"某一地球区域表面的整体特征"引入到地理科学中。后来，地理学家将景观这一术语狭义定义为地表的地形地貌和地质特征。著名的德国生物地理学家 Troll（1939）创造了"景观生态学"这一术语，也给它赋予了一个更广泛和全面的解释：

景观是人类生存范围的整个空间和可视实体，是岩石圈、生物圈和人类圈的一体化，是一个完全综合的实体，将其作为一个"整体"进行研究，就意味着它不是简单的部分之和（Troll，1971）。

正如我们以前所详细描述过的（Naveh and Lieberman，1994），景观生态学在第二次世界大战之后，作为景观规划、景观设计、管理、保护和恢复的一种交叉学科出现于中欧的工业化国家。大部分欧洲景观生态学家已经原则上接受了这种整体性定义，但是在他们各自的研究中，又给予了景观多样化的解释。

最近，Bastian 和 Steinhardt（2002）及其合作者出版的文集展示了欧洲，特别是德国景观生态学的进步和观点，大体可看做是景观科学最全面的汇总。尽管主要聚焦于欧洲，这部重要的论文集在概念上和方法上的争论已经为各洲那些准备接受新概念、以丰富并改进其工作和教学的学者开启了新的视野。尤其是对那些主要沉浸在用英文写成的景观生态学出版物中的人们，他们以前没有机会获得这种丰富的知识和信息。

跟随这些中欧的景观生态学家，我们采取了整体性的生物物理和人文主义的观点。不过，我们不仅将有形物理空间的三维景观纳入"整体人类生存空间"之中，还将我们居住于其中的无形的多维精神空间纳入进去（Naveh and Lieberman，1994；以及本书）。

将生态区这个术语作为景观研究的基本单元，这对于整体景观概念的意义和实际应用有认识论和方法论上的贡献，因为它具有清晰的生物地理学含义和拓扑维度。这个术语由 Tansley（1935）所创，被欧洲景观生态学家所采用，作为面积最小的，在某种程度上均质的、清晰可辨的，可制图的构建自然的"砖瓦"，带有其从属的景观要素和通量。这些图幅的比例尺可以从 1∶10 000 或 1∶25 000 到最大的 1∶50 000。最小的生态区尺度可以被扩大到更高一级的景观单元及土地系统（Zonneveld，1995；Bastian and Steinhardt，2002）。因此，欧洲的景观生态学家对生态区的定义比北美景观生态学家所采用的"斑块"(patch)和"林窗"(gap)更加严密。

在 20 世纪 80 年代早期,当景观生态学出现于北美和以英语为母语的国家中时,由 Forman 和 Godron(1986,p9,p11)定义的景观的空间含义,被广泛采用:"景观是异质性的土地区域,是空间上重复出现的、彼此相互作用的生态系统组合,景观的直径可以小到几千米。"

这实际意味着景观只是相互作用的生态系统在千米尺度上的一种体现,生态系统和景观这两个术语之间没有明确的界线。这导致了问题的产生,如果没有明显的地形地貌上的、生态上的,或是其他的边界,我们怎样描绘这个由许多不同生态系统组成的景观?一个景观中包含多少个生态系统?这些生态系统包括道路、建筑物、农场、村庄和城镇吗?

在 Forman(1995,p38)的《土地镶嵌:景观与区域的生态学(Land Mosaics: the Ecology of Landscapes and Regions)》一书中,对景观镶嵌体进行了专门的论述。他把生态系统简单定义为"有机体与其环境相互作用的相对均质的区域"。然而,他仅提供了"局部生态系统"的实例,并将其作为"景观基质"背景下的斑块或廊道。对于许多研究来说,这种定义并没有解决生态系统-景观关系的模糊性。

遗憾的是,生态系统与景观感知的耦合,只存在于更大的尺度上,因此更加让人觉得景观生态学不过是生态系统生态学在空间上的扩展。由著名的美国生态学家 Paul Risser(1987)的定义,可以很明显地看出这一点。他认为景观生态学致力于空间异质性,强调在更大的景观镶嵌体中生态系统空间格局的生态效应。

因此,景观生态学被许多生态系统生态学家和地理学家所忽视,他们认为传统科学能够很好地处理这一空间分支的问题,没有必要为了大尺度的问题而创造一门特别的、有竞争力的新学科。遗憾的是,即使是现在,当景观生态学已经成熟,并证实自己是一门重要的、有自身存在价值的、世界范围的环境科学之时,许多大尺度和全球范围的生态项目和生物地理方面的研究依然在无视这门学科存在的情况下开展,完全忽略了它先进的方法和模型。一个惊人的实例就是由联合国发展署、联合国环境署、世界银行和世界资源研究所赞助,由 175 个交叉学科的科学家参与执行的世界范围内的试点研究(World Resources,2000;2001)。

然而,一些欧洲的景观生态学家还没有解决生态系统与景观关系模糊的问题。例如,一个极权威的德国景观生态学家 W. Haber(1990a)认为,景观生态区是"生态系统的具体场所",对这二者没有明确的界定。由于德国地理学家的传统,在这门学科中有很多复杂定义的术语,Leser(1997)为生态区这一术语引入了许多子定义,通过引入"景观生态系统"作为生态系统的进一步发展,导致了进一步的混淆(如果景观本身就是一个具有结构和功能的生态系统，就没有必要在后面加上"生态系统"这一词了!)。同样徒然的是，Löeffler（2002）为"景观复杂性"作了大量术语上的区分；对景观复杂性的拓扑维度，他提到了"景观复合体（生态系统）"，而没有进一步解释它的意义以及它存在的必要性。

"数量空间景观生态学"的发展拓宽了区域甚至全球尺度上研究景观的空间直观维度的过程，也丰富了原始的中欧地区景观生态学的范畴。这一发展方向在北美展开，以一种最详尽的方式被 Turner 和其合作者（Turner et al., 2001）及众多 1986 年后发表在《景观生态学》杂志上的研究论文中体现出来。与些同时，不同版本的景观生态学概念逐渐融合，形成一种广泛的、具有高度多样性的、主要以解决问题为目标的全球性科学，具有明确的跨学科趋势（Naveh and Lieberman，1994；Wu and Hobbs，2002）。新加入到景观生态学家行列，具有生态学和地理学学科背景的景观建筑师、规划师、营林者、保护学家和恢复学家为这门学科带来了概念上、方法上和实践手段上的创新和活力。正如第 4 章所详细论述的，景观生态学家将其从景观研究、规划和管理等各种领域中得到的经验综合起来，朝多学科性的方向发展。随之而来出现了一个明显的转变，亦即由把人类排除在自然之外的观点转变为更具整体性的，人类－自然－景观相互关联的观点。

邬建国（2007）在纪念国际景观生态学会（IALE）成立 25 周年以及《景观生态学》杂志创刊 20 周年的社论中指出，学会和杂志将以生态和景观的可持续性为核心，在未来几十年内推动景观生态学理论和实践的发展，使之成为一门交叉学科。鉴于目前生态危机的严重性，我们做出了关于景观生态学在科学领域中地位的结论（Naveh and Lieberman，1994）："景观的健康和整体性对全球的生存至关重要"，这一结论成为所有景观生态学家面临的迫切挑战。

1.5 结论：对比鲜明的生态系统与景观定义

只要将其视为"功能上相互作用的系统"，就可以避免生态系统这一概念在定义上的模糊性和应用上的混乱性，其特征是在有机体及其非生物环境以及一套相互联系的不同尺度特征之间存在着能量、物质和信息流。作为功能系统，它们是无形的、边界模糊的，缺少亚里士多德所说的有形事物的两个特征：必须是在确定位置上（topos）占据某一特定（可度量的）空间（choros）。

尽管景观生态学在语义上和认识论上的含义有众多的解释，但是作为科学研究的对象，它能与定义模糊的生态系统概念区分开来。景观生态学家认为景观是不同尺度上具体的土地或水域，或二者的综合。然而，与以上提到的作为生态系统在大尺度上的重复的机械概念相比，我们认为景观是有形的、时空明确的生态系统，是自然和文化紧密交织在一起的实体。从最小的可辨识的景观单元或生态区到全球生态圈的所有景观，它们作为空间基质——实体为所有有机体，包括人类及其生态系统提供生存空间。

Allen 和 Heokstra（1992）在对生态学传统概念的挑战性评论中，也给出了类似的结论。他们认为那些对比鲜明的生态系统的含义是无形的、让人难以捉摸的功能性系统，是"有机体及其环境之间过程和流的路径"，并且认为（Allen and Heokstra，1992，p125）：

"生态系统的标准不同于所有其他的术语，比如群落，它与景观之间有着复杂的关系。最重要的是，它不可操作，这当然也遏制了把生态系统看成是景观中的某个空间的看法"。另一方面，他们认为景观是"所有有机体在所有尺度上的有形实体"。

1.5.1 比较生态系统和景观的复杂性

自从 2004 年《生态复杂性（Ecological Complexity）》杂志创刊并为这方面的研究提供了一个主要平台以来，生态复杂性受到了较多关注。来源于系统理论的生态复杂性极大地受益于当前计算机系统建模和模拟的巨大进步、自组织理论的最新视角，以及自然和人类社会的混乱的协同进化过程。然而，在探索生态复杂性和生物复杂性的大量研究中，令人遗憾的是并没有将人类因素考虑进去。不仅在生态系统研究中存在这种情况，如上述提到的 Jørgensen（1997）的重要研究，而且在与文化景观相关的研究中也是如此。例如，Cadenasso 等（2006）在处理生物复杂性时，细分了异质性、连接度和历史三个方面。然而，他们只处理了生态系统复杂性的生物物理维度。为此，他们使用空间"斑块"作为其主要的研究单元，仅从景观的单维度空间直观异质性深入探索了增加组织复杂性的问题。

在 Green 等（2006）所著的《景观生态学的复杂性》一书中，以一种非常明确的方式，研究了植物和动物的生物和生态复杂性方面的标准，但是他们完全忽略了由这些有机体与人类相互作用引起的复杂性。作者们似乎没有意识到（或者是忽略了）景观生态学及其研究群体的存在。还有其他同样发表于"Springer 景观系列丛书"中的文章，编辑们想要"从更广泛的角度接近景观"，出版类似的稿件，并把景观定义为："人类及其房子、历史、艺术……的存在空间"，"受人类社会的塑造和管理"。

在探讨生态系统复杂性和景观复杂性的巨大差异之前，让我们先简单谈一下它们的共同点。根据 Weinberg（1975）的定义，这二者都是"中等数量系统（medium-numbered system）"。他坚持认为，系统的复杂性不仅由其组分的数量决定，还由组分间相互作用的多少和特征，也即"结构复杂性"，以及由这些系统所完成的不同功能的数量和特征，也即"功能复杂性"所决定。作为复杂生态相关性的系统，生态系统和景观都不同于那些只有少量组分，具有简单因果关系并能够用一个简单公式来描述的小系统。而与大数量的系统（比如气体，由许多同样的、能随机发生相互作用的组分所组成）所具有的无组织复杂性相比，生态系统和景观都具有组织复杂性。它们在本质上是高度多样化的中等数量系统，通过其中生物和非生物的相互作用形成结构和功能网络，统计和机械论的方法无法对它们进行适当的描述和分析。这种组织复杂性越高，其不确定性越大，可预测性就越弱（Weinberg，1975；Jørgensen，1997）。然而，由于景观有着更高的多功能和多维度组织复杂性，它的不可预测性更大。更高的功能和结构复杂性以及随之增加的维度可以由新出现的景观系统特征作为有序的全体或"格式塔（Gestalt）"系统来解释，这种整体系统就像一个有机体（或者是一首旋律），它的所有组分通过一种独特的一致性形成彼此相关、相互依赖的关系。

虽然生态系统的组织复杂性只建立在能量、物质流的物质过程和生物物理信息的单方面复杂性上，景观则具有多方面的多功能组织复杂性。在此，我们不仅要探讨自然-生物-生态过程和自然生物物理信息的功能方面，也要探讨由文化信息所传播，以紧密交织的自然和文化景观格局为表现形式的，认知上的心理和感知方面。

将自然生物物理和文化认知系统事件综合成一个复杂的景观系统，这种景观复杂性的整体性观点代表了**自然和精神达成一致的一个特例**。正如我们将在第11章进一步讨论的一样，这种一致性是如此紧密，以至于发生在系统这部分的事件同时也发生在另外一部分。当我们以双重观点同时综合自然认知和心理物理系统（psychophysical systems）来研究、规划和管理景观时，就会出现这种情形。

在被人类改变的半自然和文化景观中，识别这种多维度复杂性对于综合性的景观评价、规划和管理实践非常重要。在这类实践中，自然与文化的格局和过程紧密交织，形成了新的结构复杂性和功能复杂性。地中海景观就是这样的实例，千百年来受到人类的改变。但是这种方法更适合应用到其他具有长期人类历史的景观中，例如中国。因此，所有这些半自然景观应当被认为是中等数量的、自然文化融合的生态系统。

这种多侧面和多功能的景观复杂性观点深深地植根于生命网络整体中。它出现于这样的认知之中：人类不仅隶属于自然，还超越了自然。它们与其环境共同形成了一个不可分的、一致协同进化的地理-生物-人类实体。我们把这种社会-生态超系统称之为整体人类生态系统（THE），并认为它是超越了自然生态系统等级水平的、全球生态等级的最高水平（Naveh，1984a；Naveh，2000a；Naveh and Lieberman，1994）。

1.5.2 景观复杂性是世界跨学科系统的一部分

正如我曾详细解释过的一样（Naveh，2000a），景观复杂性的整体概念不能看成是孤立的,而应当被看成是一个更广泛的、综合的系统观点的一部分,植根于一般系统论及其最近在自组织、自创新或自创生(autopoiesis)方面的观点。Kuhn(1970)认为,作为跨学科性科学改革的一部分,一个标志性的转变是从还原论的、机械论的线性科学范畴转变到一个具有非线性一致性过程的、包罗万象的(如宇宙的、地质的、生物的、文化的)组织概念(Jantsch,1980;Laszlo,1987)。这是在非均衡热力学中取得的科学突破,诺贝尔奖得主普利高津(Prigogine)及其同事提出了新的有序原理:"在扰动中创造有序,并处于混沌之外"(Prigogine and stengers,1984)。这加深了我们对那些远离平衡态的景观的复杂动态,以及它们从低级到高级持续自组织能力的理解。正如在第5和第6章中详细解释的,地中海的半自然"生物圈"景观明显地像耗散结构一样,受到从短期到长期的自然气候波动的循环扰动,以及由人类导致的短期放牧、割草、采伐和轮烧的影响。这些干扰在半自然的地中海景观,以及大部分其他依赖于人类干扰的景观中建立了一种由人类所维持的动态流平衡,或者说在树木层、灌木层、草本层之间的"动态平衡(homeorhesis)",这保证了高度的景观生物和生态的复杂性和多样性。

李百炼(Li,2000a)认为,如今可以用严格的热力学和规范的术语来解释这些动态。他应用普利高津(Prigogine,1997)的自组织理论和Haken(1987)的协同学,为解释景观不稳定性和多重稳定性(multi stability)提出了控制这些过程的四个基本原理,如同在耗散系统之中,随机波动导致了景观的内在不稳定性,德国北部景观和美国得克萨斯州的景观就是实例。

包罗万象的整体性范式目前达到了其巅峰期,提供了**一个统一的世界观**:"这一切感觉起来不再像是一个巨大的机械装置,而是有机联系的生命,其中的每一部分都会影响到其他部分"(Laszlo,1994)。Laszlo(2003,2004)为这种统一的世界观贡献了一个真正的跨学科理论"万物之综合(integration of everything)"。这一点可以通过总结、综合和解释多种学科(如量子物理学、物理宇宙学、进化生物学、神经生物学和量子生物学)以及意识领域中的最新发现来实现。因此,Laszlo为一个包含量子、宇宙、生命和意识的统一学科打下了基础,将它置于交叉学科的科学改革和后现代复杂科学的边缘。

这些理论为我们理解人类社会和景观之间复杂的相互关系打开了新的视野,对我们的整体和跨学科的景观概念都有着深远的影响。它们应当成为综合地质、生物和文化景观进化的广泛概念的一个主体部分。这不仅对新的交叉景观科学的理论基础的建立有重要意义,也将有望为地球上人与自然可持续发展提供概念、教育和实践的工具,以满足后工业时代人与自然和谐共处的迫切需求。

1.5.3 景观多维复杂性的评价和实用性结论

这种评价最实际的结果就是需要对多维景观功能进行更广泛的综合评价。

通过规范的语言、统计方法、机械描述与分析，如 Forman 等（1986）所采用的阿基米得的几何构型和镶嵌，都不能精确地抓住这种多维复杂性。不能仅仅用图和数学模型来研究这种中等数量的自然＋文化景观，而需要**自然语言以及由新兴的跨学科方法提供的可视化表达的帮助**（Naveh and Lieberman, 1994）。正如 Green 等（2005）最近所讨论的那样，即使在当前生态和保护、数学、统计和计算机科学取得长足进展的时代，自然语言也是不可替代的（Green and Sadedin，2005）。以上提到的双重景观观点使得这种评价过程不仅要考虑"硬的"机械的和市场化价值的人类中心方面，也要考虑"软的"，以生态、美学和伦理为中心的方面，这种评价不依赖于功利性的价值，但却能被我们的认知、感知和意识所捕获，可以用自然语言来帮助进行评价。

跨学科的景观研究充分说明了这一点。第 20 届欧洲农村景观研究大会（PECRL）的论文集中有很多相关的文章。在这个重要会议的文集里，编辑们这样写道（Palang et al.，2004，p4）：

"语言不仅是一种交流方式，它还能够将我们在环境中感知到的隐含的意境和能量与真实的对象和特征间建立一种有力的连接，来构建、想象和抽象我们周围的复杂世界。语言帮助我们描述处所和景观，并传播继承的价值和知识"。

为了接受语言表达也是一种重要科学工具的观点，我们首先要克服深深根植于实证主义自然科学的二元观，"文化"告诉我们精神现象"无法计量"，因为它们不能被数学统计模型和我们的正规科学语言等手段来计算、度量和量化。

如果我们把景观作为一件商品来利用，或者作为一种资源来满足我们的经济利益，而这种利益只用货币或自由市场上的产品来度量的话，目前以指数速度发生的景观退化将继续下去。我们必须认识到景观的本质价值并不是"达到某一目的"，它们本身就是"一种目的"。即使生态经济学家引入了"自然资本"这一术语，也不能完全解释由肥沃的土壤、洁净的空气和水源为我们提供的最重要的生命支持功能。当然，这也完全不能解释健康而美丽的生物圈景观带给我们的无形的、美学上的、文化上的、精神上的和再创造能力的价值。尤其当信息社会来临时，这种无形的价值对我们的生活质量和精神上的健全比以往更加重要。

正如 Li（2001）所解释的那样，我们能达到这种目标：在基于模糊逻辑数学的创新性统计和模拟方法的帮助下，对那些定性的、美学的、精神的、具有历史价值的和其他"软的"文化参数作精确的控制性语言描述。理解和应用这种多维和多功能景观复杂性是为统一生态、社会经济和文化可持续发展制定策略的先决条件。它要求景观生态学家和来自相关的自然、社会和人文领域的科学家，以及艺术家、规划者、建筑师和生态心理学家、土地利用管理者和决策者的共同努力。正如 Grossman 和 Naveh（2000）所指出的一样，为了区域可持续发展的目标,可以将系统动态模型与交叉催化网络(cross-catalytic networks)结合起来,评价人文过程和景观动态间的相互关系。

在大会"我们共享的景观"中提出了重要的例子来展示如何在景观规划和管理中将生态、社会经济和美学方面综合起来,以进行这种多维复杂性评价(Lange and Miller,2005)。采取生态质量和美学质量的双重观点、应用模糊逻辑模型、跨学科系统模拟模型和其他交互式的方法和工具就可以达到这种综合评价。

为此,一个最紧急的交叉学科挑战就是:通过将"总体景观生态多样性(TLE)"的众多指数联合起来,以开发实际工具来综合评价紧密相关的生物多样性、文化多样性和宏观、微观生境的生态异质性,对于土地管理者和使用者来说,TLE简便易行。这种TLE指数对于任何生态价值和文化价值都受威胁地区的景观保护和恢复项目都极为重要。

1.5.4 结语

如果把这些多功能、多维度的景观复杂性纳入考虑范围,将有助于景观生态学家、规划者、保护和恢复工作者把不可持续的农业-工业景观(高投入、高产出)转化为可持续的农业-生态景观(可再生的、无污染且高产出的)。这也有助于城市景观规划者和设计者创造更健康、更适于居住、更迷人的城市工业技术圈景观。

为了达到这一目标,即更加可持续的后工业化整体人类景观,我们不能再以旨在创造越来越复杂的景观指数的呆板的景观几何结构和理论尝试为重点,而要以理解动态景观过程和功能的复杂性为重点。我们要随时展示自己的作品,不仅仅是严格的学术出版物,还可以是非正式的、易懂的、随手可得的"实效性"信息,这种信息能够将反馈转达给决策制定者和社会大众,以帮助改善现实情况。

第 2 章
从生物多样性到生态多样性：
保护和恢复的景观生态学方法

2.1 作为后工业时代环境变革一部分的生态多样性保护及恢复

在全球范围内，生物资源的枯竭对地球生命造成直接的严重威胁，而其又是由生物多样性的加速螺旋形下降而引起。反过来，这种下降又被物种及其生境的加速消失所驱动（Norton，1987）。Myers（1979）称，在最近的 5 万年中，物种灭绝以指数级速度剧增，从以前的每 1 000 年消失 1 个物种到如今每年消失 1 000 个物种，到 20 世纪末还可能增加到每年 4 万个物种，这就意味着每小时都有 1 个物种灭绝。

人类通过破坏大量陆地光合产物对自然及其生命支持系统所构成的威胁在进一步加剧。这种破坏过程包括作物秸秆的丢弃、森林燃烧与采伐、沙漠化以及自然用地向农业和城市工业用地的转化——这两种转化过程通过空气、土壤和水的污染对我们的生命支持系统造成极大的负面影响。按这种趋势推测，越来越多的物种将面临灭绝，它们生存的机会将进一步减少，因为在人类改变的景观中，它们的自然生境在进一步退化和破碎化。这些都是现代农业、城市工业、休闲娱乐和其他土地利用活动有意或无意的结果。在未来较长的时段内，全球变暖和大气圈其他的负面变化将加剧这些威胁，加速物种灭绝。

这个过程可以被称为新技术景观退化（Naveh and Lieberman，1994），其根本原因是自然生物圈被人为技术圈所替代，而且替代的速度非常惊人。技术圈创造了一个由人类控制的、贫乏且极不稳定的生态圈。人口的无限制增长、能量和物质的不断消耗和技术能力的增加所形成的失稳反馈环驱动这一过程的发生。这些脱轨的（run-away）反馈作用已经代替了大部分有限制的和起调节作用的（restraining and regulating）自然和文化的负反馈。结果是，大面积的、多样化的自然和人文景观在极短的时间内变成了易受损的、单一的农业草原和人工技术沙漠。因此，我们的开放景观不仅失去了生物丰富度和生态稳定性，还失去了文化价值和视觉上的美感。

由于驱动这种脱轨反馈的力量在文化上是根深蒂固的，因此我们的全球性环境危机主要是一种文化危机。因此，我们不仅应该在科学、技术、社会经济和政治领域中去寻求补救方法，而且应该在精神、伦理价值和生活规范中去寻求。对自然及其内在价值的欣赏不仅应被视为我们物质上的满足之源，而且应该是启迪、鼓励和享受之源。

Meadows 等（1992）在其极具挑战性的著作《超越极限（Beyond the Limits）》中称，我们需要一个深远的环境和文化上的变革，以引导我们对自然的态度从消费转向保护，从无限的数量增长转向可持续的质量改进和发展。

一个最鼓舞人心的进步是认识到全球环境变革的紧迫性及其可行性。这种变革再也不会被嘲笑为一种"极端环境主义者"或"书呆子生态学家"的乌托邦梦想。现在它已经被一些卓越的、实事求是的经济学家、管理者和决策者所认同，其中包括美国前副总统戈尔（King and Schneider，1991；Gore，1992；Tolba，1992）。

我们已经从可持续土地利用和管理策略的角度讨论了这种环境变革（Naveh & Lieberman，1994），它可以被看成是人类文明继农业和工业革命之后掀起的第三次全球变化浪潮，将在人类和自然之间建立一种新型的后工业化时代的合作关系。如果把技术圈景观（无限制的城市工业和废弃地）的扩张替换成这类景观与自然和半自然生物圈景观的完整结合，以此来创造一个能够持续生存的全球生态圈的话，就能实现这种共生关系。这就需要我们去保护和创造一些具有最大生态多样性、健康且诱人的景观。这些景观可以提供生态及社会经济服务，并能将"软价值"，即本质上非经济的、无形的价值如健康和美学，同"硬价值"，即市场价值，结合起来。

在这一过程中，恢复学家如果能够将恢复工作从小的、退化的自然孤岛扩大为具有自然和文化格局的大的开放式景观，就起到了至关重要的作用。为了这一目的，作为总体景观尺度上的生态多样性（生态和文化的多样性和异质性）中的一部分，生物多样性必须被重新考虑进来。

2.2 生物多样性与生态异质性

在物种水平上，生物多样性由特定立地中代表"物种丰富度"的物种数量和相对丰度或每一物种的盖度所确定。Whittaker（1965）建议将多样性分成以下几部分：

（1）"α（物种）多样性"，即特定生境内的多样性。

（2）"β（生境）多样性"，即不同生境间的多样性，它度量多样性在不同群落或场地中的梯度变化。

（3）"γ（景观）多样性"，地理或生态上的区域或景观的总体多样性。

最后一个指标对于确定生物多样性最重要，因为它综合了其他的多样性指数，并受不同生境间的生态异质性的影响。

总的来说，异质性强的环境中，γ多样性较高；而且，高的多样性能够进一步增加生态异质性。这样，总体多样性在时间上将自我增值。相反的，生态异质性的减少会降低生物多样性，这反过来又会降低生态异质性。因此，在这两个方面，生物多样性和生态异质性组成了一个正相关、互相加强的反馈环（Norton，1987）。

我们在地中海的工作（Naveh and Dan, 1973; Naveh and Whittaker, 1979; Naveh, 1984a; Naveh and Kutiel, 1990）表明，生态异质性与长期土地利用紧密相关，它增加了宏观和微观的生境异质性，也即生物多样性。这一"土地利用与异质性的关系"原理，也可以应用到那些由人类主导的、目前还没有因滥用而毁坏的景观中，或者正在因新技术而刚开始退化的景观之中。

人类土地利用的自然驱动力和文化驱动力间的紧密相互作用以及长期的协同进化过程，导致地中海地区最显著的特征就是土地利用和景观异质性及多样性之间的关系。这种相互作用创造了地中海山区迷人的、多样化的半自然农-林-牧复合景观。相反，由于长期耕作，平原地区已经丧失了其自然植被及其异质性。

以色列犹太山的南部就可以作为一个典型的例子，来说明形成那种异质性景观格局过程中自然和文化间的紧密相互作用。在那里，梯田、斑块状的耕地以及种植园所构成的镶嵌体，紧密地和残存于不适宜耕种的坡面和裸岩地段上的原始自然植被，以及处于不同退化和恢复阶段的动态演替景观混杂在一起。在我们早期的景观生态学研究中，我们利用过去废弃的、破碎化的梯田及其石墙残体作为最小的景观单元或是生态区（Naveh and Dan, 1973）。这些文化遗留物可以作为由于增加了景观复杂性而新出现的景观特征的研究重点。它们可以提供生态异质性方面的信息。在其帮助下，我们可以确定南坡上的土壤和植被进化和退化的时空格局。这些格局以一种植被覆盖和组成上的排序展示出来，如图2.1所示，从沿着易受侵蚀的石墙生长的，对环境要求较低的草丛和矮灌丛，到石墙边上生境条件较优越的硬叶灌木林，还有梯田塌陷形成的洼地土壤上，碳酸钙含量丰富，也生长着这类硬叶灌木林。

通过扩展时空尺度及地质、考古和历史维度，我们意识到研究的对象具有两种完全不同的景观格局。南坡从远古时代起，人们就将其上覆盖的较软的石灰岩犁成一系列平缓阶梯状，形成由石墙保护的梯田，开始进行耕种。相反，北坡由于不可耕作，从未被开垦过。在此处，优势种为石橡和乳香树的硬叶灌木林覆盖于多石的、薄层褐色石灰土上，这种土壤由一种坚硬的、被称为"钙质壳"的古代钙质砾岩的外壳所形成，无法被改成梯田进行耕作。土壤厚度和结构表明，这个不适于耕作的灌木丛坡面没有遭受任何严重的侵蚀，因而可以推断只要这片灌木林没有被人工或推土机毁掉，它们在连续周期性的火烧、采伐和中度的割草和放牧的干扰下会一直保持原样（Naveh and Dan, 1973）。

最后，通过航拍资料把空间尺度进一步扩大到区域景观系统上，把时间尺度前推到远古，就可以揭示两个对比坡面及其演化史的完整序列。在更新世晚期，许多朝南的狭窄坡面是古代的河床，它们坚硬的钙质外壳明显被地质侵蚀作用剥蚀掉了，暴露出下面柔软的白垩土。由于当时的谷地已经被腓力斯人所占据，古犹太人在铁器时代就将这个坡面改造成梯田，并在森林覆盖的山区居住下来。17世纪，拜占庭帝国灭亡、农业逐渐衰弱之后，这片梯田被弃耕，但由于连续耕作形成的灾难性的土壤侵蚀，使这片农业景观变得干旱。在弃耕后，这片土地被用做牛群、绵羊和山羊的牧场，在最近的几百年，演化成典型的地中海式亚稳定景观格局，后者也是我们最近20年的研究对象。

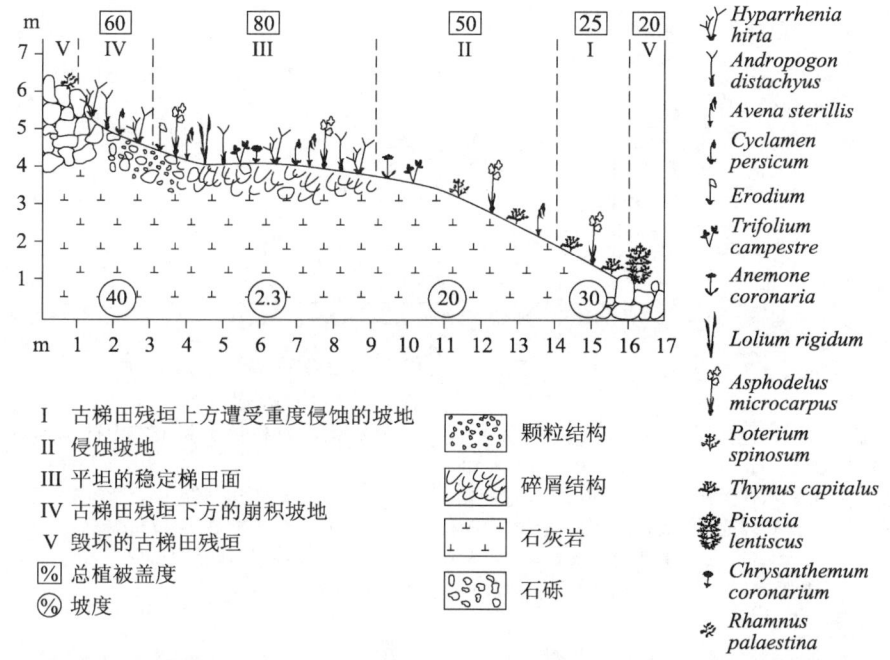

图2.1 犹太山南部石灰岩侵蚀坡地上的梯田：土壤和植被退化格局（Naveh and Dan，1973）

在以色列北部和法国南部的研究中，我们发现，对于要求较低的草本植被，如具有较高观赏价值的地下芽植物，在中度的、具有传统畜牧压力的地方有较高的植物和结构多样性。一旦这种压力消失了，不管是由于自然保护还是景观废弃所致，或者是压力增强，植物和结构多样性都会有一定程度的下降。在大多数情况下，每0.1 hm² 土地上的物种丰富度下降75%——从120多种下降到不到30种，稳定性（equitability）非常低，入侵性强的、耐阴的树种和灌木的优势度显著增加。同时，植被结构多样性也大大降低。例如，在卡梅尔山区，半开放的、斑块状的灌木林地中的林下草本植物和林窗植被较为丰富，包含了93个物种，与此相反，只有少数几种耐阴的多年生草本植物能够生存于浓密的、未受干扰的高草层下。与此同时进行的动物学研究表明，鸟类、爬行类、啮齿类和等足类动物的物种的丰富度和相对丰度也具有相同的趋势（Warburg，1977；Warburg et al.，1978）。

开阔的橡树林地在中度放牧压力下达到最高的物种丰富度和多样性，而在过高或过低（由于完全保护）压力下，多样性最低（图2.2和图2.3）。在加利福尼亚橡树草原上也有同样的规律（Naveh and Whittaker，1979）。在所有这些复杂的微生境中，放牧强度和小尺度的异质性之间达到了一种动态平衡，而这种小尺度的异质性则是由变化的土层厚度和微地形、岩石露头、树木盖度、枯枝落叶层、阴影、不同植物种甚至是生态型的丰度所形成（Naveh，1991a）。

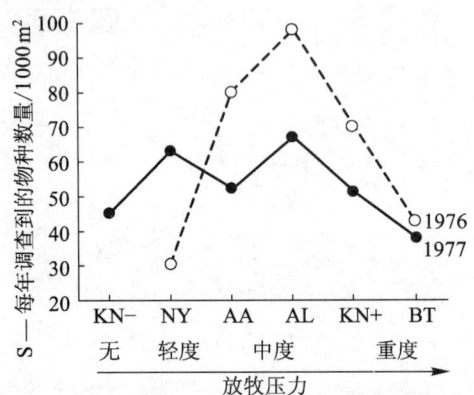

图2.2 以色列北部开放林地和灌木林地上，放牧强度对物种年际丰富度的影响
KN—代表Kfar Hanoar Hadati，保护3年；NY代表Neve Yaar，1976年采用极为轻度的放牧，1977年采用轻度放牧；AA代表Allone Abba，中等强度放牧；AL代表Allonim，循环放牧；KN+代表重度放牧；BT代表Bosmat Tivon，极重度放牧。1977年在AA和AL上，放牧之后紧接着是春天的割草导致物种数下降；1977年在NY上进行的强度放牧则增加了物种数目（Naveh and Whittaker，1979）

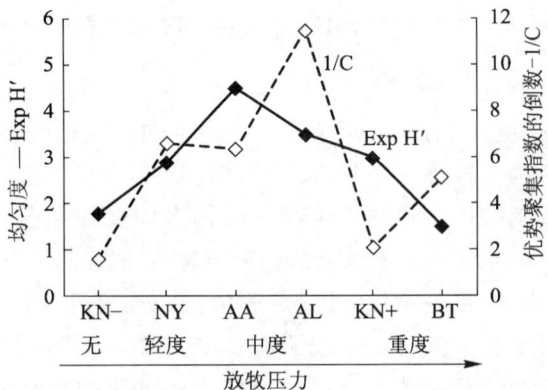

图2.3 以色列北部的开放林地和灌木林地中，放牧强度对辛普森优势聚集指数的倒数（1/C）以及维管束植物的Shannon-Wiener均匀度指数Exp H′的影响。

岩石露头、浅土穴和岩石缝隙能够为许多适应此地的物种和基因型提供避难场所（Nevo et al.，1986）。有时，这种增加了生态异质性和生物多样性的岩石洞穴是古代制作橄榄酒和葡萄酒的遗址，或具其他考古意义的文化遗迹。

受到我们的研究结果和其他野外观察的鼓励，自然保护局将他们的保护策略从完全无干扰转变为动态的保护管理。我们对以色列北部所有的自然保护区大约3万hm^2的林地、灌木林和草地进行了一项调查，在更大尺度上证实了我们的研究结果（Noy-Meir and Kaplan，1991；Kaplan，1992）。在这些自然保护区中，家畜控制性的放牧管理及野生动物——主要是山区瞪羚和野猪——的自由啃食维持了最高的景观多样性。轻度到中度的放牧几乎总是增加植物种的丰富度和多样性。在树木繁茂的森林中，有控制地放牧山羊是最重要的。在受保护的和轻度放牧的生境中，不仅物种丰富度和多样性低，而且野火的频率也比中度和重度放牧下的要高。受保护的以高草为主的草本植物群落也受到周期性暴发的啮齿类动物的影响。

在所有其他的地中海国家中，人类农牧活动和毁林过程的停止导致了草本植物，包括许多地方性和观赏性的地下芽植物结构和多样性的降低，以及景观异质性的消失。通常来讲，在这种情况下，植物更加易燃（Horvat et al.，1974；Ruiz de la Torre，1985；Farina，1989；Gonzalez Bernaldes，1991；Vos and Stortelder，1992）。

几千年来，环境和文化过程互相交织，形成了现存的景观及其植被，疏林地、灌木林地、林地、草地以及梯田等半自然的农业植被，都成为紧密联系的景观镶嵌体的一部分，具有在时间和空间上发生退化与再生的、高度动态性的植被格局。这并不符合任何确定性的演替序列，不能达到稳定的顶极状态。对于这样一种情形，Vogl（1980）提出的术语"依赖干扰的生态系统"，可能是最合适的了。

可以想象，在传统的地中海牧业系统中，大气候季节性和年际间的扰动导致了生产上的波动，这种波动作为一个有效的负反馈能够阻止过牧，类似于自然对野生种群的调整。同时，修剪能阻止过度砍伐和过度火烧，而且，一定的燃烧轮回期可以保证草地的可持续性生产和完全恢复。这种调节性的放牧、燃烧和修剪持续了几个世纪，已经在不同时空尺度上，根据不同植物和植被类型，以及小生境和大生境的更新恢复速度，嵌进了景观之中。这在林地和灌木林地等没有过度放牧、或者过度修剪的地方，或者完全长期休整的生境内或生境间，在树木、灌木、牧草以及草地之间建立了人类维持的平衡。结合多石以及粗糙地形的宏观和微观异质性，他们建立了一种独一无二的地中海高地上的生态和文化景观多样性。

对于这样一种动态平衡，著名遗传学家Waddington（1975）提出了这样一个术语："动态平衡（homeorhesis）"（来源于希腊语，表示"保持流动"）。这类系统不像传统顶极系统一样，返回到动态平衡下的静止状态，而是在干扰的驱动下，继续以它过去相同的方式发生变化。正如上文所讲，在半自然的地中海景观，人类的干扰驱动了这些变化。

地中海景观因此可以被看成是非平衡系统，在人类干扰的状况下获得了长期的适应性弹力和亚稳定性。在此，维持一种动态平衡过程，即一种受控良好的、具有变化的强度与持续时间的恒定干扰，不仅对于生物多样性，而且对生态稳定性、文化多样性和吸引力都是至关重要的。

其他所有依赖于人类干扰的半自然农－林－牧景观也都一样。通过维持一种动态平衡，可以获得最大的、细粒的空间异质性格局和重要的生物、生态、文化和社会经济功能与价值的景观生态多样性。这要求通过受控良好的降低生物量措施（defoliation pressures），如采伐、放牧和轮烧作用，使所有自然和文化的格局和过程永存（perpetuation）、相似（simulation）和恢复（restoration）（Naveh，1991b；Naveh and Lieberman，1994）。

总的来说，在所有的半自然景观中，生态多样性是三种主要的土地塑造力相互作用的结果，即生物、生态和文化（图2.4）。这些因子分别由生物多样性、景观异质性、人类土地利用及其引起的扰动来决定。

由此可见，不能在没有人类干扰的情况下，通过简单地重建某些本地物种，以假想的动态平衡和稳定的顶极阶段来恢复生态多样性。相反，生态恢复是一个复杂的、正在进行的过程，只能通过动态景观管理来优化多种利益价值。在区域乃至全球尺度上，它不仅需要更多的研究和野外实验，还需要更多的立法、行政管理以及教育的努力，而且首要的是需要新的、整体性的策略、方法和工具。这必须建立在景观生态学和恢复生态学的跨学科之上。为了达成这一目标，恢复生态学家必须要把生态学知识与生态学的智慧和伦理结合起来，用以学习过去、理解现在并正视未来，还要使社会大众了解修复原本的自然和文化景观的必要性。

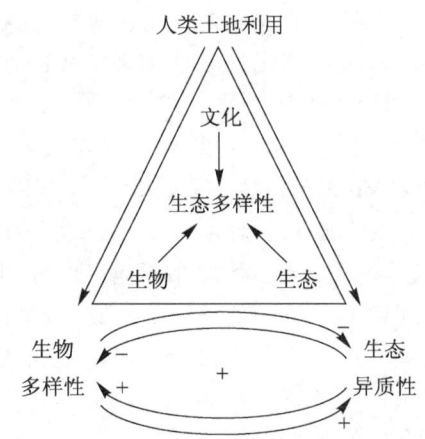

图2.4 生物－生态－文化三方面决定生态多样性的景观塑造驱动力，生物多样性和生态异质性由互相耦合的反馈环联结，二者都受到人类土地利用的影响

2.3 景观生态学和生态多样性

近年来，在各种综合方法的发展中景观生态学取得了长足的进步。这使得

我们能够以更加全面的方式来确认、分析、综合以及部分量化不同时空尺度上复杂的自然和文化的格局和过程。景观生态学采用的最重要方法中结合了目前计算机软硬件方面的进步、遥感和卫星影像、智能地理信息系统（人工智能和地理信息系统的结合），以及新的数学和系统理论，例如信息论、分形几何、模糊逻辑、等级理论（Naveh and Lieberman，1994）。

　　景观生态学家现在也更加注重不同尺度上的空间异质性以及它们与生物多样性的关系。为此，他们把多样性指数的空间尺度从单物种水平拓宽到三维景观中。例如，Haber（1990b）采用了Shanon-Wiener多样性指数来确定"生境多样性"，用以比较德国的同一个景观单元内，受不同土地利用方式影响的不同生境之间的差异。Romme（1982）在描述黄石公园中受景观异质性和火灾影响的不同植被类型的"生物景观多样性"时，曾先后使用了"辛普森"指数、"景观均匀度"指数和"景观镶嵌度"指数。而Hoover和Paker（1991）进一步创造了"景观对比度"指数，来确定佐治亚州由生态异质性反映出来的生物景观多样性的空间组分。

　　然而，在所有的这些研究中，植被是多样性的唯一参数。如果要系统地度量多维景观生态多样性，这些严格的生物参数应该扩展，以包含不同空间和感知尺度上，其他的相关生态和文化的参数，例如由土壤、地形、文化产物和土地利用所造成的微观和宏观生境上的异质性参数。

　　为此，物种多样性指数应当被分成空间上互为补充的生态多样性指数：

（1）"α生境多样性"：度量每一个生境内的生物、生态和文化组分。
（2）"β生境多样性"：度量景观单元内生境间的多样性。
（3）"γ土地单元多样性"：度量每个区域土地系统内的多样性。
（4）"δ土地系统多样性"：度量每个区域景观内的多样性。

　　例如，γ土地单元多样性可以包含整个流域的多样性；而δ土地系统多样性可以推广到更大尺度的土地系统，如生物区或生物群系。

　　利用最近的相关方法上的进步，这些评价指标可以作为每一特定景观的保护和恢复策略指南。

　　正如我以前（1994a）所论述过的一样，西欧的景观生态学家已经将生态多样性方法应用到农村景观中。例如，在丹麦，一个全面的景观生态分类系统被用于管理小面积的、未耕种的小生境（biotopes）（Brandt et al.，1992），并展示了这些"自然岛屿"的生物、生态和文化特征中的多样性以及它们在多利益生态多样性恢复中的潜力（图2.5）。为此，评价生物小区必须由建立在每一个生物小区的生物多样性以及整体的美学价值上的α生境多样性评价来补充。β生境多样性可以比较在干燥或潮湿生境中不同线状以及斑块状小生境的值。γ土地单元多样性考虑了每一个景观单元内最有价值的生境类型的数量，对它们应当给予最高的保护和恢复优先权。

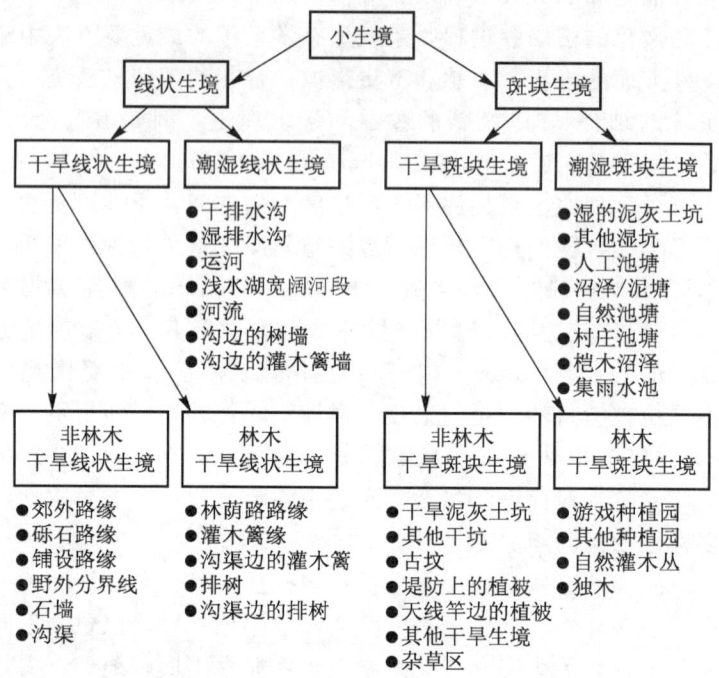

图 2.5　应用于丹麦小生境管理系统中的小生境景观生态分类（Brandt et al.，1992）

2.4　整体性的景观保护和恢复

从目前致力于拓宽生境保护的趋势来看，将生物多样性拓宽到生态多样性的需求变得越来越紧迫。目前的重点依然放在自然保护区上，但是已经开始转向更有价值的、开放的半自然景观和文化景观上。这种转变体现在以下国际会议的解决方案中：1988 年在哥斯达黎加召开的，为保护自然及自然资源——世界自然保护联盟（IUCN）——为目的的第 17 届国际联盟大会，以及 1992 年在加拉加斯召开的，以保护区的"公园式生活"为目的的第 4 届世界大会，它呼吁建立并有效管理景观保护区，例如生物圈保护区和世界遗产遗址，后者由世界遗产大会所签署，并在世界范围内由联合国教科文组织（UNESCO）的世界遗产中心实施。在其他的朝此方向努力的倡议中，比较重要的一个提议是以保护农业景观为目的而召开的欧洲大会。

"关爱地球"的可持续生存策略给重要的文化景观赋予了一个关键的角色（国际自然及自然资源保护联盟－世界保护运动/世界野生动物基金会，联合国环境规划署，1991）。按照 Lucas（1992）（他为规划、执行和管理保护景观提出了一个有用的指南）的说法，这些景观有以下功能：

（1）保护自然和生物多样性。

(2) 为保护区建立更加严格的缓冲带。
(3) 在结构和土地利用实践上保护人类历史。
(4) 维持传统生活方式。
(5) 提供休闲与精神上的启迪作用。
(6) 展示与自然和谐的可持续利用系统。

对于生活、工作、参观该景观甚至更广泛的周边地区的人来说,景观整体的生态多样性将决定其利益的自然增长。然而,最终这样一种整体性景观管理策略的成功将依靠于人们意识到这些景观及其生态多样性的价值,关心其未来,并且积极地参与到其可持续利用、保护和恢复活动之中。对景观的态度从单一的利用工具转变为一种整体性的景观观念,是朝环境改革迈出的重要一步。这个教育过程将触及所有关心该景观的人、依赖于其生存的人,以及在各种水平上制定决策过程的人。我们还需要更加有效的交流工具来消除学者和专家之间,持保护及恢复观点的生态学家和持经济生产观点的林业专家、农业专家以及经济学家之间,以及所有的专家和大众之间的分歧。

这种交流工具应当从"语言形式"的科学信息(以语言和图表表达)转变成"实效的"信息以促进实际保护行动。这种"实效的"信息,结合了确证性(confirmation)和新颖性(novelty),如果它引导了实际行动并带来正面效应,就极为有意义了。也就是说,这些交流工具应当采用野外调查、遥感、动态智能地理信息系统,以及其他先进的景观生态学方法相结合的手段,为目前景观及其生态多样性提供真实的最新信息。与此同时,它们还应当被视为一种能够预测和规定该景观未来的发展工具——为景观的保护和恢复引进新的信息(Naveh and Lieberman,1993)。

为此,IUCN 的世界保护联盟、景观保护工作组及环境政策和规划委员会已经向该组织提出了世界范围内,面临濒危的、有价值的景观的红名单以及关于其保护和恢复的绿皮书。后者将用大量的图片和实例,用清晰通俗的语言来阐述,不仅指出这些负面变化将危及自然和文化资产、美学和经济价值,还提出建立在整体性景观规划和动态保护管理基础上的可持续土地利用策略的备选方案。绿皮书通过描述现状以及预测发展趋势的手段,可以帮助改变政治家和决策者的态度,并提供整体的可持续的、多效益的土地利用规划和管理的实际指南(Naveh,1993a)。绿皮书实例研究的第一部分已经在克里特岛西部完成。该研究揭示,物种多样性与文化多样性紧密相关。例如,稀有的、具有高度美感的物种无法在古建筑物和高墙之下找到生境。在可持续土地利用策略的详细建议中,解释了为什么需要将维护生物和文化的"软"价值与对当地的社会经济进步非常重要的"硬"价值结合起来(Grove et al.,1993)。

总之,我希望保护整体景观多样性的努力将结出果实,这将是恢复学家对新的后工业时代人与自然之间和谐共处做出贡献的一个重要标志。

第3章
多功能景观整体理念的10个主要前提

3.1 引言

本章的主要目的是提出10个用于构建多功能景观（multifunctional landscapes，MFLs）整体理念的主要前提条件，这些前提条件将以更加清晰的视野探讨跨学科、以目标为导向的景观研究的必要性。基于这一目的，必须放弃那些目前仍然被广泛应用于自然科学研究的还原论和实证论假设。也就是说，跨学科的多功能景观研究需要全面科学的、客观的和可预测性的方法。

目前，全球大部分受人类活动影响的景观所发生的快速变化都是无法预测的。因此，使景观研究成为可预测的学科，就像医学那样的规范学科，比仅仅依靠传统的针对可预测学科所建立的科学模型更为重要。正如Holling（1996）和Bright（2000）所指出的，我们必须预测环境中那些令人惊奇的事件，而且也必须学会处理那些不确定性和不可预知性。

尽管我们无法预知景观的未来，但可以参与塑造景观的未来。我们仅能尝试去预测景观的未来命运、由于不合理利用所面临的风险、退化以及进一步可持续发展的前景。我们可以基于"如果……那么"的原则，以不同的预案去描述预测结果，我们也可以进一步帮助实现那些对人类社会和自然都是最优的预案，并且针对景观的管理、保护和恢复给出最佳的诊断和补救建议。为实现这一目标，景观理论不应该被刚性的、独立于人类社会之外的、以牛顿的经典物理学模型为基础的机械预测理论所束缚，而应当以富有弹性的、具有广泛性和未来指向性的，以及全球系统整体性的观点，和基于对目前生态和文化深层危机的充分认识作为指导。

人与自然之间的关系正处于发展中至关重要的转折点上。在人类与自然的众多关系中，自然和半自然景观的命运扮演着重要角色。由于人口和消费的指数增长所形成的恶性循环，这些景观中的自然资源、生物和文化资产的压力与日俱增，严重威胁到我们未来发展的可持续性。

这些变化过程是由工业社会向后工业的全球信息社会这一巨大转变以及由此产生的经济全球化进程的一部分。Laszlo（2000）将这些发生在涉及所有生命圈层和系统水平上的变化称之为"巨变（macro-shift）"。在这场文化演化趋势中，我们仅有的选择是，要么地球上的生命进一步持续地向前演化，要么进一步以指数速度退化直至最后灭绝（Laszlo，1994）。

跨学科的研究和教育隐含着这样的一些含义：科学实践方法的重要性，多学科和多专业的交叉和超越，共同理念的构建以及为共同的系统目标而努力（Jantsch，1970）。基于景观研究处于学科结合点的背景，确定联合的跨学科的研究目标是必需的（Naveh，1995a；Naveh and Lieberman，1994；Grossmann and Naveh，2000），这将引导我们建立一种全新的自然和人类社会互利互惠的共生关系，如构建健康、高产、富有吸引力、适宜居住的多功能景观。针对这一目标的研究和行动必须以合理的景观整体性理念以及对它们在这一过程中所扮演角色的正确理解为基础（Li，2000a；Naveh，2000a）。

3.2 跨学科的景观研究的含义

面对多学科的挑战并不意味着景观学者们不得不放弃本学科独特的处理陆地整体性的专业学科方法，相反，他们可以与其他领域的研究者，如经济学家、人类学家、环境心理学家以及社会学家等共享这些方法。这就需要克服对于我们特长之外的事情所采取的所谓的"选择性耳聋病"。正如 Allesch（1990，p171）所指出的："我们需要的是了解自己专业特殊性的专家。我们需要生物学家和人类学家，但我们真正需要的是了解更多人的本性的生物学家；同样，我们需要的是明确人只是生态链条中的一部分的人类学家。"

通过为景观理念打开一扇范围更广、综合性更强的"窗户"，超越本学科领域的界限，将不仅仅能使我们从自己专业之外的知识领域受益，还能够使我们既做本学科的专家，也有助于将自己的专业知识与其他参与者的知识整合，从而架起生物生态学与人类生态学之间的桥梁（Naveh，1990b）。这一点是实现我们共同目标的首要条件。

从1998年的 IALE 委员会会议上，我们可以得到这样的信息：景观生态学的核心议题已不仅仅是在不同尺度上以模糊的多学科定义去研究空间变量和景观异质性。景观生态学家们必须积极地参与到执行层，而不是退回到孤立的学术"象牙塔"里。最近，Levin（1999）将这种参与的模式称作"生态管理的综合性科学"。景观生态学家们在这场"游戏"中不能只是起评判作用的、被边缘化的观众，而必须成为"承担责任的演员"（Di Castri，1997）。荷兰的景观生态协会（WLO，1998）对此做出了有力的表述，在21世纪，景观生态学者们必须面对创建和维护可持续的、健康的、高产的且具有吸引力的景观的挑战。为了应对这一挑战，必须借助于更广泛的整体性理念，并将其应用于跨学科的景观研究中。

Nassauer（1990，p173）在 IALE 会议上关于景观文化方面的最后阐述中呼吁："……我们必须有勇气对本学科的传统理念进行创新，必须敢于借鉴那些来自于艺术学科、社会学科、物理学科和生物学科的同事们所拥有的知识和研究方法。我们决不能容忍景观生态学科被指责为只是一些过时的、传统的范式,相反,我们应该继续向前去探索现代的研究模式。"

要实现这一目标,需要有一套适当的、跨学科的教育计划,这一计划将被更广泛的文化演化所丰富(Laszlo,1994)。Orr(1992)将上述的教育计划用一个新的概念来描述,即"以生命为中心的后现代教育"(Naveh,1990b;2000a)。

3.3 构建多功能景观整体性理念的 10 个主要前提

景观的整体性理论不能被看做是孤立的。它是基于将全球作为一个等级系统的理念,并植根于一般的系统理论(GST),而且最近趋向于将整体性、跨学科的新视点应用于自然、人类社会这些具有复杂结构、自组织和协同进化特点的系统中。更多细节方面的议题包含在以下作为多功能景观整体性理念的核心理论的 10 个主要前提之中(Naveh,2000b)。

3.3.1 第一前提:多功能景观是自组织、非平衡耗散结构系统的动态的、协同进化的一部分

要充分理解当代整体景观概念的真正意义,只有在目前整体性、跨学科这样广泛的"科学的演化观"背景下才能实现(Kuhn,1996)。这一演化观起源于研究范式从部分向整体,从完全还原论、机械论的方法到整体性的、有机研究方法的转变;从整体逐级分解到越来越小的粒子层次的分析方法,转向整体的、综合的和不断完善的研究趋势。这就意味着需要以基于对系统复杂性、网络结构以及等级秩序认识基础上的非线性、控制论的、混沌过程的思维方式,取代那些只依赖于线性的和确定性的思维方式。这种思维方式的转变又引领了对科学真相的认识从客观性和确定性向人类知识有限性认识的转变,这种转变也表现在人们对于客观世界的来龙去脉需要重新审视,以及需要处理和应付大量的不确定性问题等方面。目前,这种科学革命已经引导了科学研究从学科多样性、学科交叉到跨学科的超越。

Holling 等(1999)认为,这种整体研究范式的转变正在改变着原有的资源管理的科学和实践活动。这使我们认识到生态知识的有限性,人类聪明才智和传统常识的正确性及其深刻的文化价值。这也使我们不得不改变对景观的认识:从物理、化学、生物和其他景观要素、过程等多种学科组合的观点,到跨学科的景观观点及其在自然、文化方面多功能性的认识。

跨学科的科学演化观的形成深受大量新研究发现的启发,特别是普利高津及其合作者在非平衡的"耗散结构"自组织特性方面的发现。这些新发现的存在于非平衡态系统中的自组织序列原则是借助"耗散结构"而产生的。

系统耗散的熵是系统与它们的环境之间持续不断的能量交换的一部分。通过从环境获得能量而增加系统的负熵，系统则"从涨落到有序"（Prigoine, 1976）、"从混沌到有序"（Prigogine and Stengers, 1984）。负熵是熵和无序的对立面，意味着有序。有序系统的特征包括在每一个更高级的系统组织水平上，都有更大的有效信息量和更高的能量效率、更高的弹性和创造力、更高的结构复杂性等。

在后工业化信息时代可持续发展的社会、经济和景观等系统中也存在着这些特征。基于上述系统论的观点，景观的主要跨学科研究范式也发生了相应的转变，即由新达尔文的演化论转变为包含宇宙、地理、生物和文化等一切可能因素协同演化的全面进化论。这一新的整体演化观所描述的综合方式，首先被Jantsch（1980）称作"自组织的宇宙（self-organizing universe）"，继而被Laszlo（1987）叫做"大协调（grand synthesis）"。它强调协作是整个宇宙演化的创造性活动，与牛顿的原子世界、由精准的机械论定律所掌控的范式截然相反，并且作为更现代的观念被用于生物化学和物理机械等方面。

这种协同进化过程应该看做是通过一系列"分支点（bifurcations，源于希腊语 *furca*，即叉子）"跃迁到更高级组织水平的一个不连续发展进程。正如图3.1所示的那样，在文化演化的进程中，存在着许多飞跃：从原始的食物采摘、收集到狩猎，再到越来越先进的农业和工业时期（Laszlo, 1994），最终在信息时代的全球化社会达到顶峰。每一个引起飞跃的"分支点"的驱动力都主要来自于被广泛利用的基础文化的和技术的革新，如目前以计算机为标志的技术革新就是其中之一。景观演化是这种文化演化进程固有的一部分。

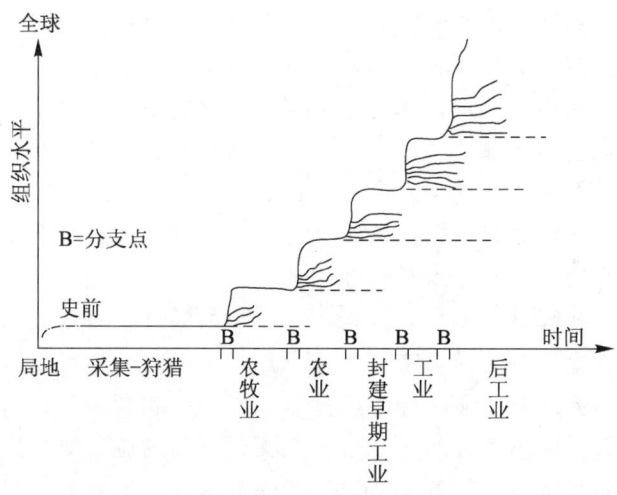

图3.1 文化演化中人类社会通过分支点向更高组织水平会聚（Laszlo, 1994）

在一个相对较高组织水平上的系统可以称作自更新系统。这些系统可以持续不断地实现自我更新，并通过维持自身整体结构的方式调控自我更新过程。系统通过自组织实现这一过程，而系统自组织则是系统组分通过物流、能流和信息流，产生相互联系的交叉催化反应网络（cross-catalytic networks，CCN）。

翻开有记载的人类历史，人类社会日益趋向于更高的组织水平。这一进程始于石器时代以狩猎－采集为主的部落，至今在即将到来的信息时代的全球化社会达到演化的顶峰。每一个分支点的驱动力都主要来自于广泛利用的基础技术的革新，而每一个分支点又推动了社会向更复杂、内容更广泛的组织水平的趋势发展。今天，广泛传播使用的新信息和通信技术推动着整个演化进程向全球化水平迈进。

基于非线性的热力学，以结构研究为导向的耗散结构自组织模型与自生系统的交叉催化反应网络的组织指向模型的整合，在生命系统、生态系统和社会系统一体化理论方面达到了顶峰（Jantsch，1980；Laszlo，1987；Capra，1996）。这一理论也被用于以太阳能作为能量来源的生物圈景观，如自然、半自然的森林、灌木、草地、湿地、河流、湖泊以及海洋等景观（Naveh and Lieberman，1994；Naveh，2001a）。但上述这些方面还远远不能涵盖多功能景观的应用领域，更详细的内容将在3.3.10中介绍。

3.3.2 第二前提：多功能景观的功能远远大于其各部分之和，它们是独特的格式塔系统

整体性系统结构范式起源于格式塔系统结构理论，该理论也将成为多功能景观的主要理论基础。基于这一理论，我们必须根据每一种景观的本质特征将其作为开放的、具体的、受时空限定的生态系统来对待。作为空间基质，景观为所有生物（包括人类）及其种群，以及生态系统提供生存空间。由于景观具有自然存在的组织系统特点，其功能远远大于组成景观的可量化部分之和。景观变成了一个全新的整体，这是一个有序的具有格式塔结构的整体系统。像生物有机体一样，在这一系统中，所有的组分在通常状态下彼此相互联系构成一个整体。在一个区域景观中，自然组分和文化组分，如森林、草地、灌丛、湿地、河流、农业用地、居住地、工业用地、道路、交通线路、动力线路以及历史等相互联系，共同呈现了景观的真实的、整体的格式塔系统结构特征。这些要素包含了生物生态、人类生态、社会、经济、心理、精神、美学等方方面面的内涵。景观作为一个实实在在的整体，我们体验和利用着它所提供的各种服务。要解决我们目前所面临的生态方面和文化方面的压力与危机，仅仅通过分析来理解景观的复杂网络间的相互作用和联系是远远不够的，只有在景观整体组织的背景下进行综合分析才能实现。

Weiss（1969）证实了系统存在着相对稳定的本质整体性特征，这不同于系统中所具有的、可以用简单的数学方程式来表示的、具有波动性的变量组分。他指出，这些特性是系统行为的结果，这些行为是其内部组分在一定自由度的条件下，通过协调和控制，借助于负反馈环的自我调节能力实现的。因此，系统——我们案例研究中的景观，其功能远超过它的各部分之和，不仅仅表现在数量累积上，也表现为质量结构的提升上。最近，李百炼（Li, 2000a）借助于数学集合理论和非平衡热力学理论，用更为规范的方法描述了整体性景观范式。

3.3.3 第三前提：多功能景观是自然等级组织体系和全球生态亚等级体系的组成部分

受格式塔结构理论的启发，等级结构理论已经成为系统研究方法的重要组成部分，而且，也正像 Simon（1962，1973）、Jantsch（1970）和 Weinberg（1975）等所展示的那样，这一理论已经成为跨学科研究的基石。最基本的格式塔研究范式是将自然等级组织系统作为多水平、多层次、开放的有序整体来对待。多层次是指从最低级的，受时空限定的自然层次——夸克上升到行星、恒星、星系体乃至星团组成的宇宙整体。在宇宙这一宏观等级体系中，行星地球的微观等级体系形成了有机体复杂性的生物层面和有机体复杂性之上的生态层面，生命系统与它们的环境相互联系、相互作用构成一个整体（Laszlo，1972）。

在任何一个具有等级组织的自然系统中，每一个高一级的水平都包含了低一级的层面并呈现出新的性质，结构比低一级的系统更为复杂。作为低一级系统的背景，它又对其起到了组织作用。同时，低其一级的系统赋予了这一级系统的功能，而其最终的效果则是由高其一级的系统所决定的。

为表示基于真实世界的具有整体性、动态性特征的系统，我们必须对其等级结构加以考虑，并利用我们自己的方法对每一个层次进行量化和评估。每一个较高水平的等级都显示了较低等级中出现频率较高的行为特征。经典的生态学和生态生理学主要研究那些在大气圈和地球表层的植被之间发生的快速反应环。直到最近，人们才开始在景观尺度上研究那些由于景观改变而产生的慢速的、微弱的反应环，而这些慢速的、微弱的反应环则是由于人类活动及其在生物化学循环和气候变化方面所产生的效应所引起的。但是，由于景观正以指数速度快速改变以及"历史性的加速前进"（Brown，1996），导致时间尺度变得越来越快，也带来了反应环越来越强的耦合。因此，防止人类活动产生负效应的任务也变得越来越紧迫了。这决定了我们景观研究的优先权，而且对找到可用的"实际的"信息有深远的影响——这必须引起利益相关者、决策者的注意，促使他们做出及时反应（Naveh and Lieberman，1994）。

由 Koestler（1969）引入的"子整体（holon）"概念引发了对于每一个等级水平上同时存在整体和部分的两面性认识的重要突破。"holon"是由两个希腊词组成的："*holos*"表示整体，而"*proton*"则表示部分。每一个位于中间等级的系统，对于它们下一级的系统来说，功能上表现为一个整体，但同时，相对于更高等级的系统来说，它们又扮演着从属部分的角色。换句话说，在系统的等级中，每一个"子整体"既是部分又是整体，是整体、或是部分，这取决于我们研究的视角。

在自然、多水平、多层次、开放的宏观等级组织系统中，多功能景观被看做是全球生态的微观亚等级体系（micro-holarchy）。作为所有生物有机体的真实生活基质，多功能景观形成了自己的子整体等级体系，或称"亚等级体系"，生态区即是其最小的结构和功能子整体，而生物圈则是最大的、全球范围的子整体（Naveh and Lieberman，1994）。

相应的，多功能景观的研究和管理也应采取相互补充的方式进行。在同一时间内，它们既应该被看做是景观中较高的时空等级系统的一部分，也是这一亚等级体系中下一级的整体。因此，我们要克服片面整体性观点与还原论的景观理念之间的矛盾。然而，我们不得不认识到，多功能景观组织结构的复杂性要求我们不能仅将它们作为固定的、一维空间结构的自然和生物等级体系，它们应当被看做是动态的、多维时空的、概念上的、可感知的等级结构系统，这一系统涵盖了从最大规模、最复杂的全球生物圈景观到最小的景观单元（生态区）。由于这一系统中包含了多层次、多等级的亚系统，因此，对于景观生态学家们来说，从最低等级向最高等级的尺度上推是一个特殊的挑战。

生态区被看做是规模最小的、几乎同质的、可清楚辨析的，并可落实到图上的自然的"建筑砖瓦"，包含下一级景观的全部组成要素和流。它们比景观"斑块"用更准确的方式被定义和描述为具体的系统，并且一般以 1：（10 000～25 000）的比例尺进行制图（Leser，1991；Zonneveld，1995）。根据研究的目的和需要，以实用的方式确定它们的边界。就这方面看，这样划分出来的景观单元不同于生态系统，后者是基于功能划分的，因此，容易造成空间上的混淆或不明确（Allen and Hoekstra，1992；Naveh and Lieberman，1994）。

3.3.4 第四前提：多功能景观是一种复杂的自然－文化相互作用的系统

景观、生命系统和生态系统都属于特殊的"生态相互作用的系统"，系统的组成要素通过非线性的和基于控制论的相互联系而结合在一起。中等数量系统（middle numbered system）特征表现为，具有中等数量的各种自然生物组分、非生物组分以及文化组分，在分维数、结构和功能等方面的联系具有很大的变化（Weinberg，1975）。由于其组织结构的复杂性，无论是机械论的方法还是统计学的方法都无法得到令人满意的解释，这就要求我们对研究手段和方法进行创新，特别是对于那些破碎化和异质性程度较高的，被人类活动所改变了的，自然和文化的格局与过程紧密交织在一起的多功能景观的研究。景观中的自然要素作为岩石圈和生物圈的一部分在发生着演化，而其中的文化景观要素则是人类智慧圈的产物，属于人类思想和意识范畴。而人类智慧圈则应被看做是附加在生命之外的自然外壳，因为现代人类创造智慧圈的历程贯穿了人类大脑皮层的进化史。作为形成我们直觉的主导因素，知识、感觉和意识能够促进所附加的智慧圈的发展。目前，智慧圈的范围进一步扩展，包含了在人类演化进程中出现的信息社会圈以及心理圈（Jantsch，1976）。

在接下来的前提中，将进一步对具有中等数量、自生特点的多功能景观进行详细描述。这也将有助于进一步解释生态系统和作为中等数量系统的景观之间的主要差异，并有助于进一步理解进行研究方法广泛创新的必要性。

3.3.5 第五前提：多功能景观是整体人类生态系统格式塔结构的具体化

景观不能仅仅被局限于生态的、功能的，以及地理空间背景来认识。它们应该被放在人类－自然相互作用的复杂系统这一更为广阔的背景中去考虑，而这一更为广阔的背景就是我们生活于其中的更大的生态实体。我建议将这个实体命名为"整体人类生态系统"（THE）。它是在全球生态等级体系协同演化的最高层次上将人类和他们生活的全部环境进行整合所形成的。景观是具体的、受时空限定的有序整体，并在景观等级体系的各种不同尺度上表现为独一无二的格式塔结构特征的整体人类生态系统（Naveh，1982；Naveh and Lieberman，1994）。

传统生态学的观点认为，自然生态系统是生态等级体系中的最高组织水平，它居于生命有机体、种群、群落之上。这种观点是将人类作为自然生态系统的外部因素来对待，而基于这样的认识，人类就可以创造独立于自然生态等级体系之外的社会、经济等级系统。

到目前为止，在全球尺度上，开放景观的绝大部分已被人类活动所改变（Pimentel，1992）。甚至保存下来的为数不多的自然和近自然景观以及它们的陆地和水域网络都直接或间接地受到人类活动的影响而迅速缩小。它们的命运——正像所有其他的陆地、海洋景观一样——几乎只取决于人类社会做出的或好、或坏的决定以及他们据此所采取的行动（Vitousek et al.，1997）。

如果忽视自然和人类社会之间的密切联系，我们将不能从全球面临的生态灭绝的困境中解脱出来，走向未来生物、文化可持续发展的演化轨道上。整体人类生态系统概念的提出试图从理念层面上克服这种疏忽，设想在生态系统之上构建地理环境、生物、人类协同进化的最高生态等级系统理念，人类及其所处的生态、文化、社会、政治和经济多维环境是这一最高层次等级系统整体的一部分。由于认识到人类与其之外的自然世界之间存在着深层的演化联系，整体人类生态系统概念也可以为从更广阔视野上探讨景观生态学整体性方法的研究提供理论基石。

在我们提出的整体人类生态系统中，协同演化的连通性与系统自超越的开放性紧密相连（Naveh and Lieberman，1994）。自超越意味着超越自身边界限制。按照 Jantsch（1980）和他提出的自组织范式，演化正是系统在所有水平上实现自超越的结果。

为了更好地理解多功能景观独特的自超越开放性，我们利用存在主义精神分析治疗学派创始人 Frankl（1969）所采用的案例进行分析。为了描述这个独特的人类格式塔系统及其内在的自超越开放性，Frankl 用三维模型将客观实体投影为二维平面上的影像，这与一直盛行的还原论趋势是相反的，即将人类现象简化为"只是"化学或心理上的反应。而一旦我们通过投影让人类跳出他们自己所处的高等级"维"，并进入较低级维数的生物或心理层面，那么这种多维的自超越开放性必然就消失了。

因此，正如图 3.2 所示的那样，如果我们将一个三维的水杯或一个敞口的圆柱体投影成二维平面，显示的是它们的外形或侧面轮廓，我们接受到的图像只是一个圆或长方形而已。此外，这些低维数的投影并没有反映出水杯是敞口的容器而不是封闭的图形这样的事实。

同样，如果我们将多功能景观进行投影，它们也将脱离自己独特的多维格式塔整体，而进入"只是……"的模式，保留下来的仅有地球物理的、生物的、社会-经济的，抑或是精神的、艺术的一维空间。这种状况可以比喻成仅用铅笔将这些景观画出来，因此将失去

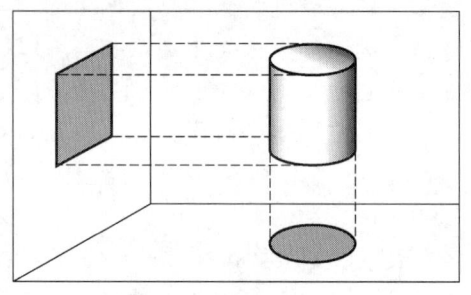

图 3.2　一个三维水杯的二维空间投影，或一个敞口圆柱体的二维剖面（Frankl，1969）

各种颜色之间相互作用而产生的独特魅力。这些正是格式塔系统内在的本质部分，就像优美旋律的节奏一样。

多功能景观不仅仅具有能量、物质和信息出入生态系统的"规范的"开放性（Pankow，1976），也不仅仅是由斑块、廊道、镶嵌体等组成的具有几何形状的规范的景观构型和空间组织结构。上述这些特征均可以通过规范的代码来量化，如数学方程、模型或图形符号和地图。这些规范的代码并不是它们本质的反映，而是为其他目的而设定的，因此，必须通过类推将这些代码与它们的本质联系起来。然而，多功能景观还具有自超越的开放性，这就意味着，它们具有描绘自己的能力，或者，借助于其他自然的、具有自组织结构的格式塔系

统的同类事物的特征来充分描述。这就是我们的自然代码，它是意识的感官，因此，成为我们人类经验和信息交换的主要手段，也自然被应用到景观描述中（Naveh and Lieberman，1994）。

但这并不意味着不需要研究那些低维层面，相反，应采取科学、合理的方式来处理一维层面上变量的实际情况。景观的系统观点可以被比喻为一扇具有知觉和科学性的窗户，透过这扇窗户，我们能够在观察到的背景下，用现实的方式看到复杂的生态和社会现象。这种"视窗观点"对于跨学科的景观研究来说是最恰当的。通过这样一扇概念上的多维窗口的观察，低维层面上的现象将不得不作为高级多维层面上整体景观生态格式塔结构的一部分而被重新解释、评估和表达。同时，也不应该轻视景观生态学研究在空间和功能的数量化方面所取得的巨大进展，而这些进展则是以景观开放性为前提的。"视窗观点"仅仅说明了要获得对于整体人类生态系统景观的充分理解所存在的概念上和认识论上的局限性。

如果意识到了这一事实，以合理的代码方式研究景观，我们将不会得出不恰当的结论，正如二维圆或长方形仅仅是开放的三维圆柱体的投影一样。但是，作为一个真实的跨学科的科学、生物生态学和人类生态学之间的桥梁，景观研究也不得不考虑从研究和教育两个方面关注具有自超越开放性特点的整体人类生态系统景观。依我的观点，这是以综合方式解释自然和人类思想的实际结合点这一独特性的唯一途径。整体人类生态系统的格式塔结构的其他特征将在后面进一步详细描述。

3.3.6　第六前提：在多功能景观中，一个跨学科的参数可以将生物多样性、文化多样性和生态异质性一起量化，形成一个通用的指数，即"总体景观生态多样性"

作为上述多功能景观的一系列整体性特征之一，生物多样性必须用全新的、包含更多内涵和更为广阔的跨学科参数来加以补充说明。通过将生物多样性、文化多样性和生态异质性一起量化，形成一个通用的指数，即"总体景观生态多样性"（Naveh，1991a，1995b，1998a以及本书第5章）。

总体景观生态多样性可以具体反映出生物、生态和文化景观之间多维动态的相互作用关系以及它们对景观功能所产生的效应。它是由生物多样性、微观和宏观位置上的生态异质性以及人类的土地利用和人工物品所决定的，这使得在不同尺度上量化的生物多样性和整个景观的异质性有所丰富和提高。正如图2.4所示，整体景观的生态多样性是通过正向的、交互作用增强以及自我放大的方式反馈耦合而成的。景观异质性越强，高生物多样性出现的几率越大；同样的，植物、动物以及植被结构的多样性又提高了生态异质性，反之亦然。因此，景观同质化、破碎化以及掠夺导致生物多样性的减少反过来会进一步降低景观的异质性。

3.3.7 第七前提：超越阿基米得和笛卡儿规则，进一步开拓多功能景观的整体性视野

Bohm（1980）、Bohm 和 Peat（1997）为整体的、跨学科的科学范式开启了新的视野。作为自生的中等数量系统以及具有独特自超越格式塔结构的多功能景观，对其整体性本质的认识采用这样的科学范式是非常恰当的。为使这些全新的、令人振奋的整体性观点和理论得到进一步发展，Bohm（1980）利用了先进的无透镜全息摄影技术，这就是著名的"Bohm 全息摄影范式"。在全息摄影技术中，光从物体的每个部分投射下来，完全呈现在照相底板上。因而，底板的每一部分都包含了相互关联的格局信息。通过这种方法可以反映事物的整体特征，这对于形成整体性认知是非常恰当的方法。在某种意义上讲，这种方法就是将事物整体的全部信息折叠到"全息照片"中。这为 Bohm（1980）研究完整宇宙等级系统整体动态方面的全新超理论，提供了一种具有强大威力的类推手段。为了更深入地研究现实世界，他提出了被称作"隐含秩序"或叫"折叠秩序"的"等级新概念"。之所以称为"隐含秩序"，是因为它仍然隐藏在"显性秩序"之下。在这一秩序下，利用时空坐标就可以写出表达信息的基本方程。它可以在"全息活动"中得以显现。对于 Bohm 来说，底片上发生的事情仅仅是宇宙中每一个空间和地球上每一个景观在无穷多尺度上正在发生的瞬间情景的冻结版本。在这种方法中，就是将一件事情的全部信息折叠进该件事情中。

Bohm 和 Peat（1987）进一步发展了这一整体性研究范式。他们称，没有一个秩序可以完全覆盖人类的经历。当环境发生改变时，秩序随之不断地产生和修改。笛卡儿坐标系也不例外，尽管它在过去的 300 年来一直主导着自然和地理景观事件的基本秩序。Bohm 和 Peat 对它的一般实用性表示质疑，并提出了秩序的不同等级概念。流动的河流给出了一个很好的解释图像，显示了简单的、低等级的秩序如何逐渐转变为高等级的无序状态，这实际上就是一种随机的秩序。但他们为我们呈现出了在简单有序和混乱无序两个极端之间存在着一个充满创造力的新领域，一种通过思想，就可以获得新理念的高能状态。另外，要在科学上获得丰富的创造力，也需要充分自由的信息交流。

Bohm 和 Peat（1987）认为，"隐含秩序"是生发性秩序（generative order）的一种特殊情况。从根本上说，这种秩序在解释自然界、人类意识以及人类对自然的创造性感知和理解等方面是贴切的，因此，对于多功能景观也是至关重要的。借助于这一理论，我们可以形成全新的、关于生发性秩序和隐含性秩序的认知观点。无疑，这将为关乎自然、思想和社会的研究带来广阔前

景。如果这种全面、通用的生发性秩序能够将科学、自然、社会和意识联系在一起，必将对跨学科景观范式的应用产生深远影响。

Bohm 的合作者 Peat（1997，p263），在关于 Bohm 和他的工作的传记中写道："隐含秩序开启了一道通往新思维方式，并最终找到更恰当数学秩序的大门，它既是一种哲学态度也是一种调查方法"。

对于景观研究，这意味着只要我们准备让思维摆脱那些僵化的、约定俗成的、熟悉的秩序概念，就可以获得对景观整体性本质更进一步、更深入的了解。只有这样，我们才可能感知那些隐藏在简单的规律和随机性背后的新秩序："这使我们有可能对秩序进行归类，使其成为人类智力的一个固定组成部分，以至于人类思维最终能从被显性秩序所蒙蔽转变为支持探索新的隐含秩序"。但很清楚，"随着背景的改变，秩序的归类也随之变化"（Bohm and Peat，1987，p115）。当景观不再被作为"只是……"的条件下，用阿基米得几何定律和笛卡儿坐标网格描述的、规范的、具有空间几何构型和镶嵌结构的实体时，秩序概念的变化也就随之发生了。而景观将被看做独特的自超越、自生的具有格式塔结构的整体人类生态系统，它们嵌入到一个具有精细的、生发性的、隐含秩序的等级体系。在这个体系中，人类思想、意识和创造性均扮演了重要角色。

在超越常规的阿基米得秩序上迈出的重要一步是空间分形理论的提出，这一理论已经在许多景观研究中占据了重要地位。最近，李百炼综合地描述了景观的多重功能（Li，2000b）。然而，应该认识到，分形秩序与当地的空间秩序相联系，因此，在隐含秩序和生发性秩序中，分形的过程应当与作为整体人类生态系统联系起来。

对于景观研究，捕获这些隐含的和生发性的秩序将成为重要的挑战。其中一种可能性是通过航空照片与整体性格式塔理念相结合来实现，这是最近由 Antrop 和 Van Eetvelde（2000）提出来的，他们用全息照片对市郊景观进行了视觉图像的解释。而更多有希望出现的新秩序需要通过景观研究者和其他相关科学领域的专家合作来发现。这些新秩序对实践工具的发展非常必要，该工具能提供自然景观在美学、伦理学及其内在功能等方面的综合评价，并以超越成本－效益分析的方法来确定其在决策制定过程中的价值。

3.3.8 第八前提：利用景观的自然和认知系统两面性观点，克服多功能景观的二元化概念

以跨学科的视野研究景观所面临的主要挑战，是需要克服存在于研究自然的学者与研究人类文化的学者在认识论上的重大分歧，这种分歧表现在他们关于景观的对立看法上：即景观是完全的自然现象，还是完全的精神现象。这种

分歧起源于笛卡儿关于物质和意识的二元化观点，由此也产生了实证主义学者和还原论学者的二元化解释，精神现象在这种解释中是"不予考虑的"，因为其无法通过常规的数学和/或生物物理学的方法量化。然而，正如前面介绍的那样，有许多景观特征和功能无法通过这些常规方法计算出来，但它们在现实中的确是非常有价值的。另一方面，并不是所有可以被量化的景观要素都值得去计算，因为它们在现实中可能一点都不重要。

Laszlo（1972）基于自然系统和认知系统的两面性观点，提出了针对两面性可供选择的方法。他将自然系统定义为，"在一定时空范围内的自然区域内，通过物质-能量的随机累积形成的，具有一定组织结构、协同作用、相互联系的亚系统或组成部分"，而认知系统则定义为"由意识事件组成的系统，包括感知、知觉、意志、情绪、性格、思想、记忆以及想象等任何存在于意识之中的事件"。

自然和认知系统都是唯一的，认知系统是有条理的意识事件组成的系统，而自然系统则是一定时空条件下自然的、具体的系统。但是，每个客观存在的系统都可以看做同时包含自然和认知元素的综合心理物理系统，因此，可以从内在特征和外形上对这些系统进行观察和认识。

作为一种有思想的生物，人类不仅仅生活在这些由岩石圈和生物圈构成的与其他生物一起分享的自然系统的自然、地理空间中，我们也生活在智慧圈中由人类意识构成的认知系统的概念空间中。整体人类生态系统的多功能景观正是自然和认知系统以及他们的相互作用的产物。多功能景观起到了"连接自然和意识的桥梁"的作用（Naveh，1995b）。我们可以利用"视窗观点"和系统的两面性观点来设想、研究、管理以及评价多功能景观。只有通过这样相互补充的方法才能完全理解多功能景观自超越理念的内涵。系统的两面性观点对于任何有意义的跨学科研究都是必要的，其实际应用将在下一前提中介绍。

3.3.9 第九前提：多功能景观的"硬"、"软"价值应由跨学科团队联合评价

生命系统的驱动力来自于化学、物理学以及生物学过程，并由此维持生命的多功能性。在生态系统中，生物有机体及其生物、非生物环境之间的关系创造了上述过程之外的附加生态过程。这些过程产生了大量重要的规则、产物以及保护功能。然而，它们的多功能性只存在于单维空间，是基于自然的物流/能流过程和生物物理信息而产生的。这一切可以通过自然科学的基础性、应用性原则，利用规范化的代码进行调查。另一方面，由自然和文化构成的整体人类生态系统景观的多功能性又是多维的，并对人类社会产生重要的作用。这些特性深藏于具有自超越的自然和文化混合的中等数量系统所特有的整体性和两

面性之中。整体人类生态系统景观的功能既受来自岩石圈和生物圈的自然物质－生态过程的驱动，也受来自于智慧圈精神方面的认知过程的影响。前一个过程通过生物物理信息的传递和转换而得以实现，而后一个过程则主要依靠我们的语言来传输文化信息。

对这些多维景观功能的评估应包括两部分：一是人类活动中心维，是人类社会的工具性价值，可以通过对人类社会产生的物质利益来量化；二是生态中心和伦理维，这是景观的内在价值。这些因素对人类社会不产生物质利益，而且不依赖于功利主义的价值观来评价。正如 Smith（1998，p14）所解释的那样，"这些自然事物的内在价值不是作为一种产生结果的手段，而只是其自身的一种结果"。因此，研究景观功能不能只是将其作为一种有用的商品，就像我们为了经济利益而开发利用资源那样。即使我们不为它们提供的服务赋予金钱或社会价值，但从其本质来看，它们仍然是价值的来源。尽管赋予了人类"理性经济人"的角色，但认为仅仅通过重视景观的社会－经济的综合功能就可以阻止景观消失的假设仍是大错特错的（O'Neill and Kahn，2000）。对于用"自然资产"这一术语去表达自然价值的尝试也同样如此。在传统经济学意义上，"资产"是通过可出售的商品生产而积累起来的，只能用金钱价值来衡量。这种衡量标准具有极大的误导性，甚至那些对生命来说至关重要的支持功能的价值也被这样量化，如肥沃的土地、清洁的空气和水等。对于这些"软"的、无形的价值是不可能被一一量化的，而且，在当今的信息社会，为了保证生活质量，这些无形的价值比工业社会时期要重要得多（Naveh，2001a 及本书第 4 章）。

我们必须和来自于自然科学、社会科学和人类科学的科学家以及艺术家、规划者、建筑师、生态心理学家一起努力，以更为广阔的景观整体性视野以及与人类互利互惠的观点，去研究、评估和提高景观的多功能性。

3.3.10　第十前提：只有通过后工业化社会的自然与人类社会的合作共生，才能消除生物圈与农业产业化和城市工业化构成的技术圈之间的对立关系，以及生命系统及其进一步演化所面临的威胁

在 3.1 中曾经提到，文化演化是在自动的交互催化互相强化形成的反馈环的作用下，向较高的组织水平的跳跃。这些新视点将与现在的整体人类生态系统景观的命运相联系。

整体人类生态系统范围的扩展贯穿了整个人类历史，伴随着人口的不断增长和消费水平的持续提高以及科技力量的日益强大，自然景观正逐步转变为人类改造下的文化景观。自从工业化石燃料革命这一决定性分支点的出现，整体人类生态系统景观就被分为生物圈和技术圈两大类型，相对应的分别是生物生态区和技术生态区，最近，又出现了位于中间位置的农业产业生态区。

与生物圈的自生"再生产系统（regenerative system）"相比，城市工业化的技术生态区是人造的"单向生产系统（throughput system）"（Lyle，1994），其动力来源是化石和核能，并通过技术转化为低等级的能量形式。由于缺乏自组织和再生产能力，导致了生物圈景观中熵的高输出、浪费以及污染，并对残存的开放景观和人类健康产生了深远的负效应。近年来，高输入的农业产业生态区在工业化国家，几乎取代了所有低输入的耕作农业生态区，这种趋势正在很多发展中国家流行起来。这些农业产业生态区比生物圈景观更加接近于技术圈景观，尽管其生产力仍然依赖于需要通过光合作用转化的高等级的太阳能，但这种能量仅仅是大量化石能源的补充。同时，其自然控制机制几乎全部被重化学产品的输入和产出所代替。鉴于上述方面，以及它们对开放景观、野生生物和生物多样性，土壤、水等自然资源质量和人类健康的影响等方面所产生的环境负效应，农业产业生态区更加接近技术圈景观。尽管它们具有高生产力，不过度依赖财政补助，甚至那些农业产业化生态系统已经达到了极高的产量而且农业－技术已经融为一体，这些系统仍然经历着严重的经济危机。它们不仅失去了生态可持续性，同时也失去了经济可持续性。在这种不稳定的工业"整体景观"中（Sieferle，1997），所有的生态区不能作为一个整体发挥其功能，全球整体人类生态系统的生态圈是一个可持续的生态系统，类似于前工业化时期的生物圈。它们的对立关系是引起生态用地和经济用地矛盾的主要原因。

由于技术圈和农业产业化景观单向地向生物圈景观及其外围的大气圈、岩石圈和水圈输出有害物质，从而引起了地圈和生物圈的不稳定。除了稳定的负反馈耦合环外（负反馈耦合环能够维持生物圈景观和地圈之间各种流的动态平衡），其他所有的相互作用类型都被不稳定的正向反馈环所控制。这种状况不仅对生态圈及其景观生态区的生物和文化枯竭产生深远影响，而且也在全球气候变化以及大气平流层中具有保护性作用的臭氧层的破坏等方面显现出来。正如 Laszlo（1994）预言的那样，如果不从文化层面上采取管制措施，对自然和人类生活的方方面面进行控制和稳定，以遏止这些威胁，那么将导致最终的灭绝。因此，我们必须认识到目前存在的环境危机，并通过文化观的演变来解决这些问题。只有通过这条途径，我们才能建立起高产而富有吸引力的生物圈景观和健康而适宜居住的技术圈景观之间的合理平衡，二者之间的矛盾冲突可以通过在人类社会和自然之间建立一种新的合作关系而得到调和。对后工业时期人类社会与自然之间共生关系的迫切需求导致了必须对生物圈与技术圈生态区在结构和功能上进行整合，从而形成协调一致的、可持续的生态圈，生物和文化的演进都可以得到保证。在共生关系形成过程中，景观研究应与同样受使命驱使的环境方面的其他学科进行生态恢复、重建等方面的合作，从而使其成为迈向信息社会的可持续发展的综合规划和管理的一部分，所得到的科学信息也将成为推动这一进程的驱动力。

感谢最近在自生系统自组织方面以及交叉催化网络（CCN）方面的新进展，这使我们能够用更坚定的，甚至是机械论的术语来表述自然和社会之间新的共生关系，并将它们转化为可持续发展战略。然而，我们能够恢复一部分前工业社会存在的共生反馈环的假定是不现实的。但应该看到，目前我们处于这样一个有利的位置，在此，可以创建基于文化的、信息丰富的交叉催化反应网络构成的新反馈环，将整体人类生态系统中的自然、生态、社会-文化和经济过程联系在一起。正如最近跨国、跨学科的关于区域可持续发展模型的欧盟项目（MOSES，2000）所显示的，可以在信息社会建立起区域经济和生物圈景观之间的交叉催化反应网络，这可以通过对景观恢复和管理征收特殊的税收得以实现。交叉催化反应网络的数学含义显示，人类、自然和经济方面都将得到持续的改善。借助于动态的、跨学科的系统模型和其他改进的整体性研究方法和工具，这一目标是可以实现的。生态学家、经济学家和其他与环境相关领域的科学家应通力合作，以保证人类及其自然、思想、精神、经济福利等方面利益的持续增长，同时，在即将到来的信息社会，创造健康、多产和有吸引力的景观（Grossmann，2000；Grossmann and Naveh，2000）。

3.4 结论

借助于整体景观概念，以系统理论和它的新视点为基础，我们能够很好地理解和处理作为整体的自然和社会-文化过程一部分的多功能景观，这些过程决定了整体人类生态系统的命运和全球的生存问题。景观两面性的系统观点，使其同时具有自然和认知系统的机能，从而架起了自然和人类思想之间的桥梁，敞开了景观研究者和来自于其他相关学科的科学家紧密合作的大门。大家必须一起工作，共同承担起构建整体人类生态系统及其景观持续性未来的多学科结合的理论新视点。具备了这样的新视点，景观研究者就可以承担重要的角色，居于起双重作用的位置，既是自己研究领域的专家，又能参与到具有整体创新性、未来指向性的研究和行动中。

最近采用的新信息和通信技术已经引起了信息圈的迅速发展，并推动了人类社会从不稳定、甚至是混乱的过渡状态转向全球信息丰富化的时代，伴随着这一时代的到来，所有隐含的正面和负面的影响、危险和机会也随之而来，这些方面应该给予充分的关注。要使整体人类生态系统沿着通往进一步演化和可持续性方向前进，必须依赖于人类社会的充分准备和调节能力。要实现这一演化过程，必须通过选择恰当的分支点，保证物质、能量向更高的复杂性和组织水平汇聚，使生命系统在更高质量水平上进一步演化。为了实现这一目标，可以通过创建后工业时代的自然与人类社会之间的共生关系来实现。自然与人类社会之间的共生关系可以将生物圈和技术圈之间的矛盾冲突转变为互利的关系，从而形成可持续的、健康的、信息丰富的生物圈和技术圈景观。

这并不是乌托邦式的梦想，这是从许多令人鼓舞的案例中可以明显看到的未来，正如1999年的《世界现状报告》（Brown et al.，1999）所显示的那样。此外，还有许多其他的迹象，也暗示着我们正站在后工业化时代环境可持续性演化的门槛上。

我们对2000—2010年的可持续性未来的希望体现在Laszlo（2000，p114）的最后几句话中，"在广阔的宇宙空间中，我们被赋予了最高级的意识形式，我们是唯一的不仅会采取行动而且能预见行动后果的物种。作为具有预见能力的物种的一员，我们必须承担起自己的责任：我们是这个星球上生命系统复杂而和谐网络的管理者，而不仅仅是资源的开发利用者"。

第4章

多功能的、自组织的生物圈景观和整体人类生态系统的未来

4.1 引言：向全球信息化的转变——地球生命的决定性时期

目前，人类社会正经历着一场错综复杂的变革，这场变革涵盖了经济、技术和政治领域从生物-生态到社会-文化等人类生命系统的所有圈层。这一全球性变革的驱动力来自于全世界范围内迅速发展的计算机信息网络以及由此带来的快速的经济内部扩展和全球化。而全球化现象被 Di Castri（1998）描述为，由信息流作为动力的传动装置带动全球向前发展的多方面因素相互作用的画面。

Ervin Laszlo（1994）将全球变化称作"大转变（grand transition）"，即从工业社会向后工业化社会全球信息时代的转变，因此，也成为人类社会-文化演化进程中具有划时代意义的转折点。在这一点上，全球生存问题是由人类社会的选择所决定的，人类社会要在保证地球上的生命进一步演化和最终灭绝之间进行选择。

就在几年前，Laszlo（2000）进一步描述了这一深刻的、不可逆转的转变过程，将其称作"巨变（macroshift）"。这一演化轨迹反映了在非人类管理和控制系统中社会变量的分异，非人类管理和控制系统是指系统成员完全按照自己的意识（即行为）来决定结果，而不加以调控的系统。

用 Laszlo（2000）自己的话说：

直到经历过这场巨变，人们才能意识到其本质：或者时代继续向前发展，正如我们之前经历的那样；或者呈螺旋状下降，贫困加剧、暴力现象增多、环境进一步恶化、生活质量下降。

最近，许多发现表明，人类社会对于选择演化还是灭绝，的确处于两难境地，并不仅仅是一种牵强的世界末日似的预言。相反的，正如下面所要展示的那样，自从 1994 年 Laszlo 的书出版之后，这种状况甚至已经变得更加紧迫。这些发现清楚地显示了在当今宏观转移的趋势下，由于人类活动诱导的极端变化是多么的紧迫！遍布全世界各个角落的价值观、世界观和行为都将决定世界的结局。

作为重大环境议题最重要和最可信的信息源,世界观察研究所(worldwatch institute)在1999年出版的年度《世界现状报告》中,由Brown等人(1999)将目前的形势总结如下:

伴随着人口的迅速增长和越来越快的消费增长,人类文明赖以生存的生命支持系统已经遭到了破坏。现代工业社会已经成为生物、社会甚至是地理环境的主要失稳力量,并且已经达到了与自然关系突变的临界点。

感谢科学技术方面取得的卓越成就才使得我们现在能够走进全新的全球化、信息化时代。然而,迅速扩展的技术圈及其城市工业化景观和农业产业化景观,科技动力和人类社会的工业化以及人类对于物质产品增长的类似于对"万能药"的迷信已经使人类将生态常识、知识和道德抛在了脑后。这样,尽管科学和技术取得了巨大进步,工业化社会仍然不能解决产生于20世纪的严峻的生态危机。而在工业化社会中扮演领导角色的政府,也已经浪费了在繁荣时代逆转地球环境恶化加剧局面的历史性机会。

事实上,20世纪世界人口增加了4倍,世界经济则增长了17倍,西方世界的生活水平得到了极大提高。但同时,工业化水平较低的国家则变得更加贫困,目前,世界上有1.2亿人每天的消费不足1美元并缺乏清洁的水资源,还有数以百万计的人呼吸着不健康的空气。

最近,IPCC在其报告中阐述了全球气候变化速度在加快这一事实。我们必须正视这一现实,即由人类活动引起的气候变化所带来的自然、生态、社会-经济方面的灾难性后果正以比之前预测的更快的速度逼近。北极和南极以及南起秘鲁的安第斯山北到瑞士的阿尔卑斯山的山地冰川正以超过预期的速度消融,这揭示了全球气候变暖速度正在加快这样一个不争的事实,这也印证了上面提到的关于灾难性后果正以更快的速度逼近的警告。北冰洋冰盖已经减少了将近一半,南极半岛的冰盖全面后退,到1997年已减少了约2 000 km^2,而1999年就减少了3 000 km^2。随着陆地上的冰层融化流入海洋,这不仅会引起毁灭性的洪灾和山崩,而且会引起海平面的上升。发生在委内瑞拉的那场洪灾,因森林的采伐而加重,最终导致了3万多人的死亡。在过去的一个世纪,海平面上升了20~29 cm。本世纪还将上升1 m之多,而且,如果格陵兰岛的冰盖继续以目前的速度收缩,最后完全融化,那么,海平面将上升7 m。这对于大西洋和太平洋的所有岛屿和沿岸地区都将是灾难性的后果。

在最近几年中,温室气体已经引起了更加严重和频率更高的气候异常事件,像1999年12月发生在欧洲中西部的暴风雪,造成了100亿美元的经济损失。最近发生在印度的洪水使得超过1 500万居民陷入可怕的灾难中,没有住所,而且几乎没有食物。他们中的许多人将加入到数以百万计被转移安置的亚洲和南美洲的"环境难民"队伍中,这些"环境难民"大部分是由极端的和灾难性的气候事件造成的。

在上一个十年中,全世界的自然灾难已经花费了6 050亿美元,这等于之前40年的总和。目前,已经有了这样的预警信号,全球气候变化的速度比生境和生物的适应性改变的速度要快得多。现在,已经有11％的鸟类,25％的哺乳类动物和34％的鱼类都面临灭绝的危险。世界上27％的珊瑚礁已经消失。

目前,情况变得越来越明显,极端气候事件,如暴雨、强风、干旱以及周期性的极端寒冷或炎热等,越来越频繁,并导致了越来越多的灾难性后果。反过来,由于景观退化的指数级加速以及失稳效应,灾难性的后果也越来越严重,尤其是在人口密集的亚洲国家。在这些国家,传统的不可持续的土地利用方式,如过度放牧、过度砍伐森林作为燃料等,与所谓的"现代化"结合起来,产生的将不仅仅是局部的危害,而是在更大尺度上农业和工业失控状态下的密集发展。前者导致的荒漠化进程形成了裸地,而后者则利用具有数千倍于传统动力的机械设备剥光、毁坏土地覆盖,创造了大规模不可渗透的沥青层。

在中国西北部的半干旱省份,荒漠化问题尤为严重。土地已经经受了过度放牧和过度垦殖,而现在,通过垦殖边缘地区的土地来补偿农田流失的努力更加剧了风沙危害和土壤侵蚀。

最近,由Brown(2001a)提交的一份附有证明文件的报告,为Laszlo(2000)有关中国面临环境灾难的警告,赋予了特殊的意义。这份报告称,由于不适度的农业发展导致的干旱区正威胁着中国的未来。最近的记录显示,沙尘暴正在袭击北京和中国东北部其他人口密集的城市,所到之处,遮天蔽日,导致交通路线的能见度降低,迫使机场关闭。这些来自于中国的巨大沙尘烟柱现在已经到达了北美,"覆盖的区域从加拿大到美国的亚利桑那州"。

Brown(2001a)推断要逆转沙漠化需要付出巨大的努力,但如果干旱地区持续扩展,那将不仅会危害到经济,而且将会触发向东部的大规模移民。他陈述道:"选择是再清楚不过的了:将家畜饲养量减少到可持续水平抑或面对过度饲养造成的损失,即草地转变为沙漠;将易受侵蚀的农田还回草地抑或失去土地的所有生产能力,最终变为沙漠;营造防风林,在可行的地方,将树木和风轮机结合以降低风速抑或失去更多的土地并面临更多的沙尘暴"。

我们对于以太阳能作为动力来源的生物圈多功能景观未来的讨论,是最近全世界范围内导向性研究的结果。这一研究是由175个跨学科的科学家在联合国发展计划署和联合国环境计划署,世界银行以及世界自然资源组织的共同主持下完成的(World Resources 2000—2001,2000)。科学家们得出了这样的结论:目前地球容量已经达到了支持自然和人类种群的关键点。研究者们对不同景观(但用的是概念模糊的"生态系统"一词)进行了研究,结果显示现在许多景观正处于危险的边缘。

农业生态系统，海岸带、森林、淡水和草地生态系统分别被作为商品和服务进行了评估，主要的评估依据是它们所提供的食物/纤维产品、水质、生物多样性、碳汇、娱乐、海岸线保护和木材燃料产品等。众多迹象显示，生态系统持续生产和提供这些物品、服务的能力在下降，这就不得不使我们想到所谓的生态系统的"底线"。生物多样性的减少就是一种警报，主要原因是"生境丧失"和景观消失。在众多的指示景观关键功能丧失的指标中，流域的森林采伐程度是非常重要的一个。几乎有1/3的流域丧失了最初森林覆盖率的75%，其中有17个丧失了90%以上。

最近关于威胁自然和半自然景观及生活于其中的生命有机体的众多新发现中，世界野生生物基金组织的报告提出了这样的警告：如果到21世纪末大气中二氧化碳含量继续增加并达到工业革命之初的两倍水平，那么，最北边的加拿大、俄罗斯和斯堪的纳维亚的70%的自然生境将消失，其中，有50%位于北欧国家。

4.2 景观生态学的使命和可持续性演化

全球性威胁正以势不可挡之势加速到来，这使我们不得不对 Laszlo (1994) 的呼吁投入额外的关注，选择生物和文化的进一步演化是非常必要的，而这一选择将对涉及生命所有圈层的生态、社会、文化和政治等方面的可持续演化产生深远的影响。只有通过全世界的共同努力才能得以实现，其动力来自于那些关心地球上生命未来和所有居民福利的人们，和那些能够为这场革命提供科学的和专业的指导的人们。

与这一目的相关的，是那些以综合性方法研究陆地和水域景观、地球物理、生物生态、人类生态、社会经济和文化等方面的学科。在这些学科中，景观生态学占据了一个特殊的位置。它出现于16世纪的欧洲中东部，是一门具有整体性原则，侧重解决实际问题的，从事景观研究、规划和管理的跨学科科学。在过去的20年中，景观生态学已经发展成为一种研究全球环境动态变化的学科。国际景观生态学会拥有数百名会员，包括学术研究者、专业规划师、土地管理者和使用者，分布于世界上40多个工业国家和发展中国家。大量的研究成果发表在《景观生态学》、《景观和城区规划》和其他一些相关的科学杂志上，这些具有很大差异的研究主题涉及自然和文化、乡村与城市等多种景观。同时，相关主题书籍的出版数量也在稳步增加。

所有景观和作为一个整体的全球生态圈景观的命运，通过相互作用增强的反馈关系，与人类社会文化的演化趋势以及人类在进一步演化还是灭绝之间所做的选择紧密联系在一起。因此，景观生态学者们必须涉足这种选择，正如 Di Castri (1997) 在《景观生态学》上的一篇重要社论中所阐述的，景观生态学者们必须成为这场"游戏"中"承担责任的演员",而不仅仅作为边缘化、挑剔的观众。也如 Naveh(2001b)指出的那样,要实现这一目的,任何脱离人类以及他们的价值观与需求的,在受庇护的学术象牙塔里完成的所谓"客观科学"都是行不通的。景观生态学者们在理论和实践方面的成果必须在教育、研究和实践方面日复一日的工作中得到体现。未来指向型的景观生态学者所面临的最大挑战之一,就是如何与其他相关学科的科学家更好地合作,以实现创造健康、高产和有吸引力的可持续性景观这一目标。要做到这一点,首先要求景观生态学者深刻理解跨学科的科学演化观以及全球整体性系统观。同时,它还要求景观生态学者将整体人类生态系统作为一个具体的、具有自组织格式塔结构的系统,来理解社会发展给多功能景观及其管理、保护和恢复所带来的深远影响。

4.3 景观是整体人类生态系统中具体的具有格式塔结构的多功能系统

目前,我们可以在更广阔的整体性和跨学科的科学演化观的背景下来理解未来指向型以及受历史使命驱动的整体性景观生态学的真正含义。根据 Kuhn(1996)的观点,科学演化的主要特征是能够被常规学科所接受的研究范式的转换。这里我们所谈到的具有深远影响的研究范式的转换,是从传统还原论和机械论的理念向整体性和有机论方法的转变,而整体性和有机论方法又以系统的完整性、连通性和等级复杂性为基础。系统理论为我们提供了统一的寻求公平的世界观,公平不仅仅表现在自然、生物、社会经济等方面,也表现在我们人类社会生活的精神、文化等方面。它正在引导着人类社会向更为复杂的后现代文化过渡,正在改变着许多自工业革命以来,一直主导着大部分科学技术领域以及西方社会的观念,而这些观念已经渗透到教育、经济以及文化的各个方面。正如 Naveh(2000b,2001b)曾经解释的那样,这种范式转变是从可感知景观向多功能格式塔系统景观的整体性观点的转变。可感知景观是在较大尺度上由物理、化学以及生物景观要素所构成的,重复出现的异质性镶嵌结构。德语中的"Gestalt"一词,已经被引入到心理学的格式塔理论中,按照这一理论,人被理解为"整体的人",完全植根于世界中,而且世界更被看做一个生命体,而不再是非生命的,机械的,相互作用的独立部分。Antrop 和 Van Eetvelde(2000)最近指出,心理学格式塔理论的部分原理用于构建复杂景观格局的整体性理念是非常恰当的。这一理论的应用范围已经被生态心理学家 Cahalan(1995)扩展、深化到从治疗法的角度研究自然环境的功能。这一点,将在下面进一步谈到。

Naveh 和 Lieberman(1994),以及 Naveh(2000b,2001b)已经就景观的整

体性本质以及它们在多维空间上的功能进行了详细讨论。这里可以充分指出，在一个景观中，所有的自然和文化要素之间都存在着内在的相互联系，并通过平常的整体性状态和突然涌现的性质得以体现，这些突然涌现的性质可能出现于从最小的制图单位——景观单元或生态区，到最大的全球生态圈景观。不同的景观单位和类型通过相互紧密地交织形成多层面的具有等级体系的亚系统，这些亚系统既是比它们高一级系统的组成部分，又是比它们低的下级系统的整体。因此，我们所研究的是在不同尺度上，具有等级结构，由相互作用的网络构成的景观，而不是由孤立的粒子简单地聚集在一起形成的镶嵌结构。随着时间、空间以及知觉尺度的不断扩大，景观格局和过程的复杂性不断增加，由此导致了功能的复杂性也在增加，只有基于以上对格局与功能复杂性的充分了解，才可能形成对生态、历史以及文化动态演化的进一步深入理解（Naveh，1994b）。

　　Bohm 和 Peat（1987）首创的关于折叠的隐含秩序和生发性秩序的研究，有助于我们进一步了解景观独一无二的整体性本质。在隐含秩序和生发性秩序中，人们的思想、意识和创造力扮演着重要角色。这些本性隐藏在简单的具有常规性和随机性并为我们所熟知的概念之中，可以用阿基米得几何和笛卡儿坐标网格描述，这些传统规则在过去的 300 年来一直主导着现实世界的基本秩序。Bohm 和 Peat（1987）给我们展示了在简单有序与混乱无序两个极端之间存在着一个充满创造力的新领域，这使人类形成一个全新的自然理念成为可能。景观生态学者面临的主要挑战将是如何在新的多学科研究方法的帮助下，捕捉这些新秩序，并为对景观从美学、伦理学及其内在功能等方面的综合评价开发新的实践工具，从而架起人类思想与自然的桥梁。

　　依据景观整体性范式转换的观点，人类属于自然的一部分。这改变了过去将人类与自然分离，甚至认为人类是凌驾于自然之上的论调，并突破了由此产生的仅以对人类有用的功能去评价景观的局限性。因此，人类活动不应该再被作为系统外部的"干扰"因素，或者仅仅作为景观中的社会经济因素被模拟。相反，人类社会状况应当被作为景观过程和功能的内在组成部分来对待。无论是为自然系统还是为人类系统，景观功能都应当进行整体性评价与利用。

　　为了实现这一目标，对于景观的理解、研究和管理不应仅仅局限于生态的、功能的和地理的、空间范畴的自然学科意义，它们应该被置于更广阔、更为综合、更为复杂的人类-自然系统背景下来考虑，这一背景就是我们人类生活于其中的地理-生物-人类的整体系统。参照历史上第一位著名整体生态学家 Frank Egler（1964）的观点，我们建议将这一整体命名为整体人类生态系统（total human ecosystem，THE）。它是在全球生态亚等级体系协同进化的最高水平上，整合了人类及其全部生态环境所形成的。作为所有生物有机体，包括人类，种群、群落和生态系统的具体的、空间上和功能上的基质，景观因此也变得具体化，并成为受时空限定的、具有秩序的整体，并且作为具有独特格式塔结构的整体人类生态系统，这一系统正沿着功能、空间、知觉尺度和维度多样性的方向发展（Naveh，1982；Naveh and Lieberman，1994）。

然而，作为有思想的人类，我们不仅仅生活在这些由岩石圈和生物圈构成的与其他生物一起分享的自然的地理空间中，我们也生活在由人类意识构成的智慧圈（noospphere）的概念空间中。这是现代人类获得的额外的自然生命外壳，它的演化贯穿了人类从古哺乳类生物大脑到现代人类大脑皮层的演化历史，现代人类大脑皮层也是我们知觉、知识、感情、意志和意识存在的载体，能够使人类具备"自我反省的心理活动（self-reflective mentation）"（Jantsch，1980）或者"反省意识（reflective consciousness）"，以及自我意识的能力。也就是说，不仅具备感知和理解事物的能力，而且还具备知道人类可以去感知和理解的能力，因此，可以根据自己的目的去处理问题（Laszlo，1994）。人类所具备的这种能力又导致了基于信息、社会与心理圈的智慧圈的发展。智慧圈是在现代人类文化演化过程出现的，并通过它使人类成为强大的地质环境代表，同时兼具建设性和破坏性两种强大的力量。

整体人类生态系统可以理解为概念上的包罗万象的超级系统，既包含自然的岩石圈，也包含思想、精神方面的智慧圈，因此，也就成为非常必要的统一的整体性范式概念的基础，这一整体性范式既植根于自然科学，也与社会科学和人类密切相关，是针对支离破碎，不成体系的环境科学的。基于相互补充和完善的系统观点，能够使我们根据新的整体性和跨学科的观点去看待整体人类生态系统景观的演化，并作为实实在在沟通自然和人类思想的桥梁，同时也是动态、自组织以及协同演化的自然与人类社会整体的一部分。它为我们提供了更为开阔的，能够更好地理解景观多功能性的视野，而这种多功能性又主要表现在自然、文化的多元性上（Naveh，2001b）。

4.4 关于非平衡系统中自组织和演化进程的新视角

与整体人类生态系统的景观理念极为相关的观点，来自于生命系统的自组织理论。在这一理论中，通过系统中具有自调节功能的反馈环，有可能在网络格局中产生自发的突然涌现的新秩序，创造新结构以及形成新的行为方式。这种在相对较高组织水平上，能够在基于组分生产过程联系起来的网络中，通过物质和能量流实现自我更新、自我修复以及自我复制的系统被称为自生系统（autopoietic systems）。自生系统不仅仅包括细胞、有机体以及生态系统，也包括作为非人类因素与人类生命系统相互作用形成的整体人类生态系统的景观。杰出的系统论思想家和设计者 Erich Jantsch（1980，p10）在他最后的也是经典的著作《自组织宇宙》中这样定义了自生系统：

对于自生系统首要的不是关心它的产品，而是其相同过程和结构的自我更新。自生性是对于系统基本的、相互补充的结构和功能的一种表达,由于其各组成部分之间的动态联系性,从而使系统具有灵活性与可塑性,这也使系统的自组织成为可能。

这一自生过程通过"自催化"作用得以实现。自催化作用是指一种反应的产物进入循环圈,通过自身合成,实现其自身的再生产。在"交叉催化反应网络"中,两个或两个以上的低级系统相互联系,通过催化作用彼此合成,并得以相互支持,从而促进系统共同成长。这就是活细胞的实际情况,自己可以生产出更多的细胞,同时,它们能够在变化的环境中保护自己。杰出的生物学家 Eigen 和 Schuster(1979)所描述的自催化反应的自我强化过程和相互强化的交叉催化反应循环以及网络之间完整的联系链条,构成了系统复杂结构的基础,这使生命的突然出现成为可能。他们的研究工作使人们认识了系统相互强化的化学、生物过程的"超循环"现象,它远离平衡态,通过正反馈环,与表现出来的非稳定状态一起引导系统向新的、更高的组织形式演化。

"超循环"现象可以在亚细胞的 DNA 水平上显示出来(图 4.1)。生物圈主要的自催化反应和交叉催化循环以太阳能作为驱动力,通过食物链和产品的腐烂归还得以实现(图 4.2)(Laszlo, 1987)。应该认识到,这样的能量流、物质流和交叉催化网络完全可以在自然和半自然的,以太阳能作为能源的生物圈景观中完成。然而,正像下面将要进一步详细描述的那样,在当今全球以工业社会为主的整体人类生态系统中,这些循环在农业产业化的、城市工业化的景观中都受到威胁。

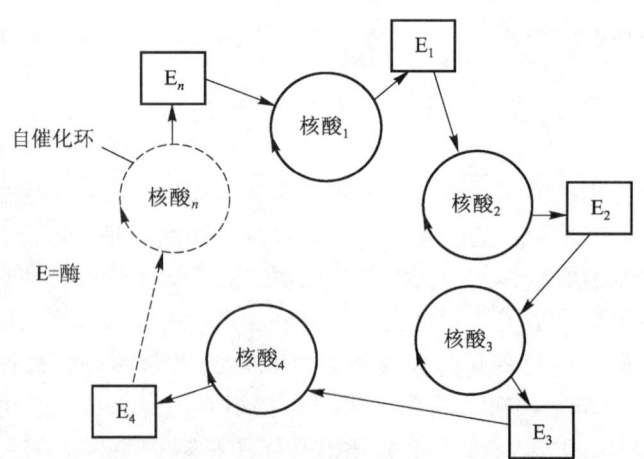

图 4.1 核酸分子(nucleic acid molecules)和酶(enzymes)之间的自催化环(autocatalytic cycles),与另外一个核酸分子构成一种交叉催化环(超环),形成更高水平上的细胞组织(Laszlo, 1987)

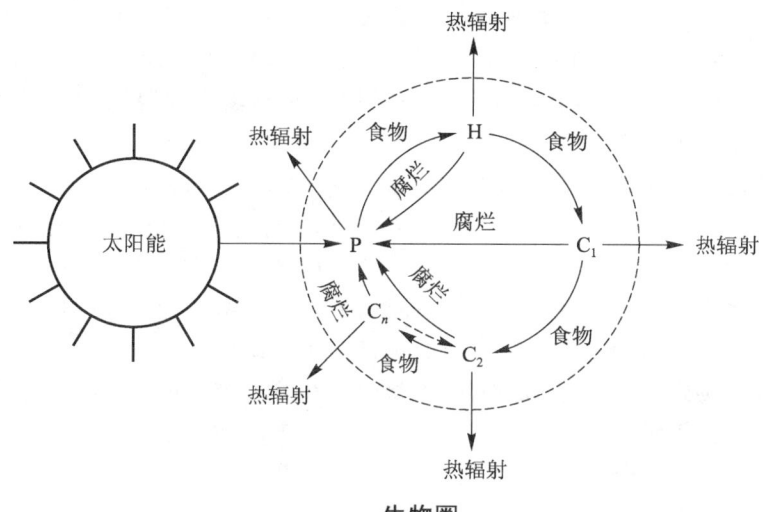

生物圈

图 4.2　生物圈食物链不同营养级之间主要的催化环，受太阳能所驱动，
以热辐射的形式将能量"抽出"（Laszlo, 1987）

P 为植物，H 为食草动物，C_1 为食肉动物（被捕食者），C_2～C_n 为食肉动物（捕食/被捕食者）

Maturana 和 Varela（1975）已经将上述发现扩展并应用到关于自组织生物系统的综合性系统理论之中（图 4.2）。Jantsch（1980）甚至已经进一步开发出了这一自然界中动态的、微观与宏观协同演化的自组织范式。他以跨学科理论作为研究基础，形成了宇宙、地质、生物、生态和社会文化演化的综合性理论观点，进而形成了包含系统中一切要素在内的协同演化观，并强调协调是整个宇宙的"创造性的游戏（creative play）"。并由此提出了研究范式的转移，即从笛卡儿和牛顿的机械世界观中跳出来，甚至也远超出仍在盛行的后达尔文主义的观点以及社会－生物学的观点，到达了一个新的理论层次。Jantsch（1980）通过将演化的观点与非平衡系统自组织的新秩序原则相结合，来实现这一范式的转移。诺贝尔奖获得者普利高津和他的布鲁塞尔团队进一步发展了这一理论。关于这一理论，将在景观演化背景中进一步论述。从那以后，得益于近期的整体性科学和复杂数学上的新进展，这一理论得到巩固并进一步发展。最近，又被 Capra（1996）——著名的《物理学之道》的作者，在一本通俗易懂的、非正式的书中概括为"生命之网（the web of life）"。

在 Laszlo（1987）"广义演化综合论"的经典研究中，进一步探讨了宇宙、生命有机体以及现代社会中协同演化格局的变化和转换问题。在这种综合演化格局中，系统并不总是以连续的、线性的进程从较简单到更复杂，从较低级的组织水平到较高级的组织水平。相反，由于突然出现的事件和过程，使它们经常以跳跃的形式前进，无论是在夸克水平，还是全球社会－文化系统水平以及更高的宇宙系统组织水平，都是如此。

这些突然发生的从一种稳定状态到另一种稳定状态的跳跃，导致了系统的不连续演化，发生这种跳跃即为"分支"。在远离平衡的系统中，难以捉摸的"灾难性"的分支点使系统的不稳定性增加，使系统陷入混沌无序或者消失或在更高的组织水平上，建立新的亚稳态。

所有这些演化进程在相互强化的交叉催化反应反馈环的作用下都是可能的。根据 Laszlo（1987）的观点，反馈信息允许动态系统在连续的多重等级的较高级组织水平上出现。在每一个水平上，由循环所控制的信息量都要高于下一个等级水平，而这则要归因于高一级组织水平上组成成分和结构的多样性和丰富性。图 4.3 揭示了全球范围内，从最低级组织水平夸克到最高级的社会-文化系统，再到我们所感知的整体人类生态系统的突变和它们的"分支点"。

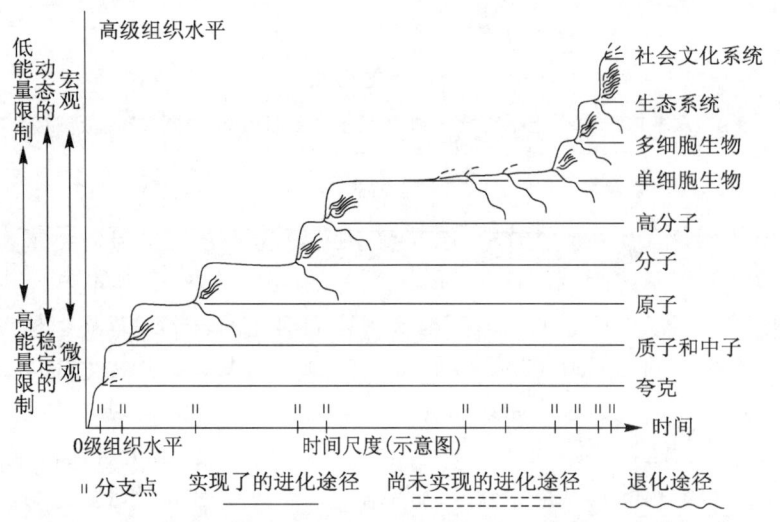

图 4.3 从物理学系统到化学系统、生态学系统、文化系统不同组织水平之间的突变性跃迁过程（Laszlo，1987）

跟随普利高津及其同事们的发现，这些非线性的演化进程可以用热动力学观点来进行解释，即"涨落产生有序"（Prigogine，1976），甚至"从混沌到有序"（Prigogine and Stengers，1984）。他们展示了开放系统通过与环境之间物质和能量交换的不可逆转的热动力学过程，可以推动全新的、动态的全球稳定系统的演化进程。这与许多物理学家认为的非平衡状态仅仅是对平衡的暂时性干扰，不包含值得关注的物理信息的观点是相反的。普利高津证明了通过突破时间和空间上的对称性，非平衡和不可逆转的过程变成了秩序之源，同时也是一个创造性的演化进程。这些非平衡系统被称作"耗散结构"，因为它们不断地产生熵，并耗散掉所产生的熵。因此，熵并不在系统内累积，而是作为系统与它们的环境之间不间断的能量交换的一部分。耗散结构构成了演化进程中最简单的自组织系统。这为理解演化是沿着复杂性增加的方向，以及组织是结构波动和变革的结果指明了道路。结构波动和变革可以在之前稳定的系统中突然出现，并像上面描述的那样，随后驱动着系统到达一个全新的更复杂的状态。

Jantsch（1980，p307）将这些发现总结如下：

我们站在一个伟大的新综合论的起点上。它的主题不是静态的结构，而是自组织的动态和思想在多水平上的连通性。它有助于使我们把演化看做是复杂的，但却是包含折叠秩序的整体动态现象，这一现象在许多方面已经变得非常明显，如物质和能量、信息和复杂性、意识和自我反省。

浓缩大量的来自许多不同领域的创新研究信息是非常困难的，而这些信息大部分是以相当规范的专业方式呈现的。这里，我只需用非常概括的、简化的词语来进行描述。幸运的是，上述引自不同学科的科学家的综合论述已经非常完美了，我们可以更容易地理解这些信息。它将给予那些关心整体人类生态系统景观的人们以帮助，帮助他们理解这些新范式的来源，并为多功能景观管理提供具有实践意义的重要方法，从而发现其更深层次的意义。

4.5 作为远离平衡态的具有耗散结构的自组织景观的演化与动态

上面所描述的新发现能够使我们得到景观作为整体人类生态系统文化演化的一部分这样一种更综合的观点。可以用一个非常简单的方法描述这一进程：利用跳跃的方式通过"分支点"，实现从最原始的食物采摘、狩猎阶段到新石器农业时代的演化，再从农业时代到工业革命的转变，直到目前，仍然处于走向信息社会的混沌转变时期。

作为演化进程的一部分，整体人类生态系统已经随着人口及其消费和技术能量的增长速度而扩展。

这也引起了它们"生态足迹"的增加（Rees，1995）和"殖民化进程"的加快（Fischer-Kowalski and Haberl，1997）。也由于这一原因，自然景观被改变为半自然的农业景观和城市工业化景观、文化景观。然而，在这一社会－文化演化过程中，自从工业化石燃料革命加速发展以来，至关重要的时空对称性被打破，这导致了分支点的出现，将完整的自然和文化整体人类生态系统景观分为三种主要功能类型：

（1）太阳能作为动力的自生和再生生物圈景观。

（2）化石燃料作为动力的技术圈景观及其生态区（或简言之，生物－技术－生态区）。

（3）最近提出的处于中间位置的既使用太阳能也使用化石燃料作动力的农业产业生态区。

由于生物圈景观对于未来指向性的发展，以及可持续性规划、设计、保护和恢复自然、文化景观方面的整体性战略的制定具有至关重要的作用，因此，这些分支点对于保护地球上的生命和我们整体人类生态系统的可持续未来具有深远的意义。

在所有生物圈景观和它们的生物生态区中，来自于太阳能的、高质量的、潜在的化学能是其主要动力来源（低熵产生能量）。在生物的食物链上，太阳能通过光合作用和同化作用转化为化学能和动能。正如图 4.2 显示的那样，部分能量通过新陈代谢转化为热能而消耗掉，并且呼吸作用也作为热辐射源而消耗能量。因此，结构和空间异质性的增加、物种多样性的提高以及食物链和食物网复杂性的增加都会增加负熵，而负熵则是衡量景观中组织秩序和信息的标准。同样，熵的产生则是作为同质性和无序性的衡量标准，熵值也可以通过保护和稳定植被和土壤圈的功能而得以降低。这些措施将降低动能的转化比例和热量流动，并减少对景观的破坏，从而增加景观的稳定性。然而，根据人类的利用状况，生物生态区又不得不分为自然生态区、近自然生态区和文化生物生态区。

在非平衡系统热动力学方面的科学突破和系统的新秩序原则，也深化了我们对于远离平衡态的景观动态和它们从低级到高级等级水平上的、连续的自组织能力的理解（Naveh and Lieberman，1994）。

正如 Naveh（1991b，1998b）对地中海地区所做的描述，地中海地区的景观和其他大部分半自然景观及农－林－牧业景观一样，也以这样的耗散结构运转着。这些景观的维持和稳定仅仅依靠与它们的环境之间持久的能量和熵的交换。由于受到环境和内部波动的正向反馈作用的驱动，它们向新的状态前进。在这一过程中，景观内部产生了高熵值，而在经历了或短或长的一段时间的循环波动后，景观将远离内部稳定的平衡状态。从不稳定甚至混乱的状态开始，它们向动态的稳定状态或亚稳态前进。在这种自生的生命创造过程中产生的混沌状态，可以通过向外输出熵，增加这些景观内部的负熵的途径，来使系统内部获得更多的有效信息和更高的能量利用效率。

根据李百炼（Li，2000a）的研究，这些动态性现在也可以用更严格的规范化的热动力学术语来解释。在由 Haken（1983）引入的"协同学"理论的帮助下，李百炼扩展了普利高津的非平衡热动力学理论的应用范围，使其在更复杂的非线性动态状况下得以应用，这种状况正是景观研究所要面对的。在协同学中，系统由大量的下一级系统所组成，并且控制系统的条件是在不明确的情况下变化的。系统可以在宏观尺度上形成稳定的新格局，比如，双稳态或多稳态。系统也经历着震荡或随机运动以及混沌状态。在最近的研究中，李百炼（Li，2000a）将景观作为具有耗散结构的系统，在这一耗散结构系统中，随机波动将导致内部的不稳定，他将 Haken 与普利高津（Prigogine，1997）的理论相结合，用于解释景观的不稳定性或多重稳定性。

在地中海地区的盆地还有其他一些地区经常受到周期性的扰动，如有规律的、持续了几个世纪的轮牧、放牧、火烧、砍伐、矮林作业制度，还有耕种制度和其他一些人类土地利用方式。季节的和年际的气候波动加上人类的扰动所带来的最终压力与景观在不同时空尺度上受到的来自其他方面的干扰，所有这些因素一起使景观的压力进一步加剧。其结果是形成了或长期或短期的、由人类维持的各种流作用下的动态景观。在所有这些景观中，系统无法回到传统的具有固定稳态的顶极系统。只要这些周期性的干扰继续以相似的强度和时间间隔驱动景观发生变化，系统就只能沿着与过去同样的变化轨迹继续向前演化。因此，这些依赖于人类扰动的系统由于长期适应了人类干扰，从而具有相应的恢复能力并由此演化成亚稳态。在宏观和微观上都存在较大异质性的崎岖山地地区，这样的内流平衡（homeorhetic flow equilibrium）被长期维持着，并创造出有细致纹理的农－林－牧业土地利用格局。这种独特的由生物、生态和文化相结合的景观显然在生态多样性方面扮演了重要角色。因此，它们也构成了最重要的多功能资产。

这种靠人类活动维持的内流平衡不仅可能由于强度过大的土地利用压力，也可能由于人类干预的停止和土地的废弃而崩溃。上述原因就导致了地中海盆地从东部到西部的草地、灌木、林地的结构和生物多样性的枯竭（Naveh and Whittaker，1979；Naveh，1998b；Pinto-Correia，1993）。在这里，大部分受影响的是对环境条件要求并不苛刻的草本植物，包括许多稀有的当地种和观赏性物种（Ruiz de la Tore，1985），以及脊椎动物（Warburg et al.，1978），尤其是鸟类，鸟类的减少与景观异质性和多样性的丧失密切相关（Farina，1989）。

到目前为止，对这些方面还没有进行过系统的研究。然而，我们可以设想一下在地中海地区之外的其他半自然生物圈景观的情况，相似的内流平衡被周期性的自然因素和/或人类干扰引起的长期或短期波动所维持着，前者如气候引致的火、风、洪水以及其他波动，后者如周期性的矮林制度、伐木、割草、放牧。这种内流平衡的崩溃往往是由于传统的、小尺度的农业行为的终止而引发的，这也是一些最富有吸引力的生物景观和富有文化色彩的乡村景观消失的主要原因。由于内流平衡的崩溃，这些景观常常转变为密集的、同质的次生林。不仅欧洲的情况如此，全世界其他温带、亚热带和热带地区也是如此。

在美国北部的森林、灌木林、草地景观中，这样的内流平衡大部分是靠自然和人为火来维持的。在非洲萨瓦纳森林中，火和野生动物以及家畜不定期的啃噬也起到了类似的作用。例如，非洲象在增加萨瓦纳森林以及沼泽物种多样化方面就起着关键作用，考虑到目前它们所面临的巨大威胁，这一物种就显得尤其重要。毕生献身于肯尼亚 Amboseli 公园的马萨伊人和中、东部非洲野生生物研究的、著名非洲野生动物学家 Dvaid Western（1997）已经研究过许多这样的实例，并得出了非常相似的结论，即应采取具有创新性的、动态的、整体性的保护战略。这一观点是基于整体性转移理念和"彻底从西方传统的人与自然相分离的观点中脱离出来",一旦我们的头脑里有了这样的观点,自然和人类社会就会紧密地联系在一起。

在南美洲的潘帕斯草原,内流平衡循环很显然是靠周期性的洪水维持的,它确保了亚热带草原的高生产力。现在,这一切已经被高强度农业所需要的灌溉计划和排水所改变。周期性洪水对许多湿地和沼泽以及摆动的河床等系统维持其内流平衡都是非常重要的。在许多例子中,如密西西比河,通过修建工程"调节水流"预防洪涝灾害,结果却导致内流平衡被破坏,引起了更为严重的灾难性洪水。

具有耗散结构的景观的热力学行为进一步证实了通过积极、动态的保护管理,可以进一步提高这些景观的多功能性,重建多因素内流平衡过程。

在地中海灌丛和马基灌丛区,建立具有耗散结构功能的新热力学体制的条件显然是在周期性的火、放牧以及采伐后的更新中创造出来的。但是,这仅可能发生在有足够的时间去更新以及通过高强度的光合作用和更新过程来输入负熵的情况下。同时,系统要能够真正地利用免费的能源来重新自我组织,以实现结构复杂性、生物多样性和生产力的不断增加。但是如果干扰过于频繁和严重,那么与外部的熵交换将越来越趋向正向,并且使无序状态维持在一个较高的水平上。如果这些干预完全停止,即全部的保护措施和无干预的管理或者废弃,情况也是如此。在恢复初期阶段,负熵和信息可能增长,但随着干预的进一步减轻,负熵产生的速度又会降低,无序状态将变得更为严重(Naveh, 1989a)。

未受干扰的地中海灌丛和马基灌丛景观,具有较低的动植物多样性,并且非常易燃。因此,它们很难达到内容丰富、稳定"成熟"的生态系统的演替顶极阶段。因为,随着植被的逐渐成熟,生长停滞并渐趋衰老,使它们变得更加易燃,因此也就更不稳定而且物种稀少。

这一进程可以用普利高津的耗散结构函数来描述。在这一函数中,熵(s)以及由此产生的无序状态(D)的增长速率为 ds/dt: $D = ds/dt$。D 可以是正值、负值或零。如果 D 值为 0,那么系统处于稳定状态,也就是具有内稳态顶极状态的系统;如果 D 为正值($D>0$),那么系统处于不断加重的混乱状态。相反的,其负熵和信息则下降,并使其自稳定和自组织能力变弱,系统处于过度干扰或无干扰状态:$D>0$,$dinfo/dt<0$;但如果 D 为负值($D<0$),那么系统的组织结构则处于向前进化状态,负熵和信息增加,系统处于最适宜的干扰状态。系统的内流亚稳定状态以及持续的自组织和自稳定状态就能够得以维持:$D<0$,$dinfo/dt>0$。图 4.4 描述了上述三种干扰状态的结果。

对于管理决策的选择,需要在不同的景观水平上进行长期的、系统的研究。而这些管理决策则涉及选择最适宜的干扰机制和提高生物多样性,或是提高生物多样性与其他的土地利用目标,如经济增长,休闲娱乐的宜人性以及景观价值。通过研究要回答这样的问题:是否需要和什么时候采取控制火烧的方法,这种方法既可以减少燃料以防止破坏性的野火,也可以使动态保护管理完全被化学的或机械的方法，或通过家畜、野生动物啃食等多重土地利用等途径所取代。这些基于景观生态学的考虑超出了现在流行的"整体的动态的生态系统管理"的观点。

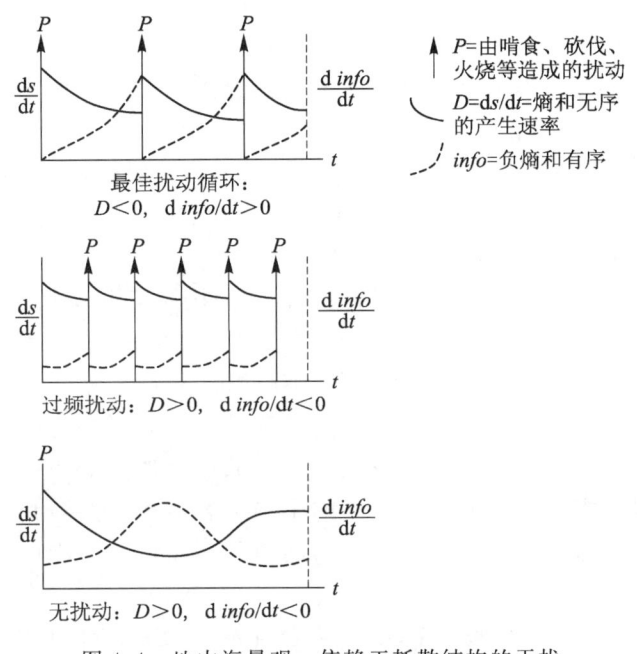

图 4.4　地中海景观：依赖于耗散结构的干扰

许多生态学家已经意识到了采用"生态学新范式"的必要性，这可以取代依靠系统动态变化所产生的自然流来维持的没有人类干扰的自然平衡的假定，因为系统的动态变化本身就是由包括人类活动在内的干扰所引发的（Pickett et al.，1992）。遗憾的是，这种新范式并不是基于上面描述的跨学科的系统演化理念和非平衡热力学方面的突破。而跨学科的系统演化理念和非平衡热动力学方面的突破，正是多功能生命支持系统的生物圈景观的可持续保护和恢复管理所依赖的，最基本的、综合性理论基础。

4.6　基于整体人类生态系统的多功能景观分类：生物圈景观，技术圈景观和农业产业化景观

要使整体人类生态系统景观范式在实践中得以实施，仅按照景观中的自然要素以及土地利用方式进行分类是不够的。因而，非常需要一个新的基于自然和文化的生物圈景观和技术景观功能的分类。这一分类的出发点不再是所谓的景观的"自然性"程度，而是基于上面提到的景观功能类型和它们的多重功能之间的差异来划分。其划分主要依据以下参数：

(1) 能量和物质的输入、生产能力和输出的差异

(2) 利用自然或人类社会信息进行调节的类型和数量的差异

(3) 上前描述的景观在不断的自我更新过程中，为保持景观结构整体性，以一种连续的方式进行自组织的能力。这种能力决定了景观的演化更新能力，并仅仅出现在自生的自然和半自然的生物圈景观中

除此之外，我们必须考虑两个具有内部自组织行为的基本系统类型，由Jantsch（1975）定义如下：

(1) 具有适应能力（或生物有机体）的系统，它们可以通过改变自己的内部结构，从而适应环境变化，尽管这些结构与之前设计好的信息（遗传模板）是一致的。这种能力可以促进生物的进一步演化。

(2) 有创造力（或人类行为）的系统，它们按照自己改变环境的目的通过内部信息（创造）的更新来改变系统结构。这些信息是通过系统与环境之间的反馈作用而产生的。这能够促使智慧圈文化的进一步演化。

图 4.5 呈现的是整体人类生态系统景观及其生态区的等级结构模型，沿着景观改变、保护和自然要素的替代，人类活动所形成的控制与功能、人工产品等方面程度增加的梯度，从自然的生物生态区一极过渡到文化的技术生态区的另一极。这一过程与化石能源的利用与不断增长的物质生产能力密切相关。

自然的和近自然的生物圈景观 仅包含自然生命有机体（意味着能够自发的演化与再生产）。作为具有适应性的自组织系统，自然、生物、物理和化学信息内在地调节着这些景观。与"无干扰"的顶极范式相反，这类景观可持续演化的最根本的前提条件应是确保不失真地延续和/或重新引入所有自然生态过程，维持自然的内流平衡，并因此得以保证生物多样性和生产力以及其他重要的功能（Rickleffs et al.，1984）。由于人类处于坚不可摧的主导地位，即使在地球上难以接近的地区也几乎没有真正未受干扰的自然系统，近自然系统或亚自然景观也已经很少。

然而，甚至连这些仅存的景观也受到外部压力的严重威胁，以及不受控制的对景观生物多样性的商业性开发、农业侵占和偷猎。甚至连最后一些极为珍贵并富有吸引力的、被保护着的自然庇护所也由于大规模的旅游开发而正在失去其完整性，尽管这些旅游业美其名曰"生态旅游"。正如 de Palma（1996）对于著名的世界遗产地加拿大第一公园——班夫国家公园——所描述的，这种令人沮丧的状况是全世界许多案例的代表。充满自然美感的紧密交织的内在功能和资产，以及文化历史价值被"廉价卖出获取金钱"：旅游业的过度压力带来了多重威胁，自然火的胁迫，为提供机动化交通修建的道路，为营造观光娱乐用的水面以及为其他的娱乐和商业用途提供水源而拦截河流建坝，这一切破坏了自然生态的演化进程和野生生物的正常生活周期，也正在毁坏着加拿大的

自然独特性。阻止和减少这些娱乐项目过度开发所造成的生态损失，并引入更为合理、更为可持续的管理实践措施对于这些具有极高价值的生物圈景观是非常必要的。

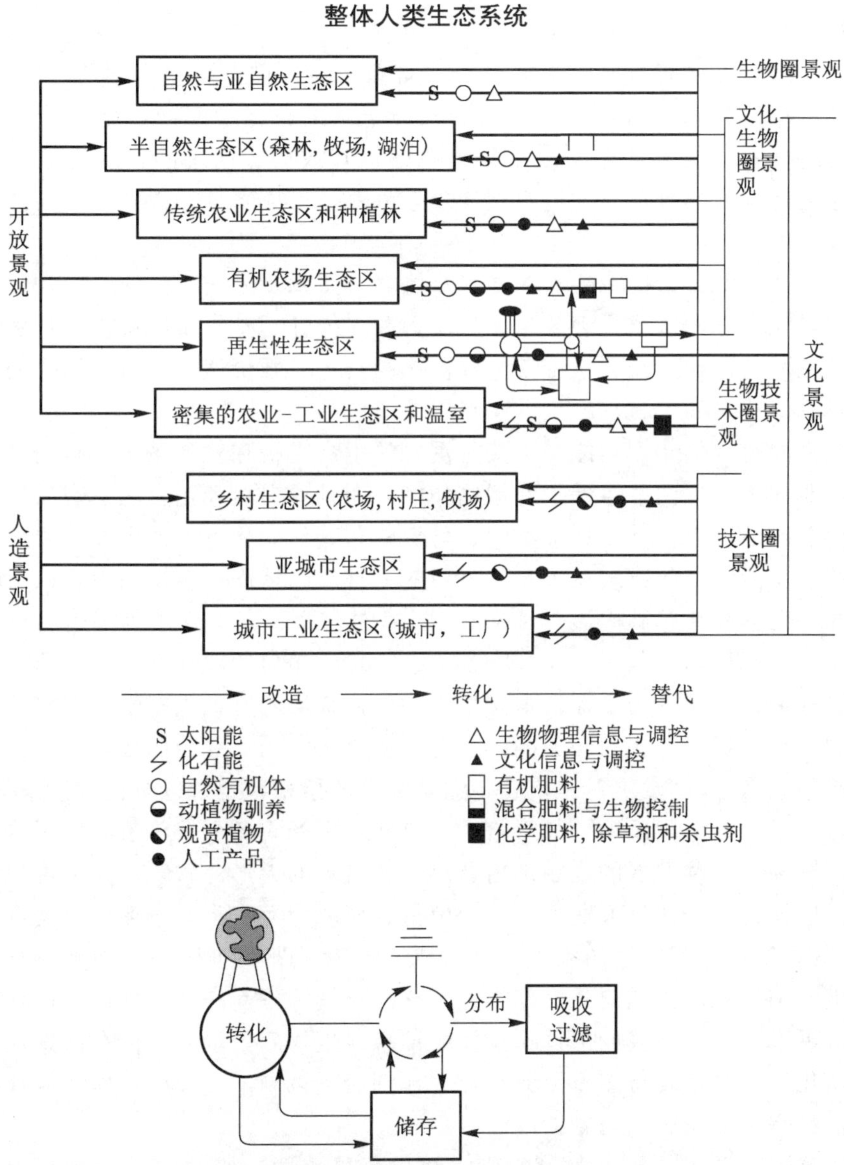

整体人类生态系统

图 4.5　根据生物圈与技术圈的能量流、物质流、文化调控、
自创生能力所得到的景观生态区的功能等级
在恢复生态学的帮助下，这些极点间平衡的获得应该成为景观生态学的重要目标之一

其他人类改变过或被转化了的景观或多或少地都受到文化信息的控制，

因此可以被看做文化景观。它们又可以进一步分为三种主要的类型或亚类型。

4.6.1 文化生物圈景观

第一个主要类型由文化生物圈景观组成。类似于自然景观，它们都是属于太阳能动力型。然而，这些景观受到不同程度的来自自然和人类信息的控制，并因此具有作为内在的有机适应性和人类干预的自组织系统的混合景观的功能。同时，它们也兼具作为远离平衡态的、开放的、动态的自组织系统的功能。这也使得这类景观自发地突然涌现新秩序，形成新结构以及产生新的行为方式成为可能。

（1）被人类改变和使用的半自然生态区，如林地、草地、湿地和湖泊等，像自然景观一样，这类景观的生物生产力和多样性是基于生物有机体自发的再生产过程。它们的生产力至少部分地被作为具有"硬价值"的可市场化的物品为人类所消费，如木材、纤维、草料以及鱼产品等。

但是同时，这些多功能景观又是重要的生命支持和发展系统。它们不仅要实现重要的生产、调节、保护和运输功能，而且像自然和亚自然景观一样，它们的生态区还具有精神的、美学的、科学的和其他文化方面的内在"软价值"。它们的多功能性因此也兼具了自然方面的、有形的地圈－生物圈内容以及精神方面的、无形的智慧圈内涵（Naveh，2001b）。这一点得到了美国著名景观生态学家和景观规划设计师 Joan Nassauer（1997）的有力阐释。

更近一些时候，为了保证这些景观的可持续性利用，生态学家们建议应将它们的"自然资产"作为经典的"生态经济资本"的对立面而提出来。在传统的经济学意义上，"资本"是市场化物品生产的累积，通常以金钱价值来估量。然而，这里存在一种风险，如果将这种自然资本和它的金钱价值、使用价值作为保护管理和持续发展的唯一理由，那么，另外的无形"软"功能和价值将被忽视。这样的金钱估量方法也是非常值得怀疑的，尤其是对于那些至关重要的"自然资本"如土壤、清洁空气和新鲜水。而对于那些重要的作为生命支持系统的生物圈景观，诸如美学、精神卫生、治疗学等方面的功能来说，这种衡量方法就更不可取了。我们可以作这样的推想：生物圈景观的价值在信息社会比在工业化社会要重要得多，因此，在土地利用决策制定过程中，确定景观的综合价值将是一个关键性问题。

在这一背景下，最为相关的研究结果当属美国有影响力的环境心理学家 Stephen Kaplan（1995）旨在预防现代生活压力的"自然恢复性体验"疗法。在信息社会中，这种疗法理念对由于连续高强度脑力工作（如同从事高科技工作的人员所做的那样，长时间面对电脑从事创造性的工作）而引起的"注意力疲劳"的景观功能恢复方面的研究将具有重要意义。

跨学科的生态心理学的突然出现开阔了我们的视野，使我们对人类意识与自然之间本质的、尚未被发现的联系有了更深层次的认识，而这些联系在所有生物圈景观中都呈现出来了。作为一个典型的与现代城市工业化密切相关的学科，现代精神病学完全忽略了这一方面。幸运的是，目前关于精神疗法在生物圈景观功能方面的作用已经引起了越来越多的关注，特别是生态心理学科学的出现，使这方面研究更加引起了人们的重视。

美国杰出的历史学家 Theodore Roszak（1995，p5）在关于生态心理学方面的第一本文集的序言中对这部分内容作了有力的表述：

对于人类心智健康的关注总是止步于城市的范围内，……但现在有迹象表明，这种状况已经开始有所改变，许多新涌现出来的精神疗法研究者正试图寻求心理学在解决我们的时代所面临的环境危机方面发挥其作用的途径。……与将自己局限于心理学内部机制或限定于狭窄的社会范围的心理学其他分支学科不同，生态心理学所关注的焦点始于这样的前提：深层次的心理现象与孕育了人类的地球应和谐共存。

对所有致力于生物圈景观保护的人们而言，生态心理学家的加入是十分必要的，因为他们可以帮助我们更好地理解人类与自然环境之间深层次的联系，数百万年来，我们一直在这种联系中生存进化。在漫长的历史时期中，工业时代仅仅只是一瞬间的偏离，但就是这短暂的偏离，对于产生几乎全部与自然疏离的城市化后果以及将我们中许多人变为冲动的消费者已经足够了。生态心理学家们可以帮助我们的社会找到克服这种现代综合征的方法。

Roszak（1994）已经指出了"信息崇拜"所带来的危险，也就是最近经常用来表达我们对于高技术机器设备强烈爱好的"技术迷恋"。面对迅速发展的计算机技术，我们必须意识到其危险所在，我们不再关注地球上的生命未来发展所必须依赖的、真实的、三维的、健康的景观，取而代之的是信息社会所欣赏的虚拟的、弹性的"迪斯尼"式的"自然"。在这方面，Robert Thayer（1994，p100）在他的关于技术、自然和可持续发展景观方面的重要书籍中进行了评述，最为中肯的是这样的描述：

要保持景观的可持续性需要我们从根本上改变各种保护措施，转向寻求隐含在生命系统、技术系统以及景观中固有的方式。这种根本性的改变是非常紧迫的，由于信息技术的能力正以指数速度增长，掩盖了真正的环境问题，并创造了如此生动，又具有吸引力的虚拟景观，现实世界的景观正面临着被取代的威胁。我相信，这一改变的根源不仅产生于由于技术对于自然的负面影响所导致的内疲感，也来源于我们思想意识中不断增长的以技术取代自然的趋势。

到目前为止，所有的半自然生物生态区正经历着加速的生态、文化上的枯竭。因此，保护和恢复它们的生物多样性以及由此产生的生物、生态和文化等方面的功能，也与保护自然和近自然的生态区的生物多样性一样重要。为实现这一目的，景观的动态多功能保护和恢复管理首先应确保其动态流平衡。而内流平衡的维持又受自然的和文化的生态过程的控制。其中，文化生态过程又是由贯穿人类整个历史的土地利用变化所引起的，如放牧、伐木、计划火烧和传统的农业生产方式（Rickleffts et al.，1984；Naveh，1991b，1994b；Naveh and Lieberman，1994）。

为了贯彻这些战略，迎接这一挑战的景观生态学家们和其他学科的科学家和专家们必须尽可能多地了解早期的土地利用历史，不仅要从生物-生态学的角度，也要从民族历史和人类文化的视角去了解。由于火在塑造大多数半自然景观中扮演着重要角色，因此在火生态学方面必须进行深入的研究，并将其应用到不同尺度上具有异质性格局的自然景观和乡村景观的管理中。

（2）传统的农-林-牧业生态区，如草地、人工种植的树林以及传统的耕作土地和果园，这些人工培育的植物和驯化的动物已经取代了它们的自然竞争者，作为廉价的商品，它们的太阳能生物产品不使用或极少使用化学肥料和杀虫剂。尽管有人类的控制和维持，这些生态区仍保留着一定程度的自组织能力，并且在乡村景观中可以发挥它们在生物和文化多样性方面的重要功能。根据 Bignal 和 McCracken（1996）的研究，超过 50％的最有价值的生境和那些"低强度农田"已经表现出生物和文化多样性的丧失，因此，应该加大力度进行保护，阻止其继续减少。然而，在城市化进程中，这些生境正逐步转变为由于强化利用和/或被废弃或商业用途的单一的松木或桉树林。因此，它们正在失去其生物和文化多样性以及景观吸引力，而这些功能正是其作为整体生态多样性景观所具有的结构和功能异质性的反映。因此，对其进行保护也与保护和恢复自然、近自然和半自然的生物生态区一样重要（Naveh，1994b，c，1998b；Farina，2000）。

然而，只有当当地居民及其政府认识到这些文化景观的价值时，它们才有可能得到拯救。为此，需要足够多的人力和方法，通过恢复和维持传统农业生产实践以及当地典型的农作物品种和动物品种，也包括它们的基因价值，去保护这些有价值的景观。

这些文化生物圈景观也包括两个全新的、最有前景的可持续性农业系统和它们的生态区，它们是：

（3）有机农业生态区，耕种过程中不使用化学肥料、除草剂和杀虫剂。这要归功于适宜的农业技术方法的应用，如较高的农作物多样性和轮作方式，以及通过使用有机粪肥和混合肥料，不断积累土壤肥力，使这些农业生态区的生产力远高于同类的传统农业区。单从生产力上看，它们接近于目前高投入的产业化农业生态系统，但却没有化学肥料、除草剂和杀虫剂所引起的负面环境效应（Mansvelt and Mulder，1993）。

这种生态区一方面保障系统中化学元素能以稳定的速度扩散，包括那些能够干扰人体和动物内分泌系统的化学元素；另一方面，受对于健康产品需求迅速提高的鼓励性信号的影响，这些产品的价格以每年2%的速度增长。在仅仅3年的时间内，欧洲农民已经将用有机方法耕作的土地面积翻了一番，提高到400万ha；在意大利和奥地利，1999年被认定的有机产品所占份额仅10%，现在已经达到20%以上。Mansvelt和van Luppe（1999）以及Tress（2000）的研究为景观生态学家在此过程中的重要性提供了很好的证明，他们正是以建设可持续性、健康、有吸引力的有机农业生态区为目标，重塑欧洲的农业景观。

（4）可再生生态区是一种更为先进的有机农业理念的结果。在这类生态区中，不仅耕地的自然再生能力得以恢复，而且自然生物圈景观中的基本能量、水分和营养循环也都实现了太阳能驱动。同时，系统的部分产品进入农产品的销售渠道供人类使用。这类可再生农业系统完全受太阳能和其他无污染的能源所驱动。其中，最著名的范例是在波莫那的加利福尼亚州立工艺学院的一项关于可再生技术的研究中实现的，该项研究集多学科和跨学科的教育、研究与示范于一体。正如其主要设计者（Lyle，1994）所描述的，在人类发明的"新技术"的帮助下，自然生物圈能量/物质的转换、分配、渗透、同化以及储存都被集约化农业生产所利用。它们通过生产过程中产生的能量、物质和信息提供了持续循环的替换物。可再生农业系统可用Lyle（1994）的示意图表示（图4.5），更详细的说明见下图。

4.6.2 集约化农业产业生态区

集约化农业产业生态区是介于生物圈景观与技术圈景观之间的类型。这一类型几乎取代了工业化国家的其他全部低投入耕作的农业生态区。尽管通常被称为"绿色景观"，但是却不应该与上述提到的可持续性的生物圈景观混淆。受短期效应、过度消费以及不公平的市场经济的驱使，这一现象目前也正向许多发展中国家蔓延。同生物生态区一样，它们的生产力也依赖于从高等级太阳能通过光合作用转化而来。但这远远不够，在很大程度上还需要低等级的化石能源作为补充，并且，其自然的生物控制机制几乎全部被农业技术信息所取代，这些农业技术的目标是通过化肥、杀虫剂以及除草剂等重化工产品的使用，最大限度地提高产量。因此，这些景观已经完全失去了自组织性和再生能力。在自身能力退化、对于开放景观的环境负效应、野生生物及其生物多样性、土壤和水资源的质量以及人类健康等方面，农业产业生态区景观接近于技术圈景观，像它们一样，是"生产量系统"。

任何通过采取减少化肥施用量和综合虫害控制等措施来减少环境负效应的努力都只能是缓解措施，不能从长远保证农业景观的可持续性未来以及健康食品的生产。正如Lyle（1994）所阐述的那样，要实现景观的可持续性只有通过像在可再生系统中所采用的方式，以源、消费中心、汇形成的循环流来取代高输入、高产出流的线性技术圈过程。甚至在那些已经实现了农作物和牲畜饲养量达到最高程度的国家，这种高投入、高产出的模式不仅在生态上是不可持续的，而且，如果没有政府的高额补助，其经济上也是不可持续的。因此，时机已经成熟，人类已经认识到可持续性、有利的、健康的农业生产需要通过建立有机的、特别是可再生的生态区，依赖于肥沃的、具有再生能力的耕地来实现。这应当成为所有未来指向性的土地和土地利用研究与教育的目标。

文化景观功能上的分歧主要取决于它们的能量是来源于太阳能还是化石能源。

4.6.3 技术圈景观

技术圈景观和它们的生态区，还有那些基于技术的产物，如高速公路、桥梁、矿山、采石场以及动力线路，都是人工的，并且主要依赖于化石能源和核能转化为低等级能量与物质来维持。它们失去了景观的多功能性、自组织能力和可再生能力，其调节仅仅依靠自组织系统内部人类发明行为。这种状况导致了系统的高熵值、浪费和污染，这对仍然保持开放的景观及其生物生产力和生态多样性、稳定性、人类健康来说都具有深远的负面影响。它们的下一等级系统在对环境的负面影响方面各有不同，但在城市化进程中，这些差异正在迅速消失。

(1) 乡村生态区，如农场、牧场、村庄，与半自然的文化景观和农业景观紧密交织。在欧洲和其他工业化国家，它们正经历着向其他技术生态区的迅速转变。正如 Green (1995) 对于大不列颠范例的成功研究以及 Lucas (1992) 对其他地区的研究所显示的那样，这种状况可以通过合理的乡村规划和管理至少部分地得到预防，而乡村规划和管理正是景观生态学家们积极介入的领域。

(2) 亚城市生态区仍包含大一些的"生物岛"，如湖泊、河床、公园和树林。这些景观，类似于乡村景观，非常有助于改善城市生活质量，并因此具有很高的价值。最近的趋势是建立低维护的公园，这些公园主要以本地种为主，并提供没有化肥、除草剂和杀虫剂的维护方式。

(3) 城市工业生态区是发展最快，燃料动力型，并带有显著负面环境影响的技术圈景观。这一点可以从西方工业化中心每年的巨大能流反映出来，如纽约、东京。这类景观中消耗的能量以每平方米百万卡的单位计量。与此形成鲜明对比的是，在太阳能为动力的生物圈景观中，能量消耗每平方米仅几千卡。Fischer-Kowalski 和 Haberl (1997) 揭示了在从传统的主要以农业为主的社会向以化石动力为主的城市工业化社会转变过程中，社会的新陈代谢所消耗的巨大能量（以每年输入的能量总量来计算），在奥地利已经从大约 65 GJ 增长到

223 GJ，其中物质输入量从每年大约 4 t 增长到 21.5 t。这些数据是很好的指标，可以用来评价技术圈对人类整体生态系统以及岩石圈和大气圈不稳定性的影响。这些数据清楚地显示了可再生的自然和文化生物圈景观与生产性的农业、城市工业化的技术圈景观之间能量来源的差异。正如图 4.6 所描述的那样，系统的高熵值、浪费和污染，对仍然保持开放的景观及其生物生产力和生态多样性、稳定性、人类健康来说都会产生深远的负面影响。

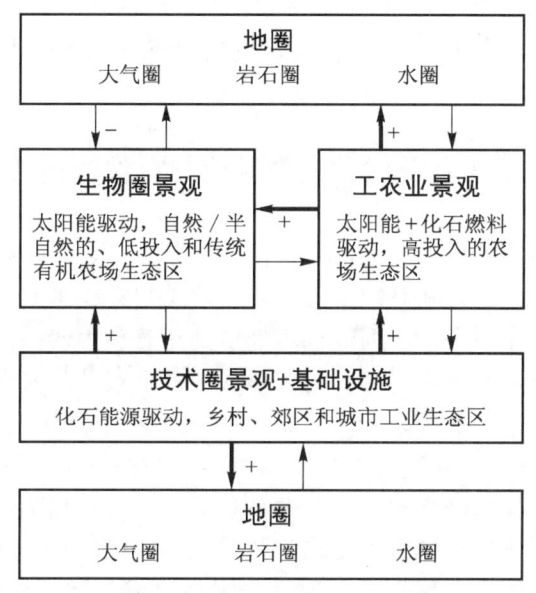

图 4.6　工业化整体人类生态系统中无组织的整体景观，以及技术圈所造成的不稳定性

Rees（1995）提出了一个创新性的、实用的指数"生态足迹"，用来衡量一个城市或区域人口所需要的全部生产性土地和水域的面积，这些土地和水域可以生产出全部所需资源以及吸收它们产生的废弃物。他发现，1991 年为了维持现有的生活方式，温哥华市生产性土地的利用面积比它的行政区面积要大 200 倍。

乡村和城市生活质量的提高是与系统巨大的生产量和输出量的减少紧密相关的。这就需要对城市的"新陈代谢"及其设计做功能和结构上的改变，作为可持续性演化的一部分，景观生态学家们应当积极发挥作用。根据联合国的计划，到 2025 年，全球 83 亿人口中将有 60% 生活在城镇或城市中。目前世界上一半的最贫困人口中，大约有 4.2 亿是城市居民，并主要生活在大城市中。"城市化综合征"清晰地表达了对于整体人类生态系统及其景观可持续性未来所面临的最为重要的社会、政治以及生态挑战。

技术圈景观内部的自组织行为完全依赖于人类的创新性行为，这些行为受我们的意识所驱使，是对我们得到的环境信息的反馈。因此，在人类社会所面临的地区性和全球性的生态灾难迫使我们这样做之前，必须首先采取措施消除这些威胁性的趋势。景观生态学者和规划者必须接受这一挑战，他们必须证明给决策者和民众看，创建城市生态沙漠中的绿洲是城市环境整体改善最为经济和有效的途径。这不像人造的机械设备那样需要化石能源，因此不会进一步给城市增加废弃物、污染和熵的负担。但会产生更深远的影响：它减少了城市生活对精神和身体的压力，并将日渐疏离的城市居民拉近，形成与自然之间"我—你"的对话模式。这将丰富人们的生活，这是不能用美元或日元或物质产品来衡量的，但却会给我们带来非经济上的富裕和城市生活质量的福利。

4.7 结论：后工业化时代人类社会与自然和谐共生的需求

尽管所有这些生物-农业生态区和技术生态区在更大区域空间上相互交织形成景观镶嵌体，但这种联系却是对立的。这是因为技术圈和农业产业化景观以及它们新陈代谢作用所产生的熵和不经济的化石动力产品的生产已经产生了无法抗拒的负面影响和不稳定性。它们形成了一个紊乱的聚合体，这一聚合体被德国景观历史学家 Sieferle（1997）称为"整体景观（The Total Landscape）"。只有通过创建人类社会和自然之间的后工业化时代的文化共生体，和解生物圈与技术圈之间的对立关系后，这一产业化整体景观才能成为一个有凝聚力的可持续性整体人类生态系统景观。通过这样的共生联系将引导生物圈生态区与技术圈生态区在结构和功能上结合成一体，从而构成有凝聚力、可持续的生态圈（ecosphere）。在这一生态圈中，生物演化和文化演化都能够得到保证。

正如对整体人类生态系统生态圈所建立的控制论模型所描述的那样（图4.6），排除稳定的负反馈耦合，其维持着生物圈景观与地圈之间动态的内流平衡，其他所有的相互作用都通过可变的正向反馈环调节。由于完整的生物圈景观正在迅速消失，并且技术圈景观存在着势不可挡的退耦效应（decoupling effects），关于将大气圈与生物圈一起作为全球协同演化、自调节、自更新系统的"盖亚假说"（Margulis and Lovelock，1974），已经逐渐失去其有效性，这些都威胁着地球生命的未来。

向这一和谐共生体迈出的根本性的一步将是在健康、适宜居住的和有吸引力的技术圈景观与重要的、有吸引力的和高产的生物圈景观"腹地"之间建立起一种全新的、平衡性更好的、相互补充的联系。这一目标可以通过综合景观规划、保护、恢复、设计以及为面向可持续发展的信息社会而进行的环境管理来实现。

生物圈景观最为重要的稳定反馈耦合之一，是作为生物圈的过滤器和活海绵体的功能，吸收来自于技术圈的温室气体和碳的氧化物。在联合国2001年11月7日的马洛卡会议上，由联合国发起了关于碳循环的一系列被称为"欧洲碳"的研究项目，其中主要的成果归纳如下：

1. 欧洲生物圈是一个碳汇，每年可以吸收20%～30%的来自欧洲的碳排放。
2. 通过造林计划和改善管理方式，欧洲的生物圈景观能够增加吸收碳的潜力。这是一个非常重要的信息，因为碳汇的存在可以部分地完成京都议定书所规定的减排义务。

尽管如此，在全球尺度上，可以作为文化、技术可持续性演化的一部分来实现建立和谐共生体这一目标，基于太阳能的无污染、可再生以及无限性的特点，文化、技术可持续性演化可通过由能源的"化石时代"向"太阳能时代"的新经济转换而得以实现。太阳每年提供的能量相当于全球化石能源与核能总和的15 000倍；全球植被每年光合作用的输出比化学工业每年的产出要大10 000倍。根据权威研究，到2050年，世界能源需求的一半将来自于这些可再生的能源（Scheer, 2000）。英国壳牌公司已经做出了努力：投资数百万美元为能源向以太阳能为主的转换做准备。

正如Laszlo（1994）所设想的那样，文化演化进程将在跳跃进程分支点的引导下，走向组织水平更高的可持续性信息社会。但这一过程不仅仅只受到再生和循环技术的创新和普及推广以及太阳能和其他无污染可再生能源的利用效率所驱动，还要与可持续的生活方式、消费方式，以及对自然的关心乃至对自然的投资联合起来发挥作用。

罗马俱乐部前主席Ricardo Diez Hochleitner（1999）以乐观的态度表述了对于信息社会未来的需求："只有当我们更细心地对待自然，并以一种更持续性的方式塑造我们与自然的关系时，人类的未来才是安全的。这不仅需要我们尽一切可能提高资源的利用效率，也预示着我们必须采取可持续性的生活方式，这就意味着必须放弃一些东西。"

在区域可持续发展过程中，要实现这些目标必须迈出的重要一步将是以基于整体人类生态系统范式，以更长远、更综合的社会生态方法替代当今占主导地位的以追求数量增长为目的的新古典市场经济模式（neo-classical market economy）。这种发展方式应主要以质量增长为目的，通过提高人类及其经济系统以及开放景观和建成景观之间的正向相互增强作用而得以实现。

这要归功于近期关于自生系统自组织特点的研究，正是这些研究在交叉催化反应网络等方面的成果，使我们现在可以用更坚定甚至是机械论的术语来表达自然和人类社会之间的协同共生关系，并将其转变为可持续发展理念。

图4.7呈现的是整体人类生态系统主要的自催化反应循环和交叉催化循环以及控制反馈环。在生物圈景观中，负的自稳定环用减号表示，而正的自催化反应环，也代表了自生性和演化，则用加号表示。在各个方向的箭头上的字母

"CCN"表示的是通过交叉催化反应网络各部分之间相互支持、功能增强的潜力。然而，与生物圈景观形成对照的是，技术圈景观中，加号代表着"逃离"，意味着不稳定的反馈环指数的扩展，这只能由可持续规划和环境管理所产生的文化上的负反馈来抵消。可以通过来自于信息圈的信息加以引导，信息圈作为智慧圈的文化信息库在信息社会中扮演着越来越重要的角色。

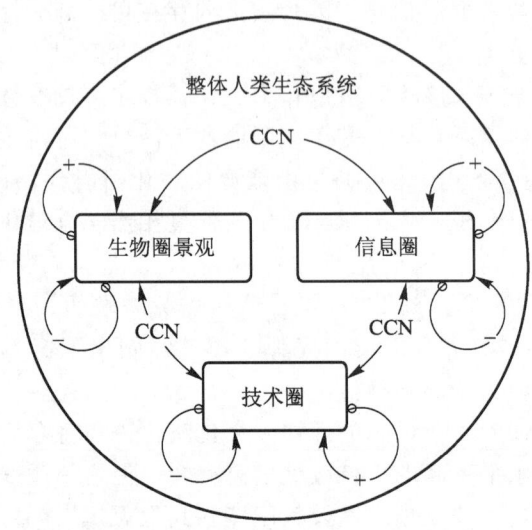

图 4.7　整体人类生态系统新兴的信息化社会中主要的自催化和交叉催化反馈环

整体人类生态系统的概念模型已经被应用于一个最近完成的多学科的集多种功能研究为一体的项目（MOSES，2000），这一项目题为"基于欧洲信息社会的区域可持续发展模拟"，模型在 Wolf Grossmann 领导的 5 个区域案例研究中实施。借助于动态系统模型，结合系统动态回归模型与交叉催化反应网络（ISIS）以及其他创新性的方法和工具，可以得出这样的结论：我们可以在即将到来的信息社会中创建一个全新的、富含文化信息的交叉催化反应和协作反馈环。在这一模型中，我们试图将整体人类生态系统中的自然、生态文化、社会－文化以及经济过程联系起来，并为形成新的交叉催化反应和协作的反馈环建立起科学基础。这就必须减少不稳定影响，并确保持久的相互强化作用。这意味着，在即将到来的信息社会，人类及其身体、思想、精神以及经济等方面的福利，与为创建健康、多产和有吸引力的景观之间的利益关系必须相互促进和增强。

项目的合作者 W. D. Grossmann，M. Lintl，和 H. Kasperidus 为这一复杂的整体性模型的基本结构制定了一个非常简单的表达形式，如图 4.8 所示。

这一模型揭示了在即将到来的信息社会的动态变化过程中，相互支持的交叉催化反应网络关系，这一模型的重要性可以与驱动着生态系统和自然、半自然生物圈景观的自生动力学相提并论。

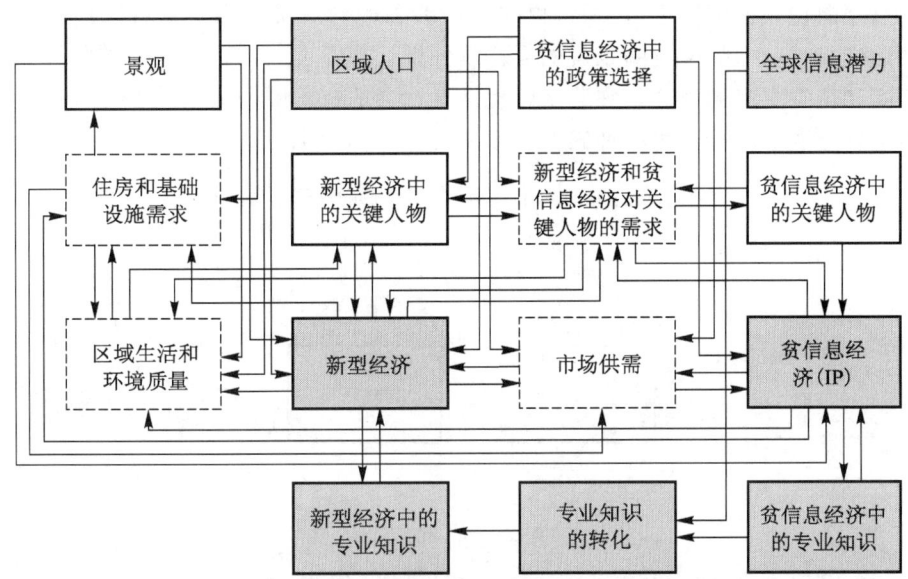

图 4.8 信息社会综合（ISIS）模型的基本结构（由 W. D. Grossman，M. Lintl 和 H. Kasperidus 为欧盟项目 Moses 2000 所做）

在这一模型的帮助下，可以进一步证明，自然对区域吸引力的贡献是区域质量提升的关键。因此，居民们可以从自然获取所谓的"软"的无形的本质价值；也可以从区域绿色生物圈景观中获取"硬"的、可以用市场价值来衡量的价值。

这一模型与 CCN 模型类似，因为其各部分都具有自催化反应增强的能力。但是，因为生物圈景观与技术圈景观之间的不平衡关系，只有区域经济系统向自然索取来增加其吸引力，而缺乏对自然系统的维护。同时，由于无节制的经济增长和不可持续的发展方式，破坏性的区域经济反馈不断增长。如图 4.9 所示。

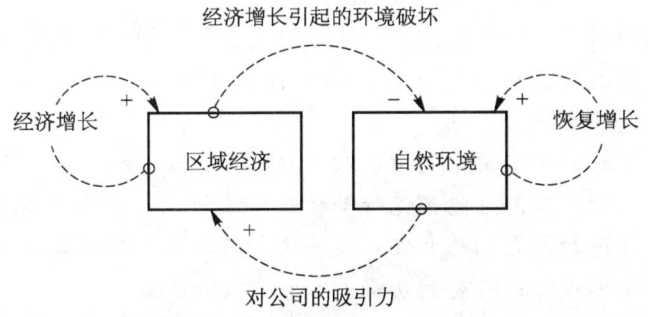

图 4.9 工业化社会中区域经济和自然环境之间的不平衡关系，最终导致关系的瓦解（Grossman and Naveh, 2000）

研究还显示了，新型的成功经济发展模式应当创建那些即将消失的、重要的、和谐的"双 G"CCN 联系，"双 G"是指"给予与获得（give 和 gain）"，可以通过"向自然投资实现",即将税收中足够多的固定份额用于景观保护和恢复以及制定有吸引力的生物圈景观的可持续性设计与管理。这一新型的联系甚至允许购买和恢复更多的土地,在后工业化信息社会的技术圈,随着需求与人类活动的负面影响逐步减少,可以使它们重新成为可利用的土地(图4.10)。

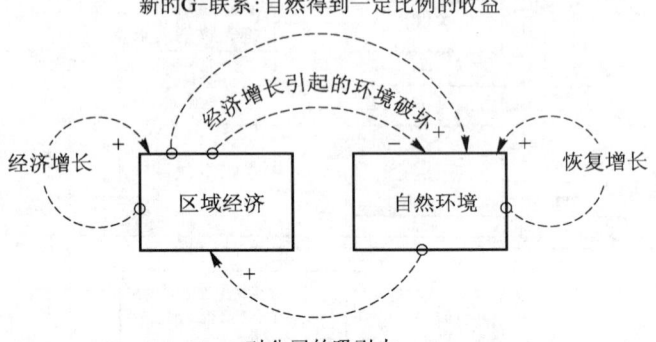

图4.10　通过建立"给予(give)与获得(gain)"的双G关系,把信息社会中人类－自然系统转化为协调的交互催化网络(CCN)关系
(Grossmann and Naveh,2000)

如果这种共生联系在实际可持续发展项目中得以实现,它们将成为向环境可持续性演化的重要步骤。

这并不是乌托邦式的梦想,我们可以从令人鼓舞的案例中清晰地看到这一点。1999年的《世界现状报告》(Brown et al.,1999)显示了像这样的环境可持续演化已经开始了。要取得更大的进展,与来自于其他相关学科的科学家们密切合作,将是未来景观生态学家们面临的最大挑战。在整体性世界观引导下,他们可以提供实践性的指导,不仅作为教育者、研究者和本专业的专家,也能作为可持续发展跨学科联合行动的组织者。

总之,我们对于后工业化社会整体人类生态系统的生物圈景观可持续性未来的希望,可以用Laszlo(2000,p114)在其《巨变2000—2010》一书中最后几句清晰地表达出来:

在我们生活的广阔宇宙空间中,人类被赋予了最高级的意识形式,我们是唯一的不仅会采取行动而且能预见行动结果的物种。作为具有预见能力物种的一员,我们必须承担起自己的责任,成为这个星球上复杂而和谐的生命系统网络的管理者,而不仅仅是开发利用者。

第二部分
文化和景观的保护与恢复

第5章
文化与景观保护：景观生态学透视

5.1 引言

近年来，一个明显的趋势就是自然保护范围的扩大，即从保护自然保护区和公园里的稀有濒危物种及其生境，向保护价值极高的半自然的、农业的、乡村的景观及其总体的生物、生态和文化财富扩展。

Lucas（1992）已对这一趋势作了详细描述。他在《关爱地球（Caring for the Earth）》（IUCN/UNEP/WWF，1991）一书中强调了它们（价值极高的半自然的、农业的、乡村的景观及其总体的生物、生态及文化财富）在可持续生存战略中的重要作用。他为保护景观的选择、实施、法制化和管理提供了非常有用的指导，并从各大洲带来了许多成功案例。在这方面，联合国教科文组织在"人与生物圈计划"中对生物圈概念的支持，以及联合国教科文组织世界遗产中心对具有突出的自然与文化独特价值的景观的认同最为重要。

在这方面，一个比较重要的里程碑是1994年在布宜诺斯艾利斯举行的世界自然保护联盟——国际自然与自然资源保护联盟首脑会议。在会议决议中，（与会者）更明确地认识到对具有较高价值的、经人类改造和利用的景观整体保护和管理具有重要意义，并高度评价了景观生态和保护工作组为进一步实现这些目标所做出的贡献。

作为这些发展的结果，我们见证了环境保护的范围从封闭的自然岛屿到开放景观的扩展。在此将进一步详细讨论的是，人与自然在时间历程上的相互作用，已经形成紧密交织的自然与文化的格局和过程。因而它也通过文化的——人工建造和保持的产品扩大了生物与生态景观的要素，并因此丰富了称为"总体景观生态多样性（total landscape ecodiversity）"的内涵（Naveh，1994a）。其保护需要跨学科的系统方法和基于整体景观规划、管理和恢复的全面而综合的策略。另外，还需要创新性的和更有效的工具，来指导土地管理者和使用者，以及说服公众与政治决策者。为了这一目标，景观生态学家们一直在发展和运用这类综合方法和工具。其中一些已在我们有关景观生态学的书籍中加以总结（Naveh and Lieberman，1994），其他的由 Leser（1991）、Farina

(1997)、Bastian 和 Schreiber（1994）、Pignatti（1994）和 Zonneveld（1995）完成。

发展这些策略、方法和工具的重要前提，是更好地理解文化景观的特性、感知和演化，以及它们与自然文化驱动力之间的动态相互作用。这些驱动力塑造了它们的过去，并且正在把它们推向不确定的未来，然而这一点并不容易实现。为把文化观念引入景观保护，我们也不得不把它的概念和方法范畴从自然科学扩大到人文科学领域，从严格的生物生态问题扩大到更为复杂的人类生态学问题。

本文试图将整体性的景观生态系统方法扩展到与文化景观密切相关的有序性、复杂性、跨学科性等新视角，来扩大景观生态学的范畴。从这些概念性问题出发，将产生综合而动态的保护对策和实例——主要在地中海地区——这里广泛存在着几乎所有类型的文化景观。

5.2 景观生态学作为跨学科性科学的基本前提

5.2.1 自然与文化的整体性系统方法

世界著名的近代理论物理学家 Bohm（1980）在他关于自然整体观的重要论著中，清楚地辨析了破碎化趋势的深层原因，分析了为什么我们要把现实中完整的个体分解得支离破碎。目前主流的人地关系观点，以及严格排他的要么以生物为中心、要么以人类为中心的学派分歧，都恰恰说明了这种学科分立的趋势。在处理环境问题时，知识分子、专业人员、研究人员各行其道，也引发了灾难性的后果。

我们已经尝试过在概念层次上克服这些问题，在一般系统论、等级理论、生态控制论，以及其他的新出现的被称为是"整体与复杂性的科学"的帮助下，为景观生态学提供一个整体的和跨学科的基础（Naveh，1982；Naveh and lieberman，1994）。这种整体景观范式在文化景观背景中已经有进一步的说明（Naveh，1990b），这里只做简单陈述。

一般系统论及其当代思想都被认为是一种跨学科的、涵盖不同理论的整体性世界观，它能帮助克服"两种文化"间的学术与专业障碍，并且把规范的数量化方法与定性描述方法联系起来（Grinker，1976）。其基本范式是把自然当做由多层次开放系统组成的、具等级结构的有序整体。在这个自然等级中，每个较高的层次会以新的特性来组织其下面的层次。这个较高的层次表现出"低频行为"，它在空间上较大或时间上较久，并因此成为较低层次的背景。

根据整体性系统科学的最新发展，宇宙、物质、生命、人类和意识的演化应当被理解为一个相互作用的"格式塔（gestalt）"系统的有序复杂体。在这个格式塔中，就像一首交响乐，每个部分都必然与其他部分相联系，且所有的部分结合在一起，组成一个不可简化的整体，它被 Erwin Laszlo (1987) 称之为"进化的大协调（the grand synthesis of evolution）"，而另一位伟大的近代系统思想家和规划者 Erich Jantsch (1980) 则把它描述为"自组织宇宙的进化（the evolution of the self-organizing universe）"。

从这个世界观来看，地球上生物和生态水平上的生命都可被认为是宏观宇宙中的微观等级，此宏观宇宙的范围从时空域、能量连续体、夸克，变化到天文实体——行星、恒星、星团、银河系及星团（Laszlo, 1972）。

这个生态等级由活的有机体及其环境组成，作为生态系统一部分而共同起作用。同样地，它们（的功能）超过其生态和自然组分以及物质和能量流的总数，因为它们的相互作用创造了新的、结构与功能的系统特性。与一堆零散的碎石和沙的混合物相比较，它们是具有更多维度的时空有序整体。这些系统一般被定义为生态系统，且被大多数系统生态学家认为是生态等级中高于组织和种群的最高层次（O'Neill et al., 1986）。但是，这个等级组织是建立在把人类仅当做外部干扰因素的自然生态系统观念基础之上的。最近在全球生态等级中流行着一种更现实的观念，它认为由人类改造和管理的文化的半自然景观及农业景观，显然是整个全球范围内开放景观中最大的组成部分，甚至连所剩无几的自然和近自然景观也直接或间接地受到人类影响而逐年快速萎缩，它们的命运——和地球上其他土地和海洋景观一样——是好是坏几乎完全在于人类社会的决策和行动，因此，我们必须要把人类及其社会文化维置于生态系统之上，把它作为全球生态等级中最高的生物-地理-人类层次。在这个层次上，人类及其环境整体被认为是地球上最高等级的协同进化的生态实体。根据早期倡导整体性的著名生态学家 Frank Egler (1974) 的观点，我们建议称这个层次为整体人类生态系统（Naveh, 1982; Naveh and Lieberman, 1994）。

5.2.2 生态等级中景观的定位

最早关于景观的科学和整体的定义，是由 200 年前伟大的地理学家洪堡提出来的，认为景观是"某个区域的所有特征"。之后，景观生态学之父、德国生物地理学家特罗尔（Troll, 1971）把景观定义为"全部的自然与人类生存的空间"，我们可以把景观看做是这个整体人类生态系统中**具体的、有时空限制的、三维的实体**。

为充分理解景观的独特性，我们必须清楚地区分作为混合的自然文化交互系统的景观和作为功能单元的生态系统。关于这一点，Allen 和 Hoekstra (1992) 在他们的一本有关生态等级的书中已有讨论。他们指出，**作为功能单**

元的生态系统是在空间中扩散的，而且是没有具体形态的。另一方面，景观是**具体的，是所有有机体——包括人类——及其种群、群落和生态系统的生境和基质**。因此景观是整体人类生态系统中具有不同尺度的具体的生态地理系统和有序整体或"格式塔"系统。这些尺度、功能和空间范围必须要以它们自己的规则来进行研究和管理。同样地，它们不仅仅是具有空间异质性的区域和生态系统的重复格局。它们的范围可从作为**最小绘图单元的生态区**延伸到作为**最大的全球整体人类生态系统景观的生态圈**。生态区主要被欧洲景观生态学家用作景观研究（Leser，1991；Zonneveld，1995）的基本单位，并且也被认为是某生态系统的真实立地（Haber，1990a）。与美国景观生态学家通常使用的模糊概念"斑块"相比，立地是一个定义更为严格的概念。

从景观保护的适宜对策的发展来说，以往对自然与文化景观之间的区别是不够的，因为它没有考虑到文化生态圈与技术圈景观间的基本功能差异。这些（差异），包括它们从太阳能或化石能的能量输入，它们的活有机体，它们受自然与人类信息的控制程度，以及它们的自组织和再生能力。因此我们必须区分下面的人类－生态系统景观等级及其生态区之间的不同：

（1）**自然和近自然生物圈生态区**，或简称生物生态区，由太阳能及其生物能转化所驱动，并且受自然、生物、物理和化学信息所控制。

（2）**人类改造的半自然和传统的农－林－牧业生态区**，它们也是太阳能驱动，但又受文化与自然信息的共同控制。因此它们可全部被认为是文化生物圈景观。它们也包括不使用化学肥料、除草剂和农药管理的有机农业系统，以及那些可进一步发展的可再生系统，它们是在人类文化和新技术输入的帮助下，通过利用自然生态圈的物质或能量转化、分配、过滤、吸收、存储功能以及人类思想来实现的。这些和上文提到的生物圈景观一起，应该成为我们未来的生命支持系统。

像所有的自然演化系统一样，自然景观和一定范围内所有其他文化生物圈景观，包括传统农业和乡村景观，都以一种一致的方式进行自组织，通过一个连续的自我更新、自我调控或自我创新（autopoeisis，从希腊语"自我创造"转化而来）过程来维持它们的结构整体性。

（3）集中的工农业生态区，尽管它们的生产力依赖于太阳能光合作用的转化，但其能量主要来源于大量的化石能，并且自然控制几乎完全被大量的化学物质输入和人类农业技术信息所取代。这些景观因此已经失去了所有自组织特性，且不能再被认为是真正的文化生物圈景观。它们更接近于文化技术圈景观，且对环境产生负面影响。

（4）城市工业技术圈生态区及其技术生态系统，以及技术产品，如高速公路、桥梁、矿区、采石场及电线，这些都是人造的，并且受化石能、核能以及由太阳能通过技术转化而成的燃料所驱动。这些完全人造的文化技术圈景观都完全失去了自组织和再生能力，导致熵的高输出、浪费和对残存的开放景观及其生物生产力和生态多样性及稳定性的污染和破坏（Naveh，1987）。

如图4.5所示，这种分类是生物圈一极到技术圈一极的一种功能生态区序列，自然要素、功能和控制作用越来越强地被文化、人工技术及其产品所取代。

所有这些生态区在空间上是相互交错的，但结构和功能上没有整合成一个持续的生态圈系统，因为在生物圈景观中，很大程度上是不利的工农业和城市工业技术圈景观占绝对优势，这就是当今全球环境危机的主要原因之一。

在乡村景观中实现这些是值得的，就像英国等地区给我们展示的乡村管理的成功范例一样，通过合理的、整体的和动态的景观规划和管理，这些敌对关系可相互转变为有益的、甚至是共生的关系（Green，1985；Lucas，1992）。但是，正如Mansvelt和Mulder（1993）所说，未来长期可持续的农村发展的前提是，基于国际有机农业运动联盟所制定的原则，用更加丰富多样和平衡的区域农业系统取代高度集约的产业化农业系统。后工业化时代的"新技术"景观，与有机农业系统甚至再生系统（Lyle，1994）的功能一样，可以担当解决生态危机的重要角色。它们是人与自然之间新的、控制论的共生关系最好的例子。

5.2.3 文化生物圈景观的跨学科特性

从整体系统观中出现的景观和景观生态学的跨学科思想，最近在环境教育背景下得到了进一步详细阐述（Naveh，1995a）。它可以采用维度方法来解释，该方法由近代杰出的精神治疗师和分析治疗的创始人Victor Frankl（1976）提出。他用三维体映射为较低级的二维体做比方，来证明通过这种降维映射，使人类自然及其内在的，具有自我超越能力的，开放的独特多维整体被简化成"只是生物或心理的反应"。因此，如图3.2所示，如果我们把一个水杯当做一个不具有三维空间，而只是一个敞开的圆柱，映射成轮廓封闭的二维平面或者轮廓的侧面，我们就只能得到一个圆形或矩形。如果我们不考虑景观独特的多维整体性，而把格式塔系统映射成较低级的"地质的、生物物理的、美学的、或社会经济学的维度"，来处理生物学、地理学、一般自然科学，以及艺术与人文科学方面特有的问题，类似的问题会同样存在。在每一种情况下，我们都会失去作为自组织的格式塔系统所固有的自超越性和开放性，以及独特的多维特性。

5.2.4 更高层次的、超越笛卡儿机械论秩序的景观

在最近出现的令人兴奋的关于整体性和秩序理念的新观点和理论中，Bohm（1980）与Bohm和Peat（1987）的理论与我们的讨论有密切关系。

Bohm（1980）提出，现代物理学特别是在量子领域的理论已经为认识更远、更丰富、更微小和更高级层次的秩序开拓了道路，并将建立在笛卡儿机械论基础上的较低等级的秩序组织到更高层次。这些是隐含的或称折叠的秩序（implicate or folded order），并且其折叠过程与整体性密切联系。他提出了一种完全不同的基本要素联系方式：在折叠秩序中，空间和时间不再是决定不同要素依赖或独立关系的主导因素。因而，我们通常的关于时间和空间的认识，以及独立存在的物质微粒，被抽象为源自更深层次的秩序。这些通常的认识，被他称为"显性的或揭开的"秩序（explicate or unfolded order），是包含在所有隐含秩序里的一种共性，是一种特殊而显著的形式。因此，任何要素自身都隐含着宇宙物质的整体——即生命和意识。

Bohm 与 Peat（1987）已将这个整体性范式进行了发展。他们认为隐含秩序是生发性秩序（generative order）的一个特例。这种秩序不关注发展与演化的外在方面，即那些演替序列，而是以一种较深层次的内在秩序，创造性地体现为事物的外在形式。他们指出，这种秩序与自然、意识以及创造性地感知和理解自然有根本的联系。他们认为，隐含秩序是由超隐含秩序组织的，为一个更广范围和更高层次的隐含秩序开辟了道路，这种隐含秩序是一个非常丰富而微妙的生发性秩序。因此他们在意识方面形成了一整套全新的观点，即生发的和隐含的秩序，这给自然、思维和社会带来了曙光，也为一种对话打开了一扇门，用他们自己的话来说，就是"人类与所有领域的关系，都需要打破原有的秩序"（Bohm and Peat，1987）。

在文化景观的背景下，这意味着只要我们"解放已熟知的、僵化的秩序思想，就可以感知隐藏在简单规律性和随机性背后的新秩序。随着背景的变化，分类体系也会发生变化"（Bohm and Peat，1987，p115），从而获得更进一步的关于景观整体性的见解。

如果我们不把景观看做是传统的阿基米得几何学所描述的具有规则空间结构的镶嵌体（Forman and Godron，1986；Forman，1995），而是把它作为具有自超越能力的自然与文化格式塔系统，这种背景的改变就会发生。这些都根植于由人类思维、意识和创造性起着重要作用的、微妙的、生发性的和隐含的等级结构中。对这种微妙秩序的认识在景观生态学中已经出现，主要是应用了Mandelbrot（1982）所创立的分形几何和分维方法。分形（fractals）是存在自相似几何规则之下的生发性秩序。作为研究有序景观复杂性和多尺度动态过程的一种创新方法，它可对景观特征的形状和纹理特征进行量化，并对景观的多尺度动态过程进行预测。分维加强了我们对不同时空尺度上地理、生物和人类因素以及生物多样性和生态多样性之间复杂的相互作用的理解，这将在下文中进行讨论（又见 Burrough，1981；Milne，1991；Allen and Hoekstar，1992；等等）。

5.2.5 模糊逻辑学与文化景观

在这种背景下,近期最具前景的人工智能的进步,是基于模糊集和逻辑学的数学理论方面的计算机应用程序的发展(Zadeh,1965;Kosko,1993)。与通常所接受的亚里士多德二元论事物的完全正确或错误、美丽或丑陋、健康或病态相比较,模糊逻辑学是多元的,使用"近似推理(approximate reasoning)"方法,且认为事物的真与假都不是绝对的。在数学术语中,这意味着不是在"明确的"集合中两个因素的二元选择,而是在模糊集中,超过两个以上的因素会被使用,且赋以权重。结果,一个确定的集合只能用它的特征函数来描述:如果 x 是 M 的一个要素,则 $f(x) = 1$;如果 x 不是 M 的要素,$f(x) = 0$。相反,一个模糊集合可通过一个具有通用性的特征函数来描述,即如果 x 是 M 的一个要素,那么 $0 < f(x) < 1$。

应用这种模糊逻辑作为模糊集合,我们可以达到如下目标,即用精确的、可操作的自然语言来表达这些参数。它也使我们能够以数学的模糊集合形式获得定性的、美学的、历史的和其他的软文化景观价值,并把它们当做常规数字而以数学方式定量地处理它们(Negoita,1985)。这具有重要的实践意义,因为这些价值从其本质上看是模糊的,并且它们的评价必须基于由高到低的主观的近似推理。模糊逻辑已经广泛地应用到从地铁到洗碗机的商业工程和控制系统中。在近期的复杂生态和社会经济系统管理中,最重要的发展是模糊逻辑和神经网络在专家系统中的结合(Kosko,1993)。景观生态学研究中也已有运用模糊评价的开端(Burrough et al.,1992;Syrbe,1996;Steinhardt,1998)。李百炼(Li,1993)强调模糊逻辑学在处理生态学不确定性方面的价值。当我们处理由人类土地利用和文化所影响和改变的人工景观时,这些是非常有用的。

总之,模糊逻辑学为整合数据、语言描述和专家经验提供了系统框架,为处理含糊的和定性的变量,如景观异质性,以及作为生态多样性和美学的综合体的文化多样性提供了新手段。因此,它极大地增强了跨学科统一的前景,并为复杂的生态、文化和社会经济的景观生态信息定量及定性的有效整合开辟了道路。以上所述对所有的景观价值的整体评价和优先保护是至关重要的,而这些是规划者、研究者和专家在土地利用中必须向决策者建议的。

5.3 景观演化与感知的文化方面

5.3.1 文化景观——自然与思维的有形结合点

文化指任何社会的所有生活方式,它是一个如此复杂的概念,以至于没有哪个单独的定义可以完全正确地描述它。1949 年，加利福尼亚人类学家 Kroeber 和 Kluckholm（1949）从英美文献中搜集到 150 多条定义，但现在可以找到更多相关的定义。这些被人类学家、社会学家、人类地理学家和哲学家所应用的文化的定义和方法，在 1981 年出版的《美国遗产词典》中被很好地归纳为：

"文化是社会传播的行为模式、艺术、宗教、信仰、制度和其他一切人类劳动和思维的产品，是一个群体或人群的特征的总称"。

在本质上，文化是人类区别于其他动物的特征。它是我们独特的"符号化"的思维能力的结果，也就是指定事物和事件的特定含义，这仅从感觉上是无法领会的。从系统论观点看，这种能力是智慧圈（希腊语 noos = mind）的产物，也就是人类思维和意识的产物。从智慧圈的整体性和它与生物圈和地圈之间的相互作用上来说，智慧圈可以被认为是生命之外的一个自然体。它是人类大脑皮层进化的结果，和现代人巨大的脑容量有关。而现代人已经成为重要的地貌因素，在景观的建设和破坏方面都起着作用。

在"自组织宇宙"的研究中，Jantsch（1980）详细总结了从爬行动物大脑到古代哺乳动物大脑，最后到人类新时代哺乳动物大脑的演化过程，获得了将外部世界创造性地转化为抽象思维的能力。他称这些神经意识的活动为"思维活动（mentation）"，这种自我反思的心理活动，不仅包括内心世界，还有外部世界，并且以符号表达为发展的最高层次。

换言之，作为文化人类的我们，不仅生活在土地和水系的三维物理－地理空间中，而且也生活在概念的思维空间中。这是我们的感情、想象、理解、感知和概念的王国。

另一个重要的文化进化的解释由 Laszlo（1987）提出，认为文化进化是前文提到的宇宙和地球生命"大协调（grand synthesis）"的生物和社会进化中不可分割的一部分。他认为文化包括所有人类行为的典型特征，例如，不仅是科学、艺术和宗教这样的"高层文化"，也包括属于集体的社会全体成员的基本信息库。同样地，它包括记录重要制度和在很大程度上决定社会稳定性的规则的总和。他写道：

社会进化动态关注文化的、信息库集合的进步而不连续的发展。正如生物进化过程作用于真正的有机体但选择基因信息库一样，历史进程作用于真正的社会，但它们选择文化信息库。因此，这是"文化进化"一词的更深含义（Laszlo, 1987, p105）。

在 Laszlo（1994）较近的论著中，他描述了从工业社会到后工业社会，再到全球信息化时代的"大转变"。全球信息化时代是我们文化进化的一个关键时期，在这个时代，地球的生存将由我们在"灭绝与进化"中的选择来决定。他认为人类社会文化进化的主要阶段是不断前进的较高的组织层次，它通过信息库的选择，由广泛接受的基本的科技革新所驱动。通过获得一个在日益复杂结构中具有可能性的新范围，这个突然出现的更高级别的组织层次在结构上具有更多的可能性和更高的复杂性，由不稳定的转变或分支而获得。如今，新型信息和通信技术的采用使这一过程达到了全球化水平，如图 3.1 所示。

我们的文化景观同时也由这些分支点通过文化演化过程及其所产生的自然与社会经济环境之间的相互作用来塑造。它们包含在自然环境的生物圈-地理圈空间与人类意识的智力空间之间的准协同进化过程之中。根据 Bohm (1980) 的观点，我们可以假设，显性的秩序同时从较深的、内在的、隐含的秩序中展开。在这个过程中，生物和文化信息被选择并利用于技术进步，如食品生产、居住和其他生活环境的改善。在进化系统术语中，所有人类居住的、可利用的和/或改造过的景观，都可成为自然与思维之间有形的结合点。

以地中海盆地作为文化景观演化的一个例子，就像以色列的 Mt. Carmel 一样，这种协同进化过程可假设为是自然环境与智力圈进化过程间密切相互作用的结果，从旧石器时代的食物采集者到五十多万年前中世纪的捕猎者。在这个互为因果的相互反馈关系中，火扮演了一个主要的驱动力角色（Naveh，1984a；Naveh，1989a；Naveh and Lieberman，1994）。

后更新世以来，日益增长的人类自我反思能力丰富了文化信息库，并且因此而增强了社会组织性和更复杂工具的发明以及更有效地利用火和太阳能来采集和猎取食物，并最终驯养动物和植物。这导致巨大的文化飞跃和科技转变，即所谓的新石器时代的农业革命。从大约 10 000 年前的早全新世开始，地中海的农林牧业逐渐把大部分未被破坏的森林景观转变成半自然景观和农林牧景观。在不同历史时期，传统的、细致的和多样的地中海山地乡村景观不断演化着。在这里，裸岩、不宜耕种的林地、马基灌丛、处于不同恢复和退化阶段的草地、梯田、葡萄园、橄榄园、果园、散布的村庄和小城镇纵横交织成镶嵌景观。然而，自从工业革命以后，尤其是第二次世界大战以来，这些文化生物圈景观逐渐被工农业和城市工业技术圈景观所取代，并且正在遭受剧烈的退化，导致生物和文化的枯竭。

从工业社会到后工业社会的传统转变，将导致我们全球文化景观的进一步退化和不稳定，并由此导致全球性灭绝，还是导致生物和文化演化到较高级的可持续组织层次，将完全取决于人类社会对新信息技术的利用方式。

5.3.2 环境与景观的文化认知

不仅文化影响塑造了我们的景观，我们对景观的看法也是文化的产品，并且这种互惠互利的关系反过来影响着我们与这些景观的联系并决定着它们的命运。这些相互作用在其他地方已经详细讨论过（Naveh，1995b），这里我们只讨论一些与之紧密相关的方面。

作为可感知的时空限定的实体,景观可以由我们的感官感知。感知并不仅取决于眼睛和耳朵的生理细节,还依赖于在更大范围内的思维总体特性的背景下,以一种特殊的方式来了解物体。它在帮助选择和给出所见事物的形式方面扮演着重要角色。因此感官感知主要由思维和身体的整体特性来确定。但反过来,这种整体特性又与整个文化以及个人、群体的社会地位密切相关。

因而,对地中海地区的野火而言,开放景观的命运很大程度上取决于不同人群对野火的不同文化景观感知方式,以及农民、林务员、牧场主、猎人、自然爱好者、土地投机商、纵火犯等对同一生态现象所采取的行动。这就需要景观生态学家在没有任何先入之见的情况下来研究这些大火及其影响,就像研究其他任何生态因素一样,并且需选择恰当的时空及概念尺度(Naveh, 1989a)。

美国景观生态学家和规划师 Joan Nassauer(1992)提供了美国在景观感知及其对环境政策影响的方面的文化冲突典型案例。美国很多自然爱好者所认同的"自然"就非常有代表性,在这个"自然"里没有人类的参与,而是"美丽"和"健康"的生态系统,并且是没有遭到人类践踏的"纯洁景观"。这种景观在美国的任何地方(或其他地区)都不存在,并且这些特征是狭隘的主观臆想的结果,超出任何现实的科学背景。她建议使用当地文化概念来表述景观之美,并作为景观认知的标准语言。景观的外貌,从野生生物保护区到小环境斑块,都应该进行管理,以示它们没有被遗弃或简单地待开发,而是在它们存在的背后,总有人们的支持。

美国文化地理学家 Yi-Fu Tuan(1974)区分了感官对外部刺激反应的感知与暗含了经验、价值和世界观的文化形态的、有目的活动、态度的感知间的差别。这些代表了概念化的经验——它们部分是个人的而主要是社会的——以及态度或信仰体系。这三者与环境的相互作用,决定了他所称作的 topophilia(恋地情节)——人与地方或环境间的情感纽带,或者,用《景观生态学》杂志前主编 Frank Golley(1990)的话说,就是"对景观的热爱"。

Tuan 的许多启发性例子都是从非文字性的传统文化和现代城市文化两方面来描述的。它们显示出巨大的复杂性和多样性,以及在美国文化中对野生生物、乡村和城市等态度的变化。他用平实的语言总结了自己的观点:

人类一直坚持不懈地寻找理想环境。不管表面上看来有多么不同的两种文化,本质上都是追求两种截然不同的景象:纯洁的花园和宇宙。地球上的果实提供安全保障,如同星星让人感觉和谐与庄严。因此我们从一地移动到另一地:从猴面包树的阴影到天宇的美妙圆形;从家里到公共广场,从郊外到城市;从海滨度假到欣赏精致的艺术品,寻找一个不属于这个世界的平衡点。(Tuan, 1974, p248)。

在这方面,加拿大生态学家 Pierre Dansereau(1975)提供了一个文化景观感知的重要而深刻的分析。他认为人类-景观的关系是循环的,甚至是控制性的"内在特性-景观"的相互作用,在这种相互作用中,有一个从自然到人的向内过滤,还有一个从无意识到有意识以及在规划管理中从感知到设计执行的向外过滤。

与我们的讨论关系很大的是人类生态学者 Rappaport（1979）的著作,他认为当我们的信仰、知识和认知模型的目标被过滤,以及把它们的现实结构和功能当做可操作模型时,我们对自然和景观之间的文化印象就会产生差异。他坚信,我们"发达"社会的认知模型的文化形象只受可持续性经济增长的参考价值所控制。Meadows 等（1992）在动态全球系统模型的帮助下,发现:由于主导价值持续的数量增长并伴随着无约束的人口增长,而不是伴随着可持续的质的增长,我们的地球空间已经达到了增长的极限并且接近全球崩溃的边缘。

在这样一个"现代"模型中,"假设经济上是合理的",一个森林生态系统,仅由三种要素组成:即可利用的"资源",无法利用的中性要素,和那些所谓的害虫、对抗者或竞争者。现在,当把这种"经济合理性模型"应用到少数仍然保留着传统认知模式的土著文化时,比如亚马孙的印第安人和东非的尼罗-含米特牧民,我们就破坏了那里的资源,同时也破坏了他们的文化。

这些方法大多植根于康德（Kant）提出的事物判别方法,即"事物被感知的样子……就是它们的样子"。这成为第一次世界大战后德国现象学方法的哲学基础,这种方法由赫胥黎（Husserl）提出,并被海德格尔（Heidegger）所发展,后又被法国的梅洛-庞蒂（Merleau-Ponty）进一步发展。与对自然科学影响非常大的笛卡儿机械论观点相比较,这些现象学哲学家建立了一整套不同的看待事物、人类自身与世界和自然关系的方法。如 Steiner（1978）曾引用的,海德格尔改变了笛卡儿"我思故我在"的论断,认为"我关心,故我在"。

Allesch（1990）在一个有关景观文化方面的会议上指出,现象学方法,特别是梅洛-庞蒂（Merleau-Ponty, 1962）的感知现象学,已经被环境心理学家所采纳,用来批判流行的行为科学中关于人类内在状况破碎化和客观化的倾向。Allesch 指出,美籍德国精神病学家 Erwin Straus 将抽象的地理空间和感知的景观空间区分开来,认为二者不能用刺激结构来解释,而只能用特殊的人类体验方式来解释。这种经验已经消失在现代休闲文化之中,我们对自然的体验变成了计划周密的短期假日长途飞行。"我们的生活越是被技术所控制,我们就越发向往景观,也就越发努力地去重新获取它——奇怪的是——恰恰又是通过这种技术"（Straus, 1963, p12）。

Allesch 总结说,行为科学不应该研究景观现象所存在的地理抽象空间,而应该研究它产生的地方：即 Erwin Straus 在他的感知现象学中所指的基本感官世界。值得一提的是,现象学方法最近也被 Pedroli（1989）引进到荷兰东部 Brabant 的一项景观生态学研究中。他宣称，仅凭经验主义的客观性将永远不会触及景观的整体属性，即它不是简单的部分之和。因此，为解决作为整体的景观的自然属性问题，研究者必须在思想上重新认识景观的实质，通过不同水平上的观察，从对景观现象的系统调查中推导结论。

Merteau-Ponty（1962）提出的现象学及其存在主义的世界观显然也影响到了加拿大环境学家 Neil Evernden（1985），他对人与自然关系中的经济和功利原因提出了激烈的反对意见。他非常反对基于"客观"科学生态学的环境管理。他认为生态学能帮助我们管理自然资源，即将一种特殊的景观改变成资源的过程，但它不挑战资源概念（resourcism）本身。它是基于"具体化"的流行趋势——即个人、地方或想法变成一件事物。

类似的生物中心思想也被"深度生态学（deep ecology）"运动（Devall and Sessions，1985）的追随者及其学术领袖挪威环境哲学家 Arne Naess（Naess，1986；Naess and Rothenberg，1989）所主张。他们拒绝以人类为中心的零碎的环境改良，而要求基于更规范的"生态伦理学（ecosophy）"文化，制定更长远的环境政策，或建立道德基础与实际需要相结合的"家族智慧（wisdom of the household）"。

Everden（1985）也指出，实际上人类社会与自然之间，迫切需要一种新的、后工业化社会的妥协，甚至共生（Naveh and Liberman，1994）。在这点上——按照伟大的犹太文化哲学家和教育家 Martin Buber（1970）的观点——目前我们与自然间畸形的我-它（I-IT）关系（因此也包括我们与生物圈景观的关系）应转变成一种新的对等的我-你（I-YOU）关系。这些关系的一个重要部分是不仅从自然的，而且从文化景观及它们的娱乐和美学价值中获得自超越的、开放性的精神经验。这些远远不能用金钱来衡量，并且远多于对人造艺术品美学价值的补偿。因此，生物圈中所有的自然和文化景观都不应仅看做是我们物质满足的来源，还应该把它们看做是我们获得启迪和享受的来源，正如 Roszak（1992）在一个生态心理学研究中所提出的那样——也要把它们看做是精神健康的重要来源。

耶鲁大学林业和环境研究学院的社会学家 Stephen Kellert（1996）通过比较美国、德国、日本及几个发展中国家的人们对 9 个基本价值的态度及人的感情和信仰，阐释了"热爱生命的天性"的文化根源，即进化深深地根植于对野生动物和自然密切联系的需要。这些价值包括动物和自然的美学吸引力；征服和控制野生动物的兴趣；理解有机体及其生境的生态功能的生态和科学倾向；与动物结合在一起的人文情感和情绪；对自然界伦理关系的道德关注；与野生动物和户外事物接触的自然兴趣；在交流和思考中使用动物和自然符号；功利性地利用野生动物和自然的倾向；出于恐惧、厌恶或不认同等原因对动物和自然环境的消极回避。他（Stephen Kellert）得出了一个较为乐观的结论，即西方、东方、工业国家、发展中国家以及狩猎采集社会的文化传统都拥有相当多的理解和关心自然与生物多样性的要素。他对生物多样性保护的一些实际行动在广义上与本书所提的生态多样性与景观保护非常一致。他认为生物多样性管理需要新的观念，这些观念是人类在有限的自身体验之外得到的，其中包含人类既是演化的产物，又是演化的创造者这一观点。他特别强调了环境教育和伦理方面的重要性。

5.4 生物圈景观及其生态多样性的动态保护

5.4.1 需要一个平衡的以生态为中心的方法和更好的交流工具

从这个讨论得到的一个重要结论是：为达此目的，我们需要一个比 Evernden（1985）和某些"资深生态学家们"所使用的方法更加平衡且脚踏实地的方法。这种方法既不应由自大的、目光短浅的以人为中心的功利主义观点所指引，也不应由片面的、乌托邦式的以生物为中心的平均主义观点所指引，而应由一个平衡的以生态为中心的和跨学科的自然与文化观点所指引。为确保健康的、多样的和吸引人的自然文化生物圈景观，最大限度地具有总体景观生态多样性和可持续性，需要一种软的、非经济性的、丰富的无形价值，与硬的货币化景观价值的最优化，从而提供综合的、生物的、生态的、文化的和社会经济的服务。

只有当环境的成本/效益计算和土地利用决策中的狭隘而短视的货币评价被更广泛的、软硬价值兼具的生态社会经济功能评价取代时，上述综合服务价值才能够实现。最近，De Groot（1992）提出了这种功能评价的一个实用工具，其最大特点是考虑了一种新的综合领域——生态经济学，着眼于实现生态和经济的可持续发展（Costanza，1996）。因此，与景观生态学一样，它也有个跨学科的目标。

莱比锡应用景观生态环境研究所下属的未来区域模型工作研究组，首次将健康的、吸引人的景观与持续经济发展两方面成功地结合在一起。这个跨学科小组在著名的景观生态学家和系统科学家的领导下，已在德国北部靠近 Lüneberger Heide 的一个小镇成功开展了生态、文化和社会经济复兴研究，该镇曾一直被失业问题所困扰。这个项目的概念基础——和目前已开展研究的其他地区一样——是一个综合的跨学科的"整体人类生态系统"的框架。其目的是要促进人类、经济与生态间的协调发展。在这个案例中，需要协调的目标就是乡镇居民、当地经济（提供新的就业机会和电脑技能）和退化的森林、湿地及河道景观的恢复（使城市更加具有娱乐和旅游方面的吸引力）。要做到这一点，需要深入群众及其政治决策者当中，并结合先进而动态的整体系统和仿真模型来实现。城市周边经济和景观的复兴得到了当地居民和市长的热情参与，也得到了地方企业的积极支持（Grossmann et al.，1997a）。

如上所述，实现这些目标的另一个重要方法要归功于上文中描述的模糊逻辑及其先进的计算机模型的应用。不过，这样一种平衡的、综合的景观规划和管理政策的最终成功，依赖于人们在持续利用、保护和恢复过程中对这些景观价值及其生态多样性的意识，对其未来的关心以及实际参与动机等方面。这种从盛行的片面的功利性开发观念和态度的文化转变，是迈向急需的后工业化环境革命的重要一步。最重要的是，它需要一个教育过程，并且普及到对所有关心景观、依赖景观生存、并在所有决策制定水平上处理土地利用的人们。为了这个目的，需要建立一种更有效的交流工具，以便消除学者、专家、重视保护和恢复的生态学家、重视生产的林政人员、农学家、经济学家，以及所有专家和普通群众之间的鸿沟。

这些交流工具要能把"语义"上的科学信息（用单词和图形表达）转换成"实际的"可用信息以引导真正的保护行动。这种信息，结合创新性实践，通过接收者的反馈，将变得更有意义。换句话说，这些工具能提供实际的、实时的关于景观及其生态多样性现状的信息。这些信息通过实地调查、遥感、动态地理信息系统来收集，后者是利用模糊系统和专家系统的人工智能、仿真模型和其他先进的景观生态学方法实现的，这些方法都已在上文提到的 Grossmann 等（1997a）的研究中得到了运用。这些信息将作为"证明"，同时，也将为这些景观的发展提供规划和预测工具，并因此引入了新的信息。这些实际信息对创新性的景观保护和维持演化的发展战略的实施是非常重要的，从而确保自然文化生物圈景观在后工业化的全球信息时代可持续发展。

这种提供实际信息的创新工具已被 Naveh（1993）、Naveh 和 Lieberman（1994）在保护和恢复濒危的高价值景观的"红皮书"（后来称绿皮书）中提出。它们应该用清晰的非专业术语和丰富的地图来介绍，不仅包括威胁自然、文化资产、风景、经济价值的近期有害变化，还要提出基于总体景观规划和动态保护管理的可选择的、可持续的土地利用对策。通过这种途径，可以帮助改变政府官员和决策者的态度，并为综合的、持续的、多效益的土地利用和管理提供实际指导。这类绿皮书的第一个案例是由 IUCN-CESP 工作组发起的"景观生态及其保护"项目，并在欧盟支持下在西克利特岛上实施，它的一些效果将在简要讨论文化生物圈景观的动态非平衡特性后介绍。

5.4.2 扰动-依赖型半自然景观中人工维持的动态流平衡

正如 Birks 等（1988）所描述的那样，欧洲所谓的"自然"景观实际上是早期土地利用类型的遗迹，因而它们代表的是不同等级的人工改造景观或文化景观。它们是通过许多粗放的方法维持的，并且在利益降低时被废弃，或者转为其他更经济的利用方式。大部分情况下，一个多样性较低的"潜在自然植被"形成了，还被冠以"顶极"的称呼，误导人们认为这就是一种能保持自我稳定的动态平衡。

因此，这种"未受干扰的和原始的"，因而"自然的"生态系统，应从人类干扰中得到完全地保护，并且能被完全地保留下来的神话，在所有其他大洲也存在。今天，即使是在北极或南极，几乎没有未被人类或轻或重干扰的、或受到人类能量、物质和信息等文化影响的大片土地。因此，这些景观都是"近自然"或"半自然的"。在后者中，"自然"——意味着自然地发生和再生产的生物体——在某种程度上经常被人类所利用，以至于它们甚至依赖这些人为干扰，以及自然界自身的干扰。在地中海地带，这些周期性的人类干扰和主要循环性干扰已经通过有规律的、数世纪的循环放牧、焚烧、砍伐和抚育修剪制度，以及耕作和其他人类土地利用方式而引进。这种抚育修剪和其他干扰与气候的年际和季节波动等自然干扰一起，在不同时空尺度的景观中复合在一起，在乔木、灌木、草本层以及林地、灌丛、草地的文化加工品之间建立了一种人工维持的动态流平衡或内流平衡（Homeorhesis，希腊语，意思是保持流通）（Waddington，1975）。

与稳态平衡系统相比较，这些动态流平衡系统并不返回稳定状态。只要这些周期性干扰保持相似的强度和时间间隔，它们就会沿着同样的轨迹持续下去。这些人为干扰系统因此会获得长期的适应性恢复力和超强的稳定性。

在地中海盆地，这种动态流平衡的长期维护与起伏地形背景中大小斑块的异质性，以及细粒的农牧业土地利用格局一起，形成了上文提到的独特的生态文化景观多样性——或者简言之——导致了地中海高地的生态多样性（Naveh，1991b）。

这种在依赖人类干扰的生态多样性和生物多样性之间的密切的相互依赖在许多研究中已经出现，在以色列和地中海的其他地方，已大大延伸至其他相关的文化生物圈景观管理之中（Naveh，1994a）。这样，在我们所有关于以色列、法国南部和加利福尼亚的研究中，高等植物和动物的物种多样性的获得都是在上述提到的适度抚育修剪持续存在的地方。然而，这些地方不论是压力过大抑或完全没有压力，其结构、物种和区系的多样性都有显著下降（Naveh and Whittaker，1979）。这些发现在北部以色列所有的自然保护区这一较大尺度上也得到了证实（Kaplan，1992，Noy-Meir and Kaplan，1991）。

在地中海的所有国家中，也同世界上许多其他国家一样，由于人类农牧业活动和森林抚育活动的停止，以及从多样而稳定的传统农业向集约型的大尺度产业化农场的快速转变，加上土地荒废和不加选择的松树、桉树的单种种植，这种动态流平衡的打破造成了大面积单调而高度易燃的植被。这就导致草本植物较低的结构和物种多样性——包括许多地方品种和观赏植物——同时也导致整体景观异质性的降低。一般而言，这也伴随着不断增加的火灾。这些问题曾在两次景观生态学术会议中讨论过（Baudry and Bunce，1989；Farina and

Naveh, 1993)。

　　这种动态流平衡及其改变所造成的结果的典型例子，是葡萄牙南部的蒙塔多（Montados）和西班牙西南部德埃萨斯（Dehesas）的广大热带橡树草原，如图 5.1 所示。正如 Pinto-Correia（1993）所描述的那样，在软木橡树常绿阔叶林多利益互补的系统中，橄榄树、软木板栗树、水果树、木材和家畜产品都是每六年就与谷物种植循环一次。这种农牧业系统很好地适应了这些高山地区较低的土壤和气候潜力。通过几十年的最小人类输入的粗放管理，它创造了一个细粒的异质而吸引人的景观，并具有相对较高的生物多样性。同时，它也满足了分散的乡村居民必需的"硬的"经济输出。然而，由于目前作物机械化种植的加强，土地被侵蚀，橡树林受到严重损害，谷物产量过低，土地最终被遗弃，或被用作桉树造林区。在其他地方，由于养猪业和"现代化"经济的废止，土地在越来越大范围内停止了开垦和放牧，结果导致灌木丛的侵入，阻碍了森林的有效利用，使土地荒置。这样来看，集约化和粗放式的土地利用都会威胁到生物和经济上的生产力，还会威胁到这些独特文化景观的生态多样性和稳定性。

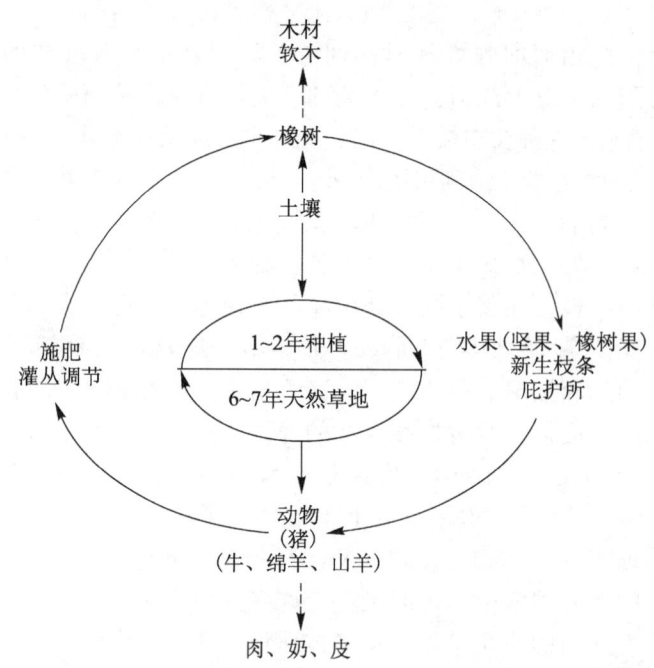

图 5.1　葡萄牙南部蒙塔多景观中的动态土地利用循环（Pinto-Correia，1993）

　　因此，仅仅通过保护措施来应对现代景观的衰退是不够的。景观生态多样性和所有重要的生物、生态、文化和社会经济的功能和价值只有通过宏观和微观的动态流平衡的维持得到保证。这就要求所有自然文化景观过程与格局具有良好控制的连续性、相似性和恢复性。

生态过程保护的必要性（Ricklefs et al.，1984），同样也适用于所有其他半自然的、干扰－依赖型景观，如那些数世纪以来被当地部落和村民所利用的森林、草地和湿地。如东非热带大草原中这种动态流平衡的维持——就像地中海型的灌木丛和林区一样——是通过自然因素和人为因素的综合作用来实现的，也即通过野生动物和家畜的放牧与喂养和气候条件的循环，以及牧民的周期性火烧来维持的。在坦桑尼亚的马萨伊——像在萨哈拉一样，通过外部水源和钻井，这种放牧和喂养循环已被扭曲，从而导致沙漠化，并引致牲畜和人群不断恶化的严重干旱饥荒循环（Naveh，1989b）。

在印度，有些关于放牧和其他传统土地利用的禁令，例如禁止在森林保护区和国家公园采集食物，不仅中断了由这些至关重要的枝叶采集和干扰所维持的动态流平衡，也引起当地居民强烈的、有时候甚至是暴力的反对，因为这些资源是他们的生计所在。印度公共管理研究所研究员 Ashish Kothari（1996）曾报道，很多保护区的管理措施中没有寻求当地居民的合作，或者利用传统知识和文化，而且把他们排除在外，使他们对任何保护措施都非常敌对。著名的 Bharatpur 鸟类保护区是一片栖息着 350 多种鸟类的湿地，1980 年政府决定将其升级并入 Keoladeo 国家公园，由此导致了一系列冲突，其中最恶劣的一次冲突中有 7 个村民被杀死。具有讽刺意义的是，一项长期研究显示，禁令相反地影响了湿地：放牧水牛作为这个生态系统不可分割的一部分，却可以防止湿地变成草地，现在公园管理机构不得不允许当地居民去割草。

另一方面，南美的潘帕斯显然更依赖于周期性洪水的自然干扰，而排水系统和水文"调节"却使其严重扭曲了（C. Ghersa，个人通信）。美国黄石公园的大火，是由于长期的自然火循环的中断，以及加利福尼亚丛林（Chaparral）中日益增加的频繁的破坏力所导致的，它为中断自然或人为动态流平衡的灾难性后果提供了丰富证据，这种后果要么是由于过重的"现代"人类影响，要么是由于他们完全放弃所导致的。

5.4.3 《西克利特岛绿色丛书》研究中生态多样性保护的一些体会

前文提到的 IUCN 工作小组启动的《西克利特岛绿色丛书》中案例研究的结果，已证实了这些发现的绝大部分。最重要的，它为生物多样性和文化多样性之间的相互依赖提供了强有力的证据，也证明了为保护两者而实行动态景观管理的紧迫性。其可操作性的建议可以作为我们平衡的生态中心论和非常实际的景观生态方法论的一个实例。

在欧盟的支持下，两个多学科科研小组开展了这项研究，这两个小组是由来自剑桥和塞萨洛尼基大学的景观生态学家、自然和文化地理学家、畜牧业、林业及遥感等方面的专家组成。在他们的研究报告基础上（Grove et al.，1993），同样也是精练而图文并茂的《西克利特岛绿色丛书》由克里特小组组长 Vasilios Papanastasis 主持出版。该书已在相关的官方与公众团体中发行。研究区宽达 350 km，从爱琴海到利比亚海横穿西克利特岛，包括白山与著名的撒马利亚峡谷国家公园。这个地区是地中海山地景观中最漂亮、最富饶、最和谐的典范，在这里崎岖的地形与人类活动以及野生动植物的相互作用形成了丰富的文化。不仅本地建筑与梯级城墙，而且古老而巨大的柏树和特有的克利特鹿角榆树（*Zelkova cretica*）都是从罗马、拜占庭、威尼斯及土耳其时代留下的遗产。有些具有浓厚地方特色的园艺植物不仅生长在野外峡谷中，也生长在城堡与教堂周围，村舍和梯田间。因此，吸引人的、美丽的本地物种 *Petromarula pinnata* 及其高大的蓝色穗在威尼斯建筑和乡村教堂中就可以看到，*Verbascum arcturus* 高高地悬挂在洞形礼堂上面，并且从欧马洛斯平原到撒马利亚峡谷国家公园，稀有的榉树、名贵的郁金香随处可见。同样，自从公园建立并受到保护后，当地独有的克利特野山羊——阿格里米（agrimi）的数量也有了可观的增长。

然而，现在这些宝贵资源受到许多严重的威胁，这些威胁不仅来自未受控制的旅游和娱乐业的压力，还来自欧盟支持下集约型农业的发展。为了经济上不一定盈利的橄榄树种植业，大面积地、不加选择地铲平了被茂密灌木所覆盖的陡峭山坡。这些地方都使用化肥和喷洒除草剂、杀虫剂，并且用丑陋的黑塑料管从数百米外、本已过度开采的地下蓄水层中抽水，进行远距离灌溉。它们清楚地显示了由集约而不稳定的现代农业代替持续的传统土地利用及其文化生物圈生境产生的恶果。还有些雄心勃勃的计划，要通过带来生态灾难和经济失衡的灌溉，将景色优美并拥有丰富的生物和文化资源的欧马洛斯平原淹掉。这些地方是撒马利亚公园的缓冲区，根据《西克利特岛绿色丛书》的介绍，它们应包含在公园中或作为生物圈保护区来加以保护。在意大利，也有过类似的武断计划，要淹掉风景优美的具有生物与文化重要意义的托斯卡纳的 Grosseto 平原，后来该计划被阻止了，这要感谢由荷兰、意大利的景观生态学家、土地发展专家组成的科研小组的极力推荐，以及托斯卡纳地方政府的远见（Pedroli et al.，1988）。

撒马利亚峡谷公园（the Samaria Gorge Park）本身就是根据上面提到的错误理念建立起来的，其初衷是建立一个不受任何人为干扰的自然荒野状态的范例，在这里哪怕最少的管理都不应该实行。基于同样的原因，所有原来的传统人类影响都已经被去除。然而，现在每年都会有 25 万左右的观光者通过一条狭窄的步行小道穿过该公园，给公园附近的公路和环境带来极大的压力，尽管他们无法获得观察该公园独特的考古和历史的机会。所有这一切都被忽视了，同时，该公园被一种极易燃烧的松树所入侵，这迟早将导致灾难性火灾的发生。在公园外，古老的 Aya Roumeli 村庄中遗留下来的极好的当地建筑已经衰落，但新村庄中只有丑陋的入侵性建筑。虽然有维持和展现传统克利特社区的独特机会，但其工艺与景观却丧失殆尽了。

《西克利特岛绿色丛书》(Grove et al., 1993)强调指出，当今迅猛而未受控制的土地利用巨变正在威胁着克利特岛的独特性，掠夺着该岛的生物及文化历史遗产，使它"非克利特化"。所有这一切只有通过整合全局的总体计划才能得到改善。这些计划的目的在于环境管理和动态景观保护，在于持续平稳的发展，在于生活质量的提高。

遗憾的是，大多数克利特人对此无动于衷，没有意识到这些不可逆的毁灭正在破坏他们所珍爱的克利特生活方式，这在经济利益被淡忘之后将会长期存在。因此它们的修复有赖于克利特的公众、专家和政府各阶层的极力倡导和教育。《西克利特岛绿色丛书》的编纂与发行是朝这方面努力的第一步。

5.5 讨论与结论

那些同时具有自然与文化价值的景观的独特性，清楚地表明它们不能用那种传统的、机械的、形式的生态学方法进行研究和管理。这些文化景观应被作为生物圈景观的一个特殊层次，从而运用创新的、跨学科的景观生态学和其他方面的综合方法对其进行管理和研究。作为干扰依赖的、非平衡的、但超稳定的系统，它们的结构和功能的动态已经形成了丰富的景观生态多样性。通过自然和文化的过程——过去的保护策略无法保护这一过程的相互循环作用，景观生态多样性在许多情况下得以维持动态流平衡，并在自然保护区域内得以应用。为了这个目标，可以引入以下可能有用的方法：模糊逻辑、分维、景观功能评价等有创新性的定量方法，为保护和恢复受威胁的高价值景观的绿皮书等综合工具，以及这里没有提到的其他方法。

这种文化生物圈景观的保护策略应该由下述认识所指导：生态多样性是生态和文化之间动态相互作用的具体表达，并由生物多样性、生态的微观和宏观异质性、人类土地利用及其文化产品来决定，或丰富或贫化生物多样性和整体景观异质性。

与这些相伴的是积极的、相互强化和自我充实的反馈：生态景观异质性越大，生物多样性的几率就越大，同时，植物、区系和结构的多样性提高了生态异质性。而且反之亦然。所以景观的均质化、破碎化和对资源的掠夺，降低了生物多样性，并进一步降低了景观异质性。详细说明见图2.4。

但是，我们必须认识到，目前，通过生物圈景观保护和持续环境规划来保护生物多样性、生态多样性与生态稳定，必须面对许多强大的来自人口、政治和社会经济的压力。这些压力会像一个不稳定的恶性循环反馈系统那样起作用。它们推动生物多样性、生态多样性和平衡性朝累积性破坏的方向发展，从而加剧景观退化。而且只有健全的景观保护和环境管理才能消除其不利影响，见图5.2。

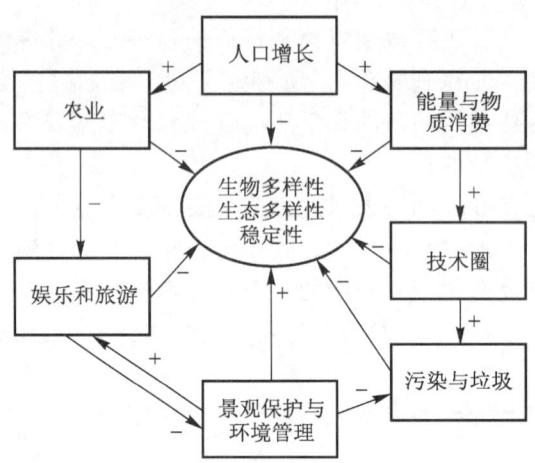

图 5.2　景观保护与环境管理是生物圈景观生物与文化贫乏化与不稳定性的主要抑制力量

　　基于强大的人口、政治和社会经济的压力，我们的环境危机主要是一种文化危机。所以，解决办法不能仅靠科学、技术、政治和经济手段，还应包括我们对生命、自然及其内在价值的欣赏中所表达的文化、精神和道德价值的环境。没有从消费向保护，从无节制的数量增长向可持续的质量改善的根本性转变，这一问题是难以解决的。实质上，这就是后工业化时代的环境革命，正如 Laszlo（1994）所言，在转向全球信息化时代的大过渡时期，为了进化而不是被淘汰，环境革命是我们选择的重要部分。

　　在当前的环境灾难调查分析中，把一切批判都放在现代技术上而沉溺于浪漫的自然根本主义，鼓吹乌托邦式地完全回归到那种不存在也不可能恢复的原始的、不可触摸的自然，是一种危险的文化误导。我们不能否认由我们的自我反思心理所取得的大脑皮层和文化思维的进化，这些不仅赋予我们科学知识和技术力量，也赋予我们生态智慧和意识以控制二者，使得我们在整体人类生态系统的生态等级中处于高级地位。我们不能回到伊甸园式的公园景观，也不能回到人与自然原始的共生状态，我们更不能拯救依然存活于地球上的大量的有机体。但同时，我们也不能以一种傲慢的、无知的、掠夺式的、以人类为中心的态度来继续扩展我们的技术圈景观。

　　在文化进化过程中，人类社会与自然之间急需解决的一些问题，已经有了很多可喜的进展。这一点在处理自然内在的软价值的运动中出现的新的社会标准和道德的进化中已有所体现，同时也体现在土地利用规划与管理的实际决策过程中。如果人类及时接受这种挑战，那么对这种全球环境革命及其实现可能性的亟待认知，将不再仅仅被认为是一些激进环境主义者和资深生态学家乌托邦式的梦想。现在一些杰出的经济学家、管理者、政治决策者以及系统分析家和模型学家都接受了上述观点（Gore, 1992; King and Schneider, 1991;

Meadows et al.，1992；Tolba，1992）。这种环境革命不会由不经意的技术应用所引发，但如果没有革新的、非污染的、节能和再生技术以及它们认真而有效的运用，这种变革也无法实现。

根据最近的社会历史分析（Schmidt，1996），目前存在着日益增长的环境意识，这种意识存在于经济和科技最先进的国家中，可以接触并善于接受科学知识的社会高层到社会最底层中。这两者在行为标准的提升、扩展与改良中都起着重要作用。研究者建议，通过在生态过程中增加动机因素，环境政策制定者可以用它进一步拓展他们的政策。在很多工业和商业企业"环境-友好"产品的宣传中，这似乎已经发生了。他们的生态声誉正变得越来越敏感，并且在为当地市场和国际市场的生产过程中正试图实现绿色政策。最近的一个例子就可以表明这一趋势，在举世闻名的前 Leipziger Messe 机场的恢复中，在很大范围内，可以很容易地穿过机场，并为运输汽车和电力火车提供服务：这里到处秀色可餐，树林、草坪和湖泊，甚至在巨大的大厅里都植有绿树岛。它的大量广告都是为了实现这个生态主题。

生态学家们致力于创造注重实效的信息已经有了鼓舞人心的迹象，其目的在于通过所谓的"原始"部落文化和现代市场经济消费文化之间的妥协来拯救热带雨林及其生物多样性。有一些例子在 1996 年 5-6 月版的《地球观察（Earth watch）》，题为《文化、自然与持续性》一文中有所阐述。这本杂志是为世界范围内的会员出版的，也是一本值得赞扬的杂志，每一年都会为它的"地球军团（Earth corps）"招募数百名志愿者来帮助专家们进行实地工作。这项研究的任务就是"提升人类对星球、对其栖息地的多样性和对影响地球生活质量过程的理解"。因此，举例来说，如 Bloch（1996）所报道的那样，昆虫学家 Larry Orsak 在"地球观察"的支持下，从他在巴布亚新几内亚的研究中发现，为了拯救蝴蝶中一些最具有吸引力的品种，他必须首先拯救它们所居住的森林。这也意味着给当地居民一个保护森林的理由。要实现这一点可以通过建立一个商业蝴蝶经营农场来吸引野生蝴蝶在这里产卵，这些孵化的蝴蝶一部分被卖给国外的搜集者，一部分则被放生自然以使它们再次繁殖。因此，这些农民现在把完整无缺的雨林与可持续收入等同起来，不仅把这些特别的昆虫种类，也把雨林作为一个整体保护起来。

在自然资源保护更宽广的背景下，环境保护者中有一个不断增长的认识，就是除非我们和当地居民一起努力，考虑他们的本土文化与传统以及他们的社会经济需要与期望，否则这些资源会枯竭的。如 IUCN 1996 年 8 月版第 11 期《世界环境保护》中所描述的，为了这个目的，协作的环境保护和恢复管理政策已经被广泛运用，尤其是被发展中国家的环境策略与规划委员会进一步发展。在最近关于这个问题的几个出版物中，《扩展环境保护的伙伴关系》（McNeely，1995a）这本书特别有意义。但是这项发展也不仅仅局限于公园与自然保护区：如在印度东部，一次恢复被滥伐的森林的广泛群众运动中，有 12 000～15 000 个村民被动员起来保护一两百万公顷的自然森林的再生能力。在印度中部的一些部落，有上万个国家森林保护委员会小组在发挥着积极作用。

最后，印度林务局——世界上最古老最大的组织之一，带领 15 万多林务员效法，逐渐脱离了那种极富争议并遭到强烈反对的外来速生种单一栽培方式，这是通过联合森林管理项目实现的，该项目保证了村民对大片公用林地的保护责任和权利。

如上文所提到的，在有机农场的基础上，对可持续农业景观也有越来越多的新尝试。其中有一些 Lyle（1994）已经作了详细的描述。他指出，我们目前的"现代"高输入与单向线性农业技术圈系统可以由这些具有循环流的再生系统代替，并通过它们自己的功能过程连续地循环替代。这种创新的再生系统，结合跨学科教育、研究及示范已经由 Lyle 设计并在 Pomona 的加利福尼亚工业大学的再生研究中心建立。在这种"新技术的"、高产的农业景观与其他生物圈景观的功能整合中，存在着一个在整体人类生态系统更高层次上创立的新的、动态的、"自然平衡"的观念，伴随着新兴的生态多样性、复合稳定性、生产力、美学及利用价值，或者一个词——健康——在我们新的后工业化文化景观中的实现。

除了上述的这些，还有很多其他令人欣慰的发展，我们最具价值和备受珍视的文化景观的保护与恢复，可以被认为是我们走向文化与环境革命的重要一步。为了确保它的成功，科学家们将用生态智慧与生态道德来完善科学知识。这可以帮助我们学习过去、理解现在和设想未来，然后把这些见解转变成这个领域内健全的、大尺度的环境保护与恢复行为。

第6章

生态文化景观恢复与后工业化时代走向人类社会和自然共生关系的文化演化

6.1 引言

人类社会正经历着从工业化石燃料时代向后工业化全球信息时代转变的关键时期。这些动态的社会文化和环境变化的巨大挑战已经由 Erwin Laszlo (1994) 作了详细描述。他指出，这个"大转变"是在前所未有的全球压力下一个具有决定性意义的文化演化阶段。它是一个既有巨大危险又有重大机遇的阶段，在这个阶段，全球生存将取决于我们在"灭绝或演化"之间的选择。全球生态圈景观的命运与这些文化趋势紧密联系在一起。危险最明显的表现之一，就是生物文化的枯竭和生态不稳定性的不断加速，它们是由人口增长和过度的工农业及城市扩张使开放景观的压力持续增加所导致的。遗憾的是，正如 Bacon 所预言的那样，自工业革命以来，人类在科学和技术的帮助下，幻想着能够统治和控制大自然。但现在，如果我们的选择是通过保障演化来防止逐渐的灭绝，那么人类必须成为有意识的自然的伙伴而不是它的主宰，这样一种新的共生关系才能在人类社会与自然之间形成。

生物文化多样性的保护和恢复、自然文化景观的丰富性，以及它们的生态完整性和健康，将是这种共生关系最恰当的表达。因此，上述方面在这个文化演化过程中将扮演重要角色。这就需要把演化的形式和恢复的范围从生态扩展到文化。为了迎接这个挑战，恢复生态学将不得不从交叉学科向跨学科领域迈进。这就意味着相关领域的自然科学与人类学和艺术的融合，通过确保较健康的自然文化景观的演化，走向后工业化时代人类社会与自然间共生关系的共同目标。

为此目标，需要基于整体性景观生态原理和方法的更加全面、综合的恢复策略，并在更有效的创新性工具帮助下，使这类策略成为土地管理者和使用者的指南，并为说服公众和政府决策者服务。

本文的目的就是，简要列出在生态与文化景观恢复中必须考虑的几个基本的整体性与跨学科性前提。我将建议一个基于多种恢复、开垦和改造策略的景观功能分类系统。

6.2 生态与文化景观恢复的前提

生态景观恢复的目标是尽可能地恢复所期望景观的生态结构和功能，而文化景观恢复的目标，是修复古老及传统景观的历史与文化价值。在文化景观中，这意味着生物的、生态的和文化多样性的恢复需要结合景观结构与功能的整体性和异质性——即总体景观生态多样性（Naveh，1994b）。

要把文化思想引入景观恢复中，必须扩充我们的概念与方法范畴，从自然科学到人文科学，从严谨的生物生态问题到更加复杂的人类生态问题。为此，必须以整体和等级系统观点为基础，运用整体性和复杂性的创新方法，即跨学科性的概念与方法，取代专业性很强的和还原论的科学范式。总之，它意味着要去了解自然系统与人类系统间相互联系的、非线性的、大多为控制性的，甚至是混沌的关系。在这个方面，一个最重要的发展是生态经济学的出现，它是广泛地连接自然与社会科学，尤其是生态学与经济学的跨学科努力的结果（Costanca，1996）。此外，它还导致了生物多样性的经济学评估（Pierce and Moran，1994），成为世界保护联盟"世界保护运动"中生物多样性项目的一部分。

在关于景观生态学的书中（Naveh and Lieberman，1994），我们试图为景观生态学给出这样一个跨学科性的定义，把生态的、地理的、历史的、人类生态的以及文化方面，与土地和土地利用相关的研究、规划和管理联系起来。对生态恢复中人类生态演化观点的讨论具有特别意义的是由 Laszlo（1987，1994）、Jantsch（1975，1980）以及 Bohm 和 Peat（1987）所做的跨学科与整体系统的研究。

将这些创新系统概念运用到景观恢复中，如果仅仅把景观看做风景，或像许多北美景观生态学家那样，将其看做"数千米范围内重复出现的生态系统格局"（Forman and Godron，1986），将不会有效。为了达到恢复的目的，景观必须被整体地理解为一个由土壤、水和大气，及生活在其中的包括人类在内的生物有机体，与维系它们存在的、复杂的自然和文化过程共同构成的三维片段。这样，它们就会在时空上被很好地定义为明确的、有序的整体和具有自己特征的生态系统，并作为空间基质为处于不同的多维尺度上的生物有机体、种群、群落和生态系统服务。

陆地景观的尺度可从最小的可制图景观单元或生态区，到最大的、包括整体人类生态系统的、真实的生态圈（ecosphere），可被视为是生态等级中最高的组织层次，它将人类社会与其总的自然地理环境整合在一起（Naveh and Lieberman，1994）。整体人类生态系统也是地球上最高级的协同演化生态实体，并且所有演化过程均发生于这真实的空间实体——生态圈之中。

"生态区"一词主要被欧洲景观生态学家用作景观研究、规划和管理的基本单位（Leser，1991；Zonneveld，1995），也作为一个生态系统的实际"立地"（Haber，1990a）。因此与美国生态学家通常使用的模糊概念"斑块"相比，它（生态区）是一个比较严密的概念。

如图 4.5 所示，生态圈由以下相互紧紧交错的镶嵌体组成：太阳能驱动的自然和文化生物圈生态区（或生物生态区）、处于中间状态的人工化石能与核能驱动的工农业生态区，以及城市技术圈生态区（或技术生态区）。生物、农业和技术生态区在较大的区域景观单元空间中整合在一起，但它们在生态圈中却不具有结构与功能的整体性。由于后者的互逆影响和人类对生物生态区的巨大压力，它们甚至会相互对立从而不能作为一个一致的、持续的生态系统而共同起作用。它们应该成为急需的文化演化过程的自然和空间基础，从而在我们整体人类生态系统中形成人类社会与自然间的一个综合体。通过恢复、开垦和改造被破坏的景观，恢复湿地、河流、湖泊及其堤岸，同时在开放或建成区景观中创建生存廊道和城市生物圈岛屿。恢复生态学将与其他的环境管理和改善措施一起，在整合过程中和文化演化中扮演一个重要角色。

6.3 文化景观的演化

在其他地方（Naveh，1995b），我已经深入讨论过文化景观的自然特性，以及它们在反映其过去、并驱使它们向不确定未来发展的自然文化压力下的动态相互作用。在这里我只能为生态与文化恢复指出一些最相关的观点。

Laszlo（1987）认为，文化演化是地球上宇宙与生命"超综合体"中生物与社会演化不可分割的一部分，文化作为包含所有人类行为特征的综合体，不仅仅应被当做科学、艺术与信仰的"高级文化"，还应当看做是社会全体成员共同拥有的基本信息库。这样，它包含着社会运转所必需的以及在很大程度上决定社会稳定性的所有规则。纵观历史，社会选择了在突然的跳跃或"分支点"上，到达一个较高的组织层次的非连续过程中，形成这种文化信息库。在文化演化过程中，这些"分支点"被基本的新技术的采用所驱动。在史前时代，则由石制工具与火的使用以及动植物的驯养所驱动；在过去的两个世纪里，由工业化过程中的化石能革新所驱动。今天，新的信息与交流技术的应用致使这个过程带着对整个地球的人类社会、自然和未来的所有积极和消极影响，向后工业化的全球水平发展。

通过这些分支点，人类影响的、改造的和转化的开放景观被塑造成文化景观。它们是通过这些"人类圈自我反思的思维空间"（Jantsch，1980）的文化演化过程与自然－社会－经济环境的相互作用形成的，并形成了跨时代的相互交错的自然文化格局和过程。因此,这些文化景观成为自然与思维之间的结合点(Naveh,1995b)。这些自然与文化间强化的、控制性的相互作用在它们的总体景观生态多样性中得到反映。这些相互作用在长时期内对一个相对小而密集的聚居地起作用,以地中海地区最为典型(Naveh and Kutiel,1990;Neveh,1995b,1998b),在中国东部人口密集的区域也很具特色【译者注】。

在更好地理解自然与生物多样性评价中文化的角色方面,Kellert(1996)做出了重要贡献。他提出了"热爱生命的天性"的多文化共同基础的独特社会学观点,即人类对整个生命与自然界的珍爱。在一个关于生物多样性与文化多样性间相互作用的重要演讲中,J. A. McNeeley(1995b),世界保护联盟的首席环保专家,就已经提出一些可以同时保护文化与生物多样性的方法:通过适应变化的途径,通过保护本地居民居住的地区,和通过加强当地人维护其资源、自然文化遗产的责任心。为达此目的,生态多样性的恢复和通过有机农场复原枯竭的自然农业生产力将具有重大创新性价值。这些策略将在下文讨论。

6.4 自然文化生物圈与技术圈景观的功能分类及其主要恢复策略

由于人类巨大的全球控制力,现在地球上几乎不存在任何真正的、没有遭受干扰的自然景观。因此,文化景观包括今天全球范围内不同程度上其自然要素与过程都受到改造、转化与取代的各种景观,包括所有开放的和建成区的景观。一般来说,景观的"自然性"要通过植物与动物种群的组合,自然物种所占比例,以及与人类影响有关的植被和土壤格局与过程的诊断特性来判定(Van der Maarel,1975)。但是,对于生态与文化景观恢复的规划、设计和实施的适用策略而言,这些自然与文化景观之间的区别是不够有效的。它们没有考虑文化生物圈和技术圈景观中不同亚等级间的基本功能区别,这些区别来自于它们不同的能量输入——或者是太阳能或者是化石能和核能;或者来自于生物和生命资源物质,不管是自然的还是经过转化的,生物的还是非生物的;或者来自于自然或人类的信息规则,如图4.5所示。另一个没被考虑到的重点,将决定生态演化恢复的可能性,它是在连续的自我更新或自我创造过程中,通过维持其结构整体性并以一种连贯的方式进行自我组织的能力。因此,再生能力也是生物圈景观所独有的。在此方面,在这种"混杂"的自然-文化景观系统中,我们会遇到一种具有内部自组织行为的由两个基本系统构成的混合系统,Jantsch(1975)将其定义为:①自适应(或生物)系统是按照已排好的信息(遗传模板),通过改变它们的内部结构来适应环境变化。这属于生物演化领域;②自创造(或人类行为)系统是按照它们改变环境的意图与产生内部信息（创造）来改变它们的结构。这类信息产生于系统内部，并在系统与环境的相互作用反馈中形成。根据 Stebbins（1982）的观点，这属于人类圈的文化演化领域，而且由"文化模板"所产生。

对景观和恢复生态学家而言，最主要的跨学科挑战之一是，在他们的研究中要适应这些相互作用的自组织系统，并为生态多样性保护确定适当的定量化指数。正如我们已指出的（Naveh and Lieberman，1994），基于知识工程和模糊逻辑学（Kosko，1993）的先进计算机模型，可能为复杂的生态、文化和社会经济信息的有效综合开辟一条既定性又定量的道路。这些方法也能在景观恢复工程中用于生态多样性的比较和评价。我以前已经提供过一个关于生态多样性度量的较深入的方法（Naveh，1994b）。

如图4.5的等级坐标模型所示，景观生态区根据自然要素和功能的改造、转化和替代的不同程度来编排，从自然的生物－生态区到文化技术生态区。

自然和近自然生物圈景观生态区全部由太阳能及其通过光合作用和同化作用所进行的生物转化所驱动。它们只包括自然的——自发进化和繁殖的——有机体。作为适应性的自组织系统，这些景观都由其内部的自然、生物、物理和化学信息调控。因此，保持那些自然生态过程的原始连续性和/或引种是根本，可保障它们的演化未来及其生物多样性与生产力（Ricklefs et al.，1984）。因此，无论是否必要，恢复策略的目的就应该是，将引进关键物种，以及保护具有特殊生态、美学或其他文化价值的物种，与恢复和管理严格控制的、动态而持续的多因子景观结合起来。这包括通过控制燃烧来防止大量的易燃物堆积，以及通过放牧和砍伐等强制性措施来调控动植物复合系统（Naveh，1998b）。

目前，除了许多其他破坏性的人类影响，对珍贵的和富有吸引力的自然避难所整体性最大的威胁就是大规模的旅游活动，尽管往往是打着"生态旅游"的旗号开展的。这种令人遗憾的状况，正如 de Palma（1996）所描述的著名世界遗产，第一个加拿大公园，Banff 国家公园那样，在世界各地都有发生。在这里，紧密交织的大量自然美景、文化和历史价值都被"卖为金钱"。过度旅游带来的多重威胁、自然火灾的抑制、为机动车交通而建设的公路、河道中为娱乐项目而筑坝成湖，以及所有其他的娱乐和商业发展，都破坏了自然生态演化过程和野生生物的正常循环，并摧毁了这个加拿大特有的国家标志。在此类案例中，生态恢复应该成为完善的保护和管理的不可分割的一部分，来帮助阻止和减少娱乐业过度发展所造成的破坏，比如为有效控制侵蚀而用本地种营造一些生态过渡带，作为处于保护区与旅馆、停车场、野营地、码头、堤岸和公路之间的保护植被带和缓冲区。

其他所有人类改造的和转化的景观都或多或少地受控于文化信息。它们因此应被视为文化景观。这些必须再进一步细分为三个主要等级和下列亚级。

6.4.1 文化生物圈景观

第一个主要等级是文化生物圈景观,它和自然景观一样,都是太阳能驱动。但是它们被不同程度的自然和人类信息所控制,因此它们作为内部的、有机适应的和人类干扰的自组织系统的混合体而起作用。这里我们必须对下述类型进行区分:

(1) 人类改造和利用的半自然生态区,即那些生物生产力和多样性所赖以生存的森林、草地、湿地和湖泊,就像在自然景观中一样,是基于自发的有机体繁殖之上的,这些有机体的生产力在"硬价值"上至少被部分地用做供人类消费的市场商品。作为人类生命支持系统,它们具有重要的食物生产、调节、保护和载体功能。但是它们也有其固有的"软"的价值,即精神的、美学的、科学的和其他文化价值。对未开发的绝大部分生物圈景观来说,在目前生物和文化正处于日渐衰退的情况下,其生态多样性的保护和恢复是与自然或半自然生态区的生物多样性保护同样重要的。为此,动态的、多功能的保护和恢复应该同时包括自然生态过程,以及人类在历史演化中引进的那些生态和文化过程,如放牧、砍伐、有计划火烧和传统的农业活动等(Ricklefs et al., 1984;Naveh, 1988;Naveh, 1991b, 1994c;Naveh and Lieberman, 1994)。

在森林植被经营中,抚育更新的主要生态影响是为林下草本植物创造有利的光照环境,并防止大量的耐阴植物和入侵的本地及外来物种占优势。为了这个目的,火烧是非常有效的。自然和人类定期的火烧制度的恢复不仅能促进适应火烧的物种和生态区的自然再生,也能促使其他需要重新播种的喜光物种定居,并从利于生长的灰烬中获取养分。不同环境下都有类似的例子,如以色列地中海沿岸的森林和灌丛(Naveh, 1974a, 1989a, 1994b),美国伊利诺伊州的寒温带区域(Lorig, 1994)以及加利福尼亚沿岸区域等(Biswell, 1989)。重复出现的火烧甚至成为物种形成和演化的驱动力(Anderson, 1956)。根据Lewis (1982) 的研究,有可靠证据证明,在时空和强度上控制很好的火烧技术已经被澳大利亚土著和南美印第安人用来控制动植物资源的分布、多样性和相对丰富度。这些传统的火烧在季节性、频率、强度和选择性等方面明显地不同于自然火。在美国,它们导致了加利福尼亚岸边丰富的植被镶嵌(Lewis, 1973),并永久地形成了中西部草原、橡树林及热带稀疏草原(Curtis, 1959;Lorimer, 1985)。因此,无论恰当与否,这种短期的和长期的可控火循环模拟,以及所有相关的自然文化景观塑造的格局与过程,都应成为恢复策略的主要目标。在地中海区域,这种人为火很可能早在史前、圣经 (biblical) 和古典 (classical times) 时代就已经烧开了密集的森林和灌丛(Naveh, 1974a)。

为了实施这些策略,恢复学家们必须尽可能多地了解这些要恢复土地的早期历史及其动植物的命运,不但要从纯粹的遗传学和生态学角度,也要从种族历史和人类学文化方面进行了解。他们必须要在火生态学方面有很深的造诣，而且如果必要，学习如何对不同植被类型采取不同时间和强度的火的安全使用，也是他们恢复行动必不可少的一部分。

（2）农－林－牧业生态区，包括牧场、人工林、传统耕地及果园。这里，通过人类农业实践，驯养的动植物代替了它们的竞争者，并且生物产品已被培育成不使用或极少使用化学肥料和农药的经济产品。因此这些生物生态区，尽管是人类控制和维持的，仍保留了一定的自组织能力。但是，由于经济、社会文化及人口原因，传统农业生态区与它们的生物和文化多样性一起，在大多数工业国家要么被抛弃要么迅速地消失。只有当本地人和他们的政府认识到它们是有价值的文化遗产景观，因而愿意采取有效的手段并投入人力，通过恢复和保持传统农业活动和典型的地方农作物品种及畜禽种类，并通过保护它们巨大的基因价值来保存那些值得保护的景观，这时它们才可得到挽救。Austad（1996）有关挪威森林草场的报道中，也包括了他们对树冠"截头"（砍掉枝叶作为牲畜饲料），这是传统景观中试图恢复生态多样性的少数优秀案例之一。

（3）有机农业生态区，应该被看做是文化生物圈景观中一个新的、有前途的亚类。由于适当的农业技术方法的运用，以及使用有机粪肥和混合肥料而形成的高土壤肥力，它们的生产力已远远高于传统农业。它越来越趋近于下面要讨论的高投入工农业生产系统，但它没有由化肥、除草剂和杀虫剂带来的负面环境影响（Mansvelt and Mulder，1993）。这些现代的及传统农业耕种的土地向有机农业系统的转变可认为是农业景观复原的一条理想道路（Allen and Naveh，1996），在这个过程中，土地在可持续的基础上具有更高的生产力。

（4）再生生态区，不仅是农业景观的复原，也是生态与文化的恢复，因而是更先进系统的结果。这里不仅耕地的自然再生能力得到恢复，而且基于太阳辐射能输入的自然生物圈景观的能量、水和养分等基本循环也将得到恢复。同时，它们的生物产品也被部分地转变成农产品。最有代表性的例子，是加利福尼亚工业大学再生研究中心在一个集交叉学科和跨学科教学、研究与示范项目中实现的再生技术。正如其首席设计者 Lyle（1994）所描述的那样，这里，在人类文化"新技术"信息的帮助之下，五个主要的生态系统功能得到恢复（图4.5下图）：①通过光合作用的太阳能转化；②能量、水、有机体和物质在景观中的分布；③空气流和水流经植物和土壤过滤；④通过生物与化学分解作用，死亡生物量和废弃的所有物质被吸收与再吸收，而这一基本的土壤恢复过程却被现代精细农业严重忽视了；⑤从地质年代到几小时、几天，不同时段能量、水和物质的储存。

6.4.2 集约化农业产业生态区

集约农业产业生态区是生物和技术圈景观的中间阶段。在生物生态区中，它们的生产力依赖于太阳能的光合转化，同时又得到化石能源的大量补充。几乎所有生物生态区的自然规则与控制机制都被化学物质和农业技术信息的大量输入所代替，完全被目光短浅、过度消费和不公平的市场经济所驱动。它们因此而失去了自适应有机系统所具有的、内在的自组织和再生能力。在对开放景观、野生物及其多样性、土壤和水的质量以及人类健康的损害性影响方面，这类生态区已非常接近技术圈景观。通过缓释肥料和集中控制害虫，把不利影响降到最低，这类努力只是暂时性的缓和措施，而不能确保农业景观和健康的食品生产较长时期的可持续性。正如 Lyle (1994) 所述，只有像再生系统所尝试的那样，用源、消费中心和汇间的循环流，来代替高输入、高输出流的线性技术圈过程，可持续性才能实现。

6.4.3 技术圈生态区

技术圈生态区和它们的三个亚等级，以及景观中广泛分布的技术产品，如高速公路、电线、采石场及桥梁，都是由高级太阳能转化为低级化石能的技术所驱动，并产生大量的熵、污染和垃圾。就像人工景观，它们完全由人类文化信息所控制，并且缺乏生物圈景观的自组织和再生能力。但它们的亚等级在种类和范围上，以及对环境的损害影响和恢复策略上，都与"生物圈岛屿"是不同的。

（1）乡村生态区，如农场、牧场和村庄，都是农业景观的组成部分，因此它们在保护与恢复中占有重要地位。在大多数工业化国家里，它们正在经历快速的环境退化和城市化过程。正如 Green（1996）在英国，Lucas（1992）在其他地方所展示的那样，这可以通过完善乡村规划与管理来预防。但未来的持续乡村发展要得到保证，只能在新技术信息的帮助下，通过前述的恢复策略才能实现。正如 Mansvelt 和 Mulder（1993）所建议的那样，这可认为是后工业时代农业和乡村景观恢复，以及创建地方或区域的、多样化的、平衡的农场系统中最有前途的模式。同时，我们必须保护、恢复和重新认识那些余下的没有被开发的文化生物生态区，Agger 和 Brandt（1998）把它划分为"斑块状和线状的小生境"，包括自然的或人工的湖泊、池塘、河流、运河、排水沟、篱笆、公路行道树、树篱、沼泽及泥坑等全部被单调的农业景观所环绕的区域。

（2）城郊生态区，仍然为较大的生物圈岛屿，如湖泊、河床、公园、果园的保护和恢复提供了很大空间。它们能为提高城市生活质量做出很多贡献，因而具有巨大价值。最近出现的低维护公园——主要采用本土植物，不需要使用化学肥料、除草剂和杀虫剂来维护——同样具有极大的价值。

（3）城市工业生态区，是发展最快的能源动力技术圈景观，伴随着对环境明显不利的影响。这可通过每年大量的能量输出表现出来，根据 Odum（1993）的估算是每平方米有数百万卡，相比而言太阳能动力的生物圈景观则只有数千卡。一般情况下，这里的恢复对策更加困难。因此，主要的努力是致力于衰退的城市工业建筑群、废弃的矿山和采石场的修复，以及具有重要价值的考古和历史遗迹的保护与恢复。这就需要一套完善而综合的生态学方法，恢复设计师 Bugod (1996) 已经向我们展示了这一点。

6.5 结论

为了地球生命的未来演化，也为了后工业人类社会的健康，整个景观生态和文化生态多样性的恢复是非常重要的。这就要求有一套综合的等级系统方法，并且要将恢复范围从有机体扩展到演化和功能方面。为了这个目的，恢复学家们必须把景观看成是具有自身权利的生态系统，而不仅仅把它当做延伸数千米的生态系统。只有把这些空间的、自然的和有生命的陆海景观用做保护和恢复的结构和功能基础，我们才能重建，至少是部分地重建有生命的、功能完善的生态系统，并确保它们的未来演化。我们必须把文化景观的跨学科特性当成是人类意识和自然间确实的结合点，从而明确区分生物圈景观和技术圈景观。在恢复工程中，我们必须克服自然与文化生物圈景观之间的不和谐，通过生物多样性、文化多样性与景观异质性、健康和完整性的整合，来达到恢复总体景观生态多样性的目标。只有保护和修复自然的和人工的流动过程，同时促进其内在和外在价值的体现，确保它们至关重要的生命支撑功能和进一步的演化，这一目标才可以实现。在文化技术圈景观中，生态恢复、改造和修复都仅仅局限于残存的生物圈岛屿，这也同样适用于农业产业景观。未来持续健康的食物产品只有通过土壤肥力的修复和新技术再生系统中循环流的恢复才能得到保障。其运转所使用的能量、物质和信息不断为其自身的功能过程所替代。因此，他们在农业景观中实现了适应性有机体和创新性人类活动相统一的、具有内在自组织和自我更新能力的、唯一可能的协调控制系统。

在一个可持续的后工业化时代整体人类生态系统中，迫切需要人类社会与自然之间建立一种稳定的共生关系，这有赖于自然文化生物圈景观与更加健康的、适于居住的技术圈景观的功能整合。生态恢复在这个过程中可以扮演重要角色，可将地球上生物和文化演化的轨道从潜在的灭绝转向更高层次的演化。

第三部分
可持续发展：从马萨伊生态系统到信息社会的后工业化景观

第7章

坦桑尼亚马萨伊地区的发展：
社会与生态挑战

7.1 引言

坦桑尼亚的马萨伊地区是一片广阔的、高低起伏的半干旱准平原，面积约 23 250 平方英里（约 60 194.25 km²），少量相对较高也较湿润的山地散布其中。其大致范围是，从肯尼亚边境往南约 300 英里（约 482.7 km），从 Pane 山脉往西约 100 英里（约 158.9 km）。

这里人口稀少，不到 6 万人，主要是牧民，属于南尼罗河含米特人（Huntingford, 1953），有大牲畜约一百万头，还有一百多万只绵羊和山羊。马萨伊草原不断受到来自邻近班图部落的侵占，班图人主要居住在面积较小但湿润的山区，以农业为生，农业人口的密度可达每平方英里 500 多人。这种状况在许多非洲国家都很典型。

那么，这片广袤而空旷的土地能够全部放开，供农业发展吗？如果不能，即如果这里的降水量少、变率大，并且水资源供应不能保证通过大范围的灌溉来获得稳定的经济作物收入，那么还有没有其他的发展可能性？应不应该让坦桑尼亚中心地区的这片土地听天由命、裸露干涸下去？或者任由种植业毫无计划地侵占这片土地，以致加剧它的恶化？因为这些人在好的年头里以几英亩土地为生，但遇到干旱年份就得依赖救济——跟丧失了牧场的马萨伊人没什么两样。

那么怎样才能阻止马萨伊地区持续恶化的局面呢？怎样才能充分利用这里的自然资源，使其能够为这里的居民长期使用？这对整个坦桑尼亚来说都是非常重要的。

下面我们试图通过研究所有相关的因素，来回答上述问题。

7.2 坦桑尼亚马萨伊地区的自然和生物环境

7.2.1 气候

除了半湿润的梅鲁（Meru）峰、乞力马扎罗山、火山高地，以及个别突起的山峰高出马萨伊草原 4 000 英尺（约 1 219.2 m）外，马萨伊属于典型的热带半干旱气候。

在西部和西北部受山地雨影区影响的部分，相对更加干旱，可依赖的年降水量不到 500 mm；在相对湿润一点的地方，年降水量也不足 600 mm。

有效降水主要在 11 月份和 5 月份两个相对集中的时段里，前者持续时间较短，后者相对长一些，而且高达 125～150 mm 的降水发生在 24 h 之内。降水的年际和年内分布极不均匀，空间分布也因地形条件而异，还经常出现一些对流性降雨。这些巨大的变异使任何大尺度的统计归纳在生态学角度上都毫无意义可言，因为偌大范围内仅有很少几个站点。

平均最高气温 25～30℃，平均最低气温 12～18℃；绝对最高气温发生在 1 月份，40℃；绝对最低气温发生在 7 月份，4℃。这些数据是记录在 Taragire 狩猎保护区的气象站（Lamprey，1963），这在马萨伊草原的大部分地区也应该是很典型的。不过，地势较低的地方——主要是 Rift 谷地——气温相对较高；海拔较高的地方气温相对较低。

马萨伊南部一个比较干旱的站点（孔洼站）的水文观测数据显示，那里的年降水量在 200～525 mm，用彭曼公式计算的水面蒸发量为 2 250 mm/a，可以在很短时间内达到潜在的蒸发－蒸腾量（Pereira and McCulloch，1962）。那些深根性的禾草，如 *Cenchrus aliaris*，以及乔木和灌木已充分利用了这些降水量，因此不会有多余的水分贮藏在土壤中，或者供应长年性的河流。如果这些水分由于土壤裸露而流走，或因土壤渗透能力下降而过快蒸发掉，这种脆弱的水分平衡就会被打破，很快由半干旱状态转变为干旱状态。这在乌干达半干旱的 Karamoja 大面积区域已成为现实，其原因是过度放牧、踩踏、过度火烧和耕种（Wilson，1962）。如果在马萨伊地区土地利用不当，这种"人造沙漠"也将难以避免。

7.2.2 水和土壤

马萨伊地区的永久性水源很少。流域中的北部山区已发展成集约性的灌溉农业，唯一的河流 Ruvu 河，只在本区域的最东部流淌。其他山体只形成一些短小的溪流或泉水，其中大部分还是季节性的。对可利用性水资源的评价表明，即便现有的这些水源都充分利用，仍会有大约 1 万平方英里（约 2.589 万 km^2）的区域存在人畜用水不足问题（Kametz，1963）。该区域主要位于 Rift 火山带，包括 Rift 山谷、火山高地、Meru 山、乞力马扎罗山，直到 Arusha 以南的马萨伊草原中部。大部分土壤是在碱性成分丰富的火山岩上发育起来的石灰性土，黑、灰、棕色的黏土和壤土。有限的土壤特性分析数据来自马萨伊草原中部。这些数据显示，该区土壤可交换性离子含量高，含磷丰富，但有机质和氮的含量都很低。土壤的排水能力很差，土壤中的黏粒在潮湿时易于膨胀并阻塞毛细管。对于机械化耕作来说，最主要的问题是许多地方表层和亚表层有大量的石头。在马萨伊南部，大部分土壤是在古老的杂性基岩上发育起来的红色、深红色、棕色壤土。这类土壤不太肥沃，一般较厚，排水良好，但易发生侵蚀。

7.2.3 植被

除了比较湿润的山区草地和森林植被外，马萨伊属于广阔的旱生金合欢萨瓦纳植被带。该植被带从苏丹一直延伸到肯尼亚，往南到坦桑尼亚中部和马萨伊地区南部与"林地（miombo）"森林带交汇。

在坦桑尼亚的马萨伊地区，这类植被的特点是上层由金合欢属（*Acacia*）和没药属（*Commiphora*）等几种乔木组成，密度变异很大，往往伴生着一些多年生草本，形成开阔的无树草地、公园、有林草地、稠密林地、灌木林地交错镶嵌的格局。主要的草本植物包括日本菅（*Themeda eriandra*）、墨西哥狼尾草（*Pennisetum mexianum*）、纤毛蒺藜草（*Cenchrus ciliaris*），以及许多其他的多年生和一年生物种，如画眉草属（*Eragrostis*）、马唐属（*Digitaria*）、须芒草属（*Bothrichloa*）、黍属（*Panicum*）、狗牙根属（*Cynodon*）、*Spropulus*属的植物。

马萨伊地区最突出的特征之一是随地形条件而异的、重复出现的土壤和植被格局，从排水良好的、干旱的山坡，到含钙丰富的板结的硬盘，再到排水不良的浅洼草地。这些浅洼草地被当地人称为"Mbugas（季节性沼泽）"，雨季常常积水，而干掉以后，暗灰色的黏质变性土（vertisol）又常常干裂成块。

马萨伊地区的这种雨水池塘网络（Gillman，1949）对当地的畜牧业和火烧格局具有决定性的作用，因为这些地方的生产潜力相对较大一些。因此，这些浅洼地在马萨伊地区的未来牧场管理和改善中具有重要的意义。

7.2.4 野生动物

毫无疑问，马萨伊地区最重要的自然财富就是：野生动物。这一地区拥有东非地区3个最具特色的野生动物保护场所，也是旅游胜地：Serengeti平原、Ngorongoro火山口、Manyara湖。马萨伊草原是世界上最好的狩猎场所。

长期以来，有关马萨伊地区的系统研究都是围绕这里的野生动物及其生境而开展的。Lamprey（1963）研究了Tarangire保护区及周边马萨伊草原地区的哺乳动物种群生态学；在Serengeti国家公园，受联合国粮食与农业组织委托，一些生态学家和动物学家研究了平原中部捕食者和被捕食者之间的种群动态。

Lamprey（1963）认为，很多野生动物在旱季生活在公园或保护区里，因为那里有永久性的水源地，如河、湖、泉水等，而在湿季，野生动物大多就扩散到马萨伊地区。例如，Lamprey在干季的Tarangire保护区记录到的22种

10 400 只食草动物和 8 种 618 只食肉动物中，到湿季只有 4 500 只食草动物和 195 只食肉动物仍滞留在保护区里。在面积达 8 000 平方英里（20 712 km²）的马萨伊草原上，湿季迁徙到这里的动物主要有大象（*Loxodonta africana*）、犀牛（*Syncerus caffer*）、斑马（*Equus quagga boehmi*）、羚羊（*Connochaetus taurinus*）、大羚羊（*Alcelaphus buselaphus cokii*）等，以及相应的捕食动物。还有一些居留的动物，如高角羚（*Aepyceros melampus*）、长颈鹿（*Giraffa camelopardis*）、格氏瞪羚（*Gazella granti*）、小旋角羚（*Strepsiceros imperbis australis*）等。然而，Rift 沟谷以东的整个扩散区域野生动物的密度都很低（每平方英里 2.5 只）。相比之下，Serengeti 平原上虽然具有相似的植被、海拔和降水条件，扩散到那里的野生动物密度却高得多（每平方英里 80～140 只）。Lamprey 认为，Rift 沟谷以东地区野生动物的扩散密度远低于其承载潜力，主要的限制因素是这里干季可以获得的水和草料太少，且分布集中。另一个限制因素是干季这些动物更易受到捕食者、狩猎者等的侵扰。有证据表明，最近 30 年来这里的野生动物数量大大减少，主要原因是旱季由灌溉和人畜用水所导致的水资源减少、耕种、狩猎，还有欧洲人在这里从事的一些农业活动等，在 Arusha 和 Moshi 附近尤甚（Lamprey，1963）。

因此，如果对这里的湿季扩散生境，或者干季水草集中区进行改变，必然会影响到马萨伊地区野生动物的生存。马萨伊地区的社会经济发展规划必须要考虑到这些方面。

7.3 马萨伊游牧生态系统衰减的生态影响

7.3.1 游牧和火烧格局的崩溃

马萨伊社会当前（1966 年）正处于从游牧向定居生活过渡的转型期，但这种从近乎原始的或被动的发展阶段向更高级阶段过渡的社会经济状态并不十分和谐（Darling，1963）。相反，这是一个潜存着衰减和退化的过程。这种衰减源自原本平衡的游牧生态系统的崩溃。在原来的状态下，牧群在湿季暂时积水的草场与干季永久积水的草场之间迁徙，还在不同类型的植被、不同火烧和放牧格局的区域之间迁徙。

另外，永久性水源的严重匮乏，以及瘟疫和战争对畜群和人口的控制，在一定程度上限制了这一地区的生物潜力。因此，这些牧场必须以低于其承载力的强度放牧才行，这有些类似于萨瓦纳生态系统中野生状态的有蹄类动物的情形，能量流动和可持续的生产力得以维持。但是，后来乞力马扎罗山西坡的一些干季积水区被欧洲人买去耕种了，稍微湿润一点的地方和好一点的牧场都遭到了耕地的侵蚀。结果，能够游牧的范围越来越小，火烧和放牧的频率加大了。同时，医疗、兽医、钻井、筑坝等的发展，代替了原先的一些生物控制因素，因此打破了原先的生态平衡。人们甚至在湿季也越发依赖永久性的水源，以至于在湿润年份牧场的载畜量几乎达到了其可容纳量的上限，而到了干旱年份，就会超过其上限，造成不可挽回的系统崩溃。现在这些地方牲畜数量的唯一限制因素只有"干旱饥荒"，如果没有救灾物资，干旱饥荒同时也是人口的限制因素。

7.3.2 干旱饥荒

在极端干旱的年份，这种控制因素是非常高效的，因为所有的草地资源都被耗尽了，而那些有永久性水源的，可以赖以生存的草场，这时候也变成了"刺灌丛沙漠"。一旦游牧生态系统所具有的环境抗性发生改变，自调节能力将永远丧失，生产力的稳定性和持续的能量流动将无从维持（Odum，1959）。这种从草场、牲畜到人的超短食物链，极易发生恶性循环。由于过度放牧和火烧，大大降低了能量的转化效率，同时也降低了水的利用效率（Pereira，1962），加重了气候灾害的影响，使草场的生产力季节波动更大。在这种替代性的牧场经济下，来自外部的负熵和能量输入极低，从质到量几乎没有什么经济回报可言。因此，随着生境退化，需要饲养越来越多的动物以应对波动，然而其产出却不断下降。

需要强调的是，马萨伊地区的坦噶尼喀（Tanganyika）已经进入了这种干旱饥荒的痛苦阶段，只不过在坦桑尼亚上述恶性循环还仅局限在隆及多（Longido）地区。但在肯尼亚的马萨伊地区，以及肯尼亚北部的半干旱牧区，还有乌干达的部分地区，这种干旱饥荒的范围要大得多。

不管怎样，随着人口压力的增大，以及马萨伊地区中部毫无限制的耕地扩张，这里很快也会面临大面积的饥荒，尽管这里的人们迄今还维持着相对稳定和比较平衡的放牧和火烧格局。

这些地区水利和畜牧业的发展，导致了畜群增长失去控制，这种失败不能完全归咎于人们无法满足的对增大牲畜数量的欲望（当地习俗中，牲畜常被当做新娘嫁妆，同时，牲畜多少也是家族声望的标志）。在游牧生态系统崩溃之后，这方面的心理动机越来越被基本的生存需要所代替，畜群越大，才越能保证家族的生存。由灾害和饥荒带来的重复性痛苦，一代又一代地传递着，水利和疾病控制条件的改善，非但没有改变这种现状，反而使情形变得更加糟糕。

马萨伊社会缺少强有力的权力中心，并且以年龄段划分的社会结构把所有的责任都推给了长者。放牧是公社制的，没有一位具有远见的、独立的个人能够站出来改变现有的社会经济格局，或者在质量－数量的观念上改变这种状况。如果这样的人出现，他不仅需要说服他的家人、长者，以及共同使用牧场和水源的人减小牧群，而且还要防止从远处过来寻找水源和牧草的人使用他保存的水草。

在1961年的大旱期间，当地经济损失达到了80%，有些地区的畜群损失更大。即便如此，也很难说服马萨伊人杀掉那些病弱的牲畜，以便保全健康的牲畜。他们根深蒂固地相信，如果失去了牲畜，他们就失去了生活的希望，再也活不下去了。隆及多地区一位受过教育的年轻人告诉我，在他说服父亲卖掉一些处于半饥饿状态的牲畜以换取食品之后，部落长老差点拿石头砸到他。

因此，如果只是简单地把更好的畜牧业管理方式，如限制土地利用和畜群规模，以及轮牧的理念传达给部落型的、靠畜牧为生的经济，是徒劳无益的，因为系统保护的思想是从复杂的"经济作物"体制下发展起来的。毕竟，甚至许多"现代化的"大型牧场也并不坚持这些原则。遗憾的是，人们过去并没有意识到这一点，因此在半干旱的东非牧场没有能够调整这些近乎崩溃的生态系统，以适应改变了的环境。在马萨伊地区，既不应该完全推崇"美妙的游牧生活"，以避免现代文明毁掉它（所谓的"马萨伊主义"），也不应该彻底推翻和蔑视这种游牧方式（"反马萨伊主义"）。不管采取哪种选择，结果都会是一样的。马萨伊地区将陷入崩溃的、干旱饥荒控制的生态系统状态，没有变化和改善的希望。

7.3.3 马萨伊地区发展中马萨伊人群体的作用

与上述不平衡的观点形成鲜明对比的是，Branagan（1962）提出了一种依托现有家庭族群的整合模式，称为"enkudotos"，就是围绕现有的和新辟的水源，形成一个个合作的牧场单位。土地和永久性水源归合作者集体所有，同时通过法律严格限制土地利用，加强牧场和牲畜的管理。法律应该由"自然资源委员会"来制定和执行，如果有人违抗，将加以惩罚，甚至把他从合作集体中赶出去，剥夺他的用水权。这些建议，以及更详细的法律条文和行政管理方案，已由Fallon（1963）起草，并成为坦桑尼亚政府发展计划的依据。两位高管已被任命进行人口、牲畜、放牧、用水方面的调查，同时也调查植被格局、土壤以及采采蝇的密度等。

在群体的法律有效性确认后进行评估，才算完成第一个阶段的计划。当然，这也是进一步发展的关键一步，因此必须避免重复过去的错误，并能克服计划实施过程中出现的一些问题。

首先要考虑的，也是决定性的因素，就是马萨伊人群体。需要说服马萨伊人，让他们知晓这些计划的优点，并且引导他们在计划的整合和稳定实施中进行合作。然而，即使他们真的同意合作，我们也无法肯定从现今分散的状态转变成定居状态，是否会进一步加速干旱-饥荒-退化的循环，使更多的马萨伊人不得不依靠救济。

基于上面的情况，如果不对围垦和土地利用方式加以限制，不从整体上提高这一地区牧场生态系统各个营养级的生产力，将无法阻止这一地区陷入退化的怪圈。

马萨伊社会经济、文化、教育和医疗事业的发展应该成为改善这一地区状况的努力的一部分，从而使得牧民合作单位里的人们在生活条件改善的同时，也能提高畜群和草地的产量。

我不同意某些人的悲观论点，他们根据英国人在马萨伊地区的管理经验，觉得至少需要20年，这些措施才能奏效。许多马萨伊人已经认识到，在他们取得独立之后，在争取发展与进步的过程中，如果不更好地利用大自然的潜力，他们就无法称得上是这片广阔土地的主人。他们担心种植业会进一步蚕食他们好一点的牧场，这会威胁到他们的生存，因此比以往任何时候都愿意与权威部门就相关的发展计划进行合作，前提当然是能让他们确信这些计划能给他们带来利益。

马萨伊人以具有高度的、天生的智慧和警惕性而闻名，如果以正确的方式接近他们，满足他们作为牧民的基本需要和自尊，是有可能在短时间内取得较大进展的。因此，本文作者相信，如果有人告诉他们怎样做就可以避免当前面临的日益恶化局面，同时还可以提高牧场产出，最大限度地保持他们的优良传统，他们会很快接受这种方式的。

显然，这样一个全面的发展计划需要大量资金和专业人员，这些不能单靠坦桑尼亚政府自己来承担。如果在国际援助下使马萨伊地区发展起来，它将成为非洲半干旱地区的一个典范，并受到其他地区的欢迎。因为大部分这样的地区都由游牧部落所占据，正面临着游牧经济的崩溃、生态系统的退化。

7.3.4 马萨伊地区生产力的增长

在马萨伊地区的现有条件下，怎样才能实现生产力和经济的增长呢？如果能够引导马萨伊人更好地利用其智慧和自然潜能，结果又会怎样？这片土地上的自然资源怎样利用才能达到这一目标？

从前面的讨论来看，热带半干旱气候和灌溉水源的缺乏，是这里的自然限制条件，难以支撑大规模的、回报丰厚的、稳定的经济作物。前面我们也分析了马萨伊人社会传统中畜牧业的社会文化和其心理重要性。因此，所有改善这一区域状况的努力，都不应该是用其他生活方式或企业来代替畜牧业，因为那不适合马萨伊地区的自然和人文环境。需要做的是，针对这里的畜牧业状况，尽可能地进行改良、实行现代化和集约化。

因此，马萨伊地区生产力的提高，应该主要依靠牧场牲畜产量的提高。

有两种方法实现这个目标：

(1) 提高从初级生产力（植物物质）到动物产品的转化效率，从而增加收入；

(2) 提高生态系统本身的初级生产力。

在马萨伊地区，这两种途径是互补的，也是相互依赖的，因此应该同时尝试和完成。

要先在马萨伊南部建立一个合作群体，作为研究、发展和示范的项目点，同时还需要有一个密切合作的牧民群体、牲畜和野生动物方面的专家，一个社区发展规划以及合作群体的首领。这个建议提交给了坦噶尼喀地方政府(Naveh and Branagan, 1964)。在对这个项目的结果进行社会-经济评价、农业-生态评价，以及完成生态调查之后，就可以在马萨伊地区进行推广，最终推广到整个东非的半干旱牧区。

与此同时，这样的一个示范项目可以集中改善当地的社会、教育和医疗条件，遍及整个马萨伊社会的各个阶层，特别是年轻一代，他们的潜力现在还没有发挥出来。为达此目的，应该动用所有的现代科技手段，来同他们进行沟通、说服和教化。

7.4 马萨伊地区牲畜产量的提高

7.4.1 多样化的畜牧业和野生动物经济

Lamprey（1963）总结了最近几年的研究发现，在东部和中部非洲，半干旱的热带萨瓦纳自然条件下，如果用活生物量以及能流和产量的稳定性来代表生态系统的效率，野生有蹄类比家畜有绝对优势。即便是在欧洲人用现代管理方式经营的牧场里，这一点也是毋庸置疑的。Talbot 等（1961）在肯尼亚和坦桑尼亚马萨伊地区的研究表明，野生有蹄类动物与家畜相比，具有下列优势：

(1) 更高的食物利用率，因为野生动物的食谱更广，进食习惯也更多样化。

(2) 更高的消化效率和死亡率。

(3) 更低的饮水需要——特别是有些瞪羚类。

(4) 更快的生长速度和活体增重速度。

(5) 更早的繁殖年龄。

(6) 更强的疾病抵抗力——特别是抗 trypanosomiasis（非洲昏睡病或锥虫病）的能力。

以东非地区的这些相关研究为基础，加上在中、南部非洲从事商业性"狩猎牧场"的实际经验，Ledger（1964）建议，在这类低产牧场上，狩猎野生动物比放牧家畜可获得更多、更便宜的肉类，同时对土壤和植被的破坏也会更小。狩猎牧场可以成为从替代性经济向生产力更高的经济形式过渡的一种选择。

7.4.2 野生动物对旅游业的推动作用

目前来说，马萨伊地区野生动物最大的经济财富可能是对旅游业的潜在推动力。在肯尼亚，旅游业已占国家收入的第二位，1962年的收入高达850万英镑（Brown，1963）。1963年的前6个月，东非的旅游业增长速度达26%，而此前15年的平均增长速度是15.5%。据预测，到1970年，游客的数量将相当于1963年的3倍，每年的消费额将达2 400万英镑（Oneko，1963）。

毫无疑问，会有越来越多的欧美人选择去越来越远的地方旅游——哪怕是短期地——以逃避越来越大的城市压力。最近，《时代》杂志上刊登了一篇关于1963年夏天欧洲公路拥堵和度假中心人满为患的报道，说明在欧洲已越来越难以找到这种可以逃避的地方。与此同时，富足社会的国民收入中，花在休闲娱乐上的比例在稳定增加，费用变得相对低廉，飞行也更加便利。这使马萨伊地区这样的东非地区，以其独特的、广阔的、未受现代文明破坏的旷野，吸引着来自世界各地的游客。

然而，如果我们希望把野生动物作为马萨伊地区发展规划的一部分，并使其与马萨伊人的社会经济进步相协调，我们需要更多地了解其直接经济效益，这可以根据对野生动物及其生境的保育和管理计划进行推算。当地已建立起一个专门的马萨伊部落狩猎公园——Lol Kisale 控制区和 Taragire 狩猎保护区——还包括邻近的马萨伊中部草原作为控制狩猎区，其收入的一部分直接返还给参加合作的马萨伊人，这非常有利于促进"狩猎畜牧业"计划的实施。此外，还可以建立一个博物馆，来展示尼罗－含米特（Nilo-Hamitic）的文化、手工艺品、艺术和历史。这样，不仅可以把旅游业、狩猎观赏，以及狩猎本身结合起来，而且还可以成为马萨伊人的"财富、荣耀和声誉"的源泉（Huxley，1961）。

不过，即便野生动物成为马萨伊经济的重要部分，这里的支柱产业仍然还是畜牧业。

7.4.3 马萨伊地区牛群和牧场改善的经济可行性

像马萨伊这样半干旱的、地广人稀的地区，似乎唯一有利可图的畜牧业就是放牧牛群，这是由当地的特殊条件所决定的。这里与东非其他半干旱地区一样，牧牛业的强化面临着一系列困境。这里的"泽布牛"属晚熟品种——在粗放经营的放牧条件下更加晚熟——因为缺乏相应的圈养来促使那些断奶的和1~2岁的小牛快速增肥投入市场。肉价低廉，对优质牛肉的需求量也低，还要花很多钱来防止偷窃和控制疾病，以保证质和量的高产。在这样的条件下，至少牛群的 4/5 应该全年存牧，以适应市场的波动和应对极端干旱时期较高的死亡率，这在马萨伊地区的自然条件下是非常重要的，却也是非常难以做到的。

现在东非半干旱牧区的单位面积产出很低，在马萨伊勉强维持的部落牧场，每英亩的收入不到 5 先令，在最先进的、大面积的牧场，最高也不过每英亩 15 先令（Brown，1963）。只有个别地方可以获得较高的收益，那里资金雄厚，具有专业技术人员，通过围栏和引水，每头牛可以日增 0.75 磅，每 12 英亩可以承载一头 1 000 磅重的牲畜（Ledger，1964）。

在马萨伊所处的条件下，这种较低的收益为任何经济上的投资设定了阈限，如发展水利、围栏、清除灌木和消灭采采蝇。这些花费只有在那些具有较高潜力的土地上才值得，在那些地方改革草场可以带来较长时间的载畜量增加，至少可以达到每 4 英亩养活一头牲畜，同时还可提高牲畜的产量（Hutchinson，1964）。因此，载畜量是需要考虑的最重要的经济因素，在进行大规模的投资之前，不仅要先考察适合长期改善的最有效途径，而且还要了解条件改善之后土地的农业生态潜力和最佳利用方式。

前已述及，在这种低潜力的土地上，通过野生动物保护，或许可以获得同样的、甚至更高的收入，而不用这么大规模的投资，也不用冒生产力降低的风险，这在粗放经营的牧场是很常见的。

7.4.4　牛奶产量增长的重要性

为了让马萨伊人确信动物饲养不仅是一种生活方式、一种理念，而且还是一种财富的来源，充分考虑人的因素是非常重要的。在当地畜牧业中非常重要的肉牛农场或许是动物饲养中最具商业性的形式，尽管它缺少对动物个体的依赖。

另一方面，牛奶生产可能更适合这一地区的经济要求，马萨伊人关于质量方面的观点也应有所改变。如果有市场的话，牛奶应成为他们最主要的商品食物——当今牛奶已经成为最受欢迎的商品了。如果奶产品的加工、贮存和销售环节得到完善，牛奶产量的增加不但会迅速影响人们的营养结构，而且还会影响人们的经济收入。不仅如此，动物对更好的饲养方式和饲料的反应也更加迅速，牛奶比牛肉的变化更容易直接观察到，因果关系变得更加清晰。马萨伊人如果能在较小面积的、改良的草场上，从更少、更好的牛身上更长期地获得更多的奶，就可以使他们摆脱对饥荒的恐惧，更乐于接受控制牲畜的数量，以及进一步改善生存条件。

现在大部分马萨伊牛的产奶量每天只有半加仑。除了产仔后短时期内有一个产奶高峰外，很难满足家庭和牛犊对牛奶的需求量。牛犊和人很快就没有奶吃了。因此，提高牛奶产量不但可以改善家庭的营养结构，而且有利于提高牛犊的质量，使它们在断奶时体重更高，对疾病的抵抗力也更强。这样，就形成了一个更健康、更具耐受力、肉奶产量也更高的畜群。在马萨伊地区放牧这种肉、奶两用的牛，应该成为这里主要的发展目标。

与此同时，也不应忽视马萨伊地区山羊和绵羊的改善。在那些退化了的、被灌木丛侵占的牧区，提高山羊奶的产量是非常重要的，因为那里牛奶的产量非常低，也难以提高。在条件适宜的区域，还可以考虑提高绵羊的肉和毛产量，或者引进安哥拉山羊来生产马海毛和更好的羊肉。

7.5 马萨伊地区牧场产量的提高

7.5.1 牧场改良

马萨伊地区通过更好的牧场管理和饲养方式，和选择更加优良的牧群品种来提高牧场所能达到的产出水平，归根结底取决于限制畜群，特别是牛奶产量的瓶颈——草地生产力的巨大波动，特别是旱季营养偏低问题。最重要的是旱季草场，往往与永久性水源和 bomas 极相关。每年有 6 个月的时间——干旱年份持续的时间会更长——畜群的生存主要取决于这类草场，因此面临的过度放牧和火烧压力最大。自然这些地方将首先遭受加速退化带来的影响，当游牧系统为定居系统所代替之后，这些地方将首先演变为灌丛。

马萨伊人希望尽可能地保存这些牧场作为旱季的"活饲料"。对于"季节性沼泽"和一些"低洼积水塘"来说，湿季这些地方因太湿实在难以利用。但是目前这类草地的高生产潜力大部分被浪费了，因为这些地方生长着低质量的禾草或莎草，干季会变硬，营养也低，而这时却又是最需要饲料的时候。

一般来说，热带草场限制产量和营养价值的主要营养元素是氮（Henzell，1962）。不仅在湿润的热带地区，就是在干旱条件下也一样。充足的自由态的氮供应，以及各种其他养分的供应，可以使牧草更加有效地利用有限的水资源。

虽然有关这一方面的信息还不太多，但是可以想象，在家畜代替了野生有蹄类的动物之后，加上频繁的放牧和火烧，从生态系统中流失的氮将难以得到补偿，因为这类草地的固氮效率很低。此外，马萨伊地区大量的氮流失还缘于晚间牲畜围栏和畜类棚的建造，这些被遗弃之后就会烧掉。畜群往返于水源地的路上，通过踩踏，也会造成氮的流失。缺氮给植物生长和物种组成带来的影响，在马萨伊地区是显而易见的，最近在马萨伊草原南端干旱的 Kongwa 地区所做的施肥实验，也更加证明了这一点（Owen，1964）。

在澳大利亚干旱的热带地区，如昆士兰州和北部地方（northern territory），通过对适宜地区播撒禾本科和豆科的混合种子，成功地提高了草地产量和承载力，活体增重的幅度提高了几倍（Norman，1962）。这在马萨伊地区条件相对较好一点的地方也可以做到，这里也有一些营养较好的禾草和豆科的本地种，如纤毛蒺藜草（*Cenchrus ciliaris*）和 *Glycina javanica*。就像澳大利亚那些偏远的、贫瘠的地区一样，通过豆科牧草的改良，马萨伊地区整个畜牧业的面貌将会有所改观：通过增加固氮的、高蛋白的豆科牧草，在那些浅洼草塘和其他条件稍好的地方，可以大大提高马萨伊人－畜群－草场－土壤复合系统的生产力。在饲料添加剂和浓缩饲料不够现实，保存湿季牧草作为干草和青贮饲料也不现实，而大面积施用氮素化肥更不现实的条件下，这种通过豆科牧草改良草场的方法还是非常实用的。

通过提高水源地草场的载畜量，并且利用这里的持续生产力来主要生产牛奶，育肥中心屠宰场附近的牛群，以及把这里的牧草用做应急饲料，不但可以收回用于改良草场的投资，而且可以大大节省用于开发水资源、砍伐灌木等方面的额外开销。如果对这些草场进行围栏，以避免捕食者和偷盗者入侵，那么这些地方夜里也可以用来放牧，这样还可以解决马萨伊人的一个卫生问题：晚上在他们的驻地范围内不再需要对牲畜进行围栏了。除了可以在相对凉爽的几个小时里继续放牧之外，还可以通过牲畜的粪便返还草地的肥力，从长远来说，可以避免草地生产力的下降。

因此，在任何科研和草场改良项目中，都应该优先考虑这些因素。应该学习澳大利亚和其他国家的先进经验，研究建立豆科－禾本科混合型的牧场，改良土壤养分状况，并通过农业技术来改善土壤水分条件和局部洼地的排水条件。

7.5.2 牧场管理

Whyte（1962）在一篇文章中指出，有限的资金不应该分散地投入到大面积的区域发展上，而应该集中投入到精心选择的、条件较好的地方。这一原则非常适用于马萨伊地区。除了要对前面提到的那些小面积的，但很重要的草场进行集中改良之外，要防止大面积的马萨伊牧场退化甚至提高产量，只能通过最廉价的生态学方法来实现。

最重要的措施之一就是在数量、空间和时间上对畜群加以控制，通过调整存栏率，使畜群规模不超过牧场的承载能力。除此之外，还要严格控制火烧和水源地的分布。Heady（1960）在总结东非牧场管理的一篇文章中指出，这一最关键的问题是根据现有的和潜在的牧场承载力，对水源地进行精心规划和配置。这就可以有效地减少每个水源地所供牲畜的规模，降低畜群往返的距离。

这种生态管理方式适用于大面积的、低生产潜力的区域，不需要昂贵的围栏、伐灌和引水设施。如果没有这些高昂的投资就无法保证家畜高效地利用草地，无法获得较高的经济回报的话，这样的地方最好都留给野生动物。一般来说，即便在那些生产潜力较高的地区，大面积且不加区别地对灌木进行清除也是不太适宜的，除非人们对萨瓦纳生态系统中乔木和灌木的价值已经充分了解，并且知道如何管理被清除灌木之后的裸地，还知道如何防止灌木重新入侵（Naveh，1964）。

火烧是控制灌木最廉价的手段，还可以高效地释放固定在木质组织和叶子里的部分养分。火还有利于控制白蚁和蚂蚁。因此，应该强调这一方法的重要性，并探索有无可能进行低频度的，但更高温、更有效的火烧。这在罗得西亚的"夏雨型干旱灌木区"成功实施过，采用"四个围场三个牧群"的管理方式，简单又实际。具体就是一个围场全年禁牧，最后烧掉，或者在严重干旱年份用做救急牧场（West，1962）。

遗憾的是，我们对马萨伊地区以及东非其他半干旱牧区的承载力缺乏了解，没有任何实验数据和基础资料。在半干旱环境中，如果对承载力估计偏高，其后果将十分严重。在这样的地方，对于家畜来说，不管是过载的，还是管理恰当的，都需要很长的时间才能判断其数量是否合理。在罗得西亚的长期实验中，Kennan（1962）发现，在超载的牧场，牛肉的单位面积产量甚至更高，直到第一个干旱年份到来，生产系统彻底崩溃。

为不同的气候带和植被类型区确定适宜的承载力阈限，是任何集约程度更高的发展规划实施的生态和经济前提。这需要根据牧场的条件和趋势进行动态的和定量的分析，还要通过对植被、土壤及其相互关系变化的系统监测来及时校正（Naveh，1964）。

作为最后评价农业生态潜力的基础，应该使用畜群产量和收入这两个指标。

对于改良的草场而言，那些高潜力的地区应该考察畜群产量的增加情况；而那些受灌丛、采采蝇和缺水困扰的低潜力地区，应该主要考察野生动物方面的效益。

因此，马萨伊牧场生产力的提高需要从以下几个方面入手：

（1）在靠近水源和居民点的地方，精心选择条件较好的地段，集中改善那里的草场，作为高质量的、豆科－禾本科植物混合的牧场。要通过固氮植物和动物粪便的还田来保持土壤肥力。

（2）对开阔的大面积牧场进行生态管理，以获取最高的、可持续的产出。主要是通过更合理的放牧和火烧管理方式，更合理的水源地分布，以及调整存栏率，使畜群规模不超过承载阈限，并且要随着牧场条件的改变而调整——这需要长期的系统检测来协助。

（3）对那些低潜力的、缺水地区，以及受灌丛和采采蝇困扰的地区，不宜进行大面积的伐灌，最好用于狩猎旅游，从中获得收益。

上述不同管理区域和类型的定义和分区，和它们在整个系统中的综合协调利用，应该是被提议的试验计划研究和生态调查的首要任务。

然而，为了保证今后能在马萨伊地区实施这些建议和措施，用现代牧场管理方式来经营这里的畜群和野生动物，以实现马萨伊地区时间和空间上的持续性，很关键的一点就是对有能力、有意愿的马萨伊人进行训练，使他们成为牧场的技术人员或狩猎监护人员。如果不及时培训这样的专业技术人员，这些发展规划将很难付诸实施。

7.6 小结

坦桑尼亚马萨伊地区属于半干旱的热带萨瓦纳气候，地广人稀，以游牧为生的马萨伊人为主，是尼罗－含米特人的一个分支。由于降水稀少且分布不均，很难支撑稳定的、可赢利的经济作物，但在畜牧业和野生动物产业方面有较高的潜力。

要防止马萨伊环境的进一步恶化，只有通过综合的社会－经济、教育和农业－生态学手段，有计划地将马萨伊社会从一种近乎崩溃的、退化的游牧经济，逐步引导到一种稳定的，以合作农场自给自足的，并带有商业性的畜牧经济。首先要在马萨伊中部选择一个发展、研究示范区，建立合作牧场，使其在总体上提高马萨伊人－畜群－草场系统的生产力。同时，还要开设有关的培训项目，涉及整个马萨伊社会群体的各个阶层，尤其是年轻人。

牲畜产量和经济产出的增加可以通过下列途径来实现：增加牛奶、肉类、羊毛、马海毛和毛皮的产量，销售品质改良了的牛、绵羊和山羊，通过对野生动物的保护和管理，发展体育性狩猎、赏猎、狩猎畜牧业和旅游观光业。牧场产量的增加，应该通过在高生产潜力和水源良好的地段建立高质量的豆科－禾本科牧场来实现，还要有更好的放牧和火烧管理方式，更合理的水源分布，以及调整畜群规模，使其在承载力限度范围之内。那些低潜力的，为灌丛和采采蝇所困扰的区域，应该主要放养野生动物。

上述问题应该首先在示范区进行研究，然后将获得的实际解决方法推广到大面积的区域，以及纳入进一步的发展计划之中。

第8章
景观生态学在发展中的作用

8.1 引言

Naveh（1970a）在第二届国际工程师和建筑设计师大会上的发言中，扼要论述了他关于生态学在发展中重要作用的观点。此次会议由国际技术协作中心（ITCC）主办。其主要论点包括：

（1）意识到如果不控制人口增长，发展所带来的一切益处将被抵消掉。

（2）认识到自然环境抗性因子，如水资源紧缺和疾病，也是发展的限制因子，通过负反馈维持着欠发达系统的平衡。因此，要想通过技术创新来突破这些限制，就必须用人为的社会经济和文化控制来代替，使之成为合理的、保护性土地利用的一部分，以最大可能地实现可持续性产出。

（3）需要对环境加以保护，以避免进一步恶化和污染，以最大限度地保证生活质量。

（4）在发展中要实践上述目标，必须要有生态学家和生态学专业人士的积极参与，还要有受过生态学知识训练的技术人员支持，以及大量的资金用于生态学研究和教育，更加重视自然及其非经济方面的财富，更强的环保立法和执法效力。

近些年来许多人也表达了类似的观点，如罗马俱乐部，特别强调人口控制和环境保护是发展的第一迫切需要——见他们的第二个报告《人类处于转折点》（Mesarovic and Pestel，1974）。通过"绿色革命"来实现食物奇迹般增长的破灭，再一次证明任何技术奇迹都无法解决人类面临的困境。最近北非撒哈拉地区由干旱所导致的大范围饥荒，也再一次证明了以前的警示：单一的技术和农业发展排除了自然的负反馈，人口和牲畜的快速增加构成正反馈。因此，在干旱发生时就可能使情况变得更加恶劣——如同10年前马萨伊地区已发生过的。

另一个令人失望的信号是，许多欠发达地区的政治领导人正在不惜一切代价地扩展工业，而毫不关心环境问题。1972年在斯德哥尔摩召开的联合国人类环境会议就显示出了这一点。这些国家甚至不愿意花整个工业投资的3%来防止由此造成的不利环境影响。然而，如果那些富裕的工业化国家不断树立对环境不负责任的榜样，又怎能责备贫穷国家的领导人呢？

不过，与此同时，也有一些令人振奋的迹象表明，人们越来越深切地意识到新方法的重要性，这些方法主要体现在发展和土地利用规划中，取决于生态学方面的限制因素，而不是目光短浅的经济因素。这些变化很好地体现在越来越多的国际资助和协作项目中，如 MAB 计划、SCOPE 计划和 UNDEP 项目，还有一些多国或两国联合发展计划，都有生态学专业人士参与。在土地评价和土地利用规划领域，这一点尤其明显（Whyte，1976）。

毋庸置疑，如果景观生态学的理论与实践方法贯彻到发展中去，生态决定论的实施将带来更大的益处。目前景观生态学还主要局限在发达的西欧国家和北美，主要作为一种发展的工具来使用。

本文的目的是简短讨论一下景观生态学的概念基础，以及它在现代生态学中的地位。然后通过实例表明景观生态学如何用于东地中海高地的发展。

8.2 作为一门跨学科的"人类生态系统"科学的景观生态学

尽管许多生态学家所使用的方法和所从事的工作可以被认为是景观生态学方面的，景观生态学一词在讲英语的国家特别是美国还很少有人知道。以至于在最近一份长达 100 多页、400 多条参考文献（没有一条是非英语的！）的咨询报告中，就人类生态学的基础进行了非常全面的评述，还用很长的篇幅讨论了景观设计、土地利用规划、保护等内容，但却只字未提"景观生态学"（Young，1974）！

景观生态学作为现代生态学的一个最年轻的分支，主要研究人类与自然景观和人造景观之间的关系。因此，景观既不能像艺术家、景观建筑设计师等所认为的那样，仅仅被当做具有视觉美学内涵的自然，也不能像许多地理学家所认为的那样，与一系列的地形地貌组合同义。其定义应该包括所有可见的生物和人造组分，因此，在最广泛的意义上，景观应该是地理圈、生物圈和人造物体在空间和视觉上的组合。

然而，如果从整体性的、系统理论观点来看待景观，其定义就可以变得更加明确。与此同时，景观生态学显然应被视为一门新兴的人类生态系统科学。

这种方法的基础，首先是认识到自然界等级组织结构的一般性，以及生命世界作为一种开放系统，通过不断出现新的属性来增加其复杂性，从亚原子和原子的物理－化学水平，经过分子、细胞和生物个体的生物水平，达到超越于生物之上的生态水平，即种群、群落和生态系统（Tansley，1935；Bertalanfy，1968；Weiss，1969）。在生态整合的最高水平上，就是整合了"人类及其全部环境"的整体人类生态系统（Egler，1970）。

我们也可以像 Muller（1975）那样把抽象的、概念性的系统与可以用时—空关系来定义的实体系统区别开来。具体的生命系统通过物质、能量和信息的输入来维持，通过生物控制论的反馈控制来调节。生态系统因此可以被定义为自然界的基本功能单位，综合了生命系统及其生存空间，或者，如生态学家所指的生物群落（biocoenoses）及其生境。最小的具体生态系统是"生态区"，最大的全球性的生态系统是生物圈（biosphere）（Ellenberg，1973）。

但是，还应该进一步区分"生物生态系统"和"技术生态系统"（techno-ecosystem）。前者是自然的或人为改变过的生物生态系统，由自养性的生产者，异养性的消费者、分解者，以及自然的、物理的环境所组成，主要由太阳能所驱动。相比而言，技术生态系统是由人类建造和维持的，体现人类文明的乡村和城市生态系统。它们主要由化石能量和人造产品来驱动，其调节主要依赖于文化的、科学的、技术的和政治的信息，而不是保证自然生物生态系统自动平衡控制的生物物理信息。农场、村庄、乡镇等是最小的、具体的技术生态系统，最大的、全球性的技术生态系统则是技术圈（technosphere）。

现在我们还可以提出一种新的、整体性的景观单元作为具体的整体人类生态系统时空实体，将生态圈（ecosphere）作为最大的、全球性景观。如图 8.1 所示，这些景观单元既包括空间和视觉上的生物和非生物组分，如自然的和农业的生物生态系统，也包括带有人造元素的乡村和城市技术生态系统。根据这些整体人类生态系统中各子系统物质、能量和信息的输入类型和数量，我们可以区分出不同类型的开放的、文化的和建设的景观。随着人类活动影响的加速，城市和工矿用地将呈指数性增长，将产生越来越多的贫乏的、单调的文化景观，生物圈将被技术圈所代替，随之而来的将是新技术景观的产生过程，以及生态圈环境的恶化（Naveh，1973）。【本文发表于 1978 年，从近几十年人类社会发展的轨迹来看，这些预言都被验证了。——译者注】

几千年来，甚至上百万年来，生物生态系统都成功地正常运行，证明了其变化性和稳定性，主要原因是它通过负反馈环和最大限度的有序负熵输入，保持了动态稳定和自我调节。相反，技术生态系统则受正反馈、熵增加和无序的影响，已经显示出不协调的症状，表现为城市危机综合征（Vester，1976）。因此，人类面临的关键问题之一就是怎样使现有的生物生态系统和技术生态系统整合为一种结构和功能可持续的整体人类生态系统或者超系统，令其具有新的生态稳定性和弹性，同时又具有人类社会的社会－经济和文化价值。

只有通过科学技术的、文化的负反馈环，将生物圈和技术圈进行耦合，上述目标才能实现。例如，控制人口和经济的增长，废物循环利用，以及保护自然生态系统，等等。

在文化进化或者"智慧起源（noogenesis）"（Jantsch，1975）过程中，生态学通过研究整体人类生态系统与其具体的景观空间单元之间的关系，可以发挥非常重要的作用。作为人类生态系统科学，它已经超越了传统的生物生态学的纯自然科学领域，进入了以人类为中心的，与现代土地利用有关的知识领域，涉及社会学、心理学、历史学，以及智慧圈中其他的文化领域。

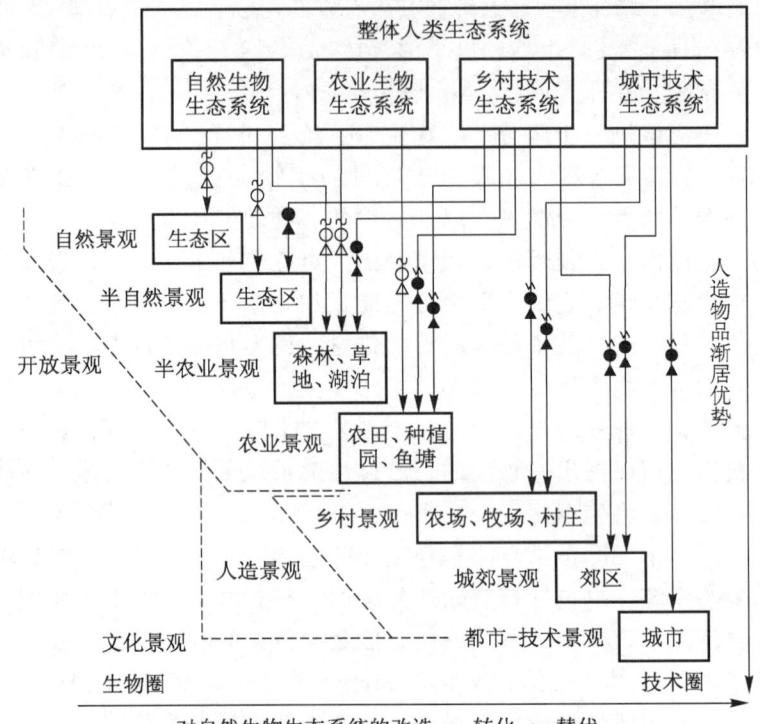

图 8.1 整体人类生态系统中作为空间单元的景观

由于大部分景观生态学家原来的职业是从事自然或其他开放景观的研究，因此其专业背景往往是应用植物学、林学、牧场管理或农业经济学。但是，随着他们越来越多地参与到区域和城市土地利用规划中，景观生态学家们的表现和所需要的训练越来越侧重于学科交叉的一些方面。这对许多发展中国家来说是非常重要的，因为借助于综合的清查和评估，可以为区域规划人员和决策者提供重要的环境参数，这在工业化国家已经得到了成功应用（Olschowy，1975）。学科交叉性的研究应该为自然保护区、自然公园和旅游休闲区的生态管理提供科学依据，同时也应该为判定景观承载城市和工农业压力的上限提供依据。它还可以为景观管理的许多其他方面提供帮助。

Whyte（1976）的研究报告表明，已经有不少发展中国家进行了生态土地评价，这是迈向社会经济发展的第一步。然而，这方面的工作主要是在最高产的农业区进行的，目的是用最少的研究和资源投入，在最短时间内来获得最多的产出。另一方面，不太肥沃的和边缘化的土地没有受到重视，则是任其自生自灭了。因此，景观生态学家们面临的挑战之一就是把这些自然植被覆盖的可利用的景观纳入到发展过程之中。要做到这一点，就必须在下面两者之间达成妥协：一方面满足保护和重建开放生存景观和自然生态系统的需要，另一方面也满足居民及国家经济的社会经济需要。朝着这方面努力的第一步，就是把这些生态系统中蕴含的"非经济财富"转化为可量化的参数，使土地利用规划人员、决策人员，以及土地使用者能把这些自然生态系统与其他土地利用方式的经济价值结合起来。

下面是以地中海高地为例，阐明这样的一种尝试在发展中的作用。

8.3 地中海高地发展的多用途对策模型

在以色列地中海沿岸地区以及地中海盆地周围的许多其他国家，山地和丘陵高地所占的面积约占50%甚至更高，这些地方要么太陡，要么岩石裸露，难以发展回报丰厚的种植业。这些高地上大部分被长势甚差的灌木或矮灌丛群落所覆盖，如马基（maguis）、garigue或batha（phrygana）【均是地中海常绿矮灌丛，译者注】，这些植物的经济价值和美学价值都非常低。这些景观的生态稳定性和生物多样性受到"传统的"放牧和"现代的"掠夺式新技术开发的双重威胁（Naveh and Dan，1973），对这种景观进行任何形式的恢复都将是十分昂贵的。

相比之下，其邻近的耕地则大都转变成了集约化的农业用地，前面所说的那些粗放的"荒地"几乎完全被忽略了，迄今除了任其进一步恶化外，唯一的其他选择就是把这些地方变成自然保护区或单一的人工针叶林。在以色列和许多其他地中海沿岸国家，这些尚可利用的高地是许多动植物种类最后的避难所，是未来进化和经济利用的基因库。其生态系统也具有重要的生态功能，如作为自然的"生命支持"系统（Odum，1971），作为流域保护的缓冲带，以及帮助人口稠密的沿海地区控制洪涝、水土流失和环境污染，等等。与此同时，这些景观还必须具备野外休闲地在社会生态、美学和心理卫生等方面的一些功能，通过丰富的景观价值和休闲娱乐内容，使开放景观成为工业化景观的一个重要组成部分。其经济价值既体现在生物产出方面，如畜产品、林产品，以及工业性植物产品，也体现在旅游业的收入上。另一个重要方面在于通过灌丛的改变可能会提高地下水层的出水量，以及形成防火隔离带。

以前关于这类天然草地或灌丛牧场的研究表明，通过科学管理和合理改造，这些高地具有很高的肉类、羊毛、奶产品的生产潜力（Naveh，1970a）。最近关于火、放牧和人类干扰对马基灌丛地、林地和草地的影响的研究表明，保存"最佳"比例的落叶物种对于维持最大限度的动植物多样性具有重要意义（Naveh，1971；Naveh et al.，1976）。最近我们与犹太国家基金会林署联合进行了一项研究，在多目标环境指数造林项目中，涉及大量本地和外来物种，主要是乔木和灌木，大大丰富和提高了这些退化的地中海景观中的生物、美学和经济多样性及其价值（Naveh，1975）。

就这项工作而言，我们提出了"动态生态系统"管理的理念（Naveh，1974b），主要是根据生态立地的潜力，满足当地和区域需求，实行有弹性的综合利用管理对策。

这一对策的流程图见图 8.2。目前利用不当的、低价值的高地（A），首先根据其木本植被密度，利用不当程度和立地条件分成了 3 个主要的亚系统。随着保护时间的延长，它们可以被转化成高密度的、难以穿越的、单一类型的马基灌丛保护区（B），抑或通过种植松树，发展成为高密度的、高度易燃的森林（C）。

这两种新的发展方向是基于两种主要的生态技术，分别用 D 和 E 两个子系统来表示：

（1）生态管理，主要是针对土壤－植物－动物复合体，对植被进行管理，如对树木进行疏化、修剪和整枝，控制火灾，有选择性地对灌木和杂草进行控制，在灌木林地上撒播多年生禾草的种子，或者在草地上撒播一年生豆科植物的种子。在后一种情况下，可以施肥也可以不施肥，但对小的地块进行有限制的放牧（最好是轮牧），并对牧地块进行围篱（D 系统）。

（2）多目标植树造林和植被恢复（E 系统），主要是尽量利用本地树种和灌木种类营造半自然的、多层次的公园用地或林地，这些植被同时还应具有盖度高、可用做饲料或具有装饰性等特点。在那些土地裸露比较严重的地方，以及一些人为造成的裸地上，如路边、露营地、休息点，以及防火区进行这类恢复是非常必要的。但两种生态技术可以相互结合起来，D 系统和 C 林地也可以转化成 E 这类系统。

D 和 E 都可以分成 3 个亚系统，依据是其主要利用目的——要么是休闲娱乐（D_1 和 E_1），要么是为牲畜生产饲料（D_3 和 E_3），要么是为实现休闲、林业、饲料、野生生物和牲畜等多目标的综合最大化（D_2 和 E_2）。以我们目前的知识能力，类似 D_2 和 E_2 的系统应该是最主要的目标，将来也许会有机会发展更加单一化的土地利用方式。

我们将每种管理系统的多用途效益进行了打分，标准是 5（最高）到 1（最低）。显然是从 A 到 B 到 C 系统，效益值逐步升高，在 D 系统中已经相当高，在最集约化改善和管理的 E 系统中，效益值达到最高。有关具体评价方法的报道见另文（Naveh，1977）。

下一步工作的重点将是通过实际的经济和社会生态参数来表达上述相对效益的价值，以便进行投资－效益分析，实现土地利用方式的最佳动态规则。对上述不同管理方案的投入，只有在国家层次上加以重视，才能成为全面的景观

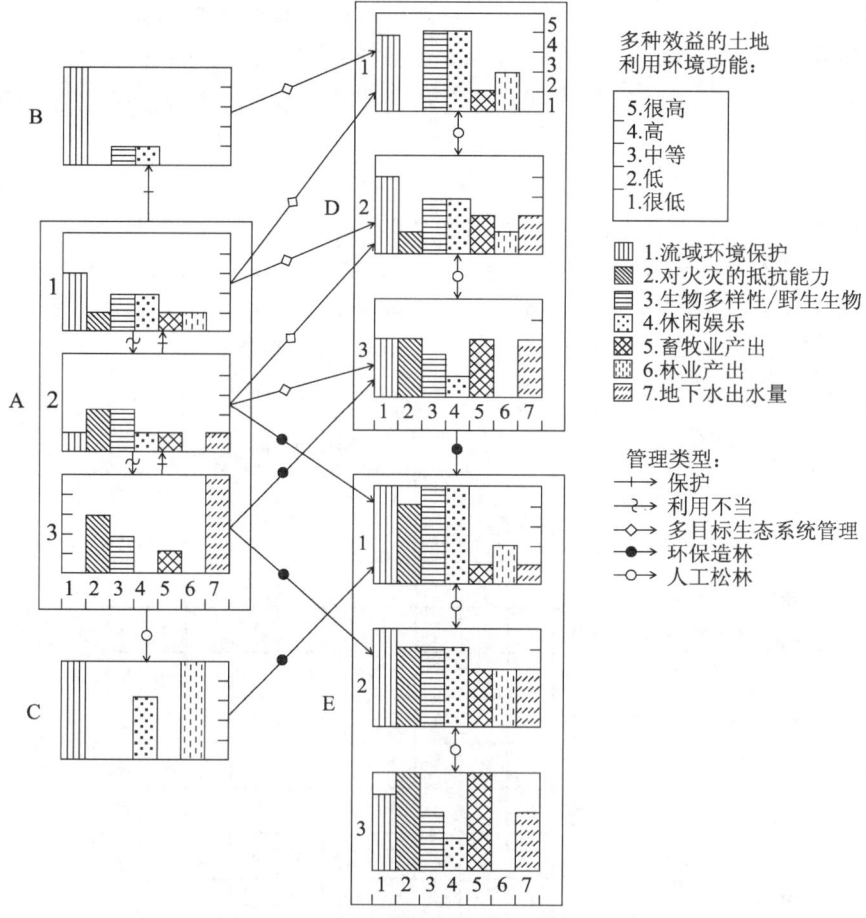

图 8.2 地中海高地生态系统管理流程图

A = 低价值自然高地生态系统
　　A_1 = 自然林地、马基灌丛
　　A_2 = 退化的林地、马基灌丛
　　A_3 = 退化的中低灌丛和草地
B = 森林和马基灌丛保护区
C = 人工松林
D = 改善的人工高地生态系统
　　D_1 = 改善的供休闲用的林地、马基灌丛
　　D_2 = 改善的多用途林地、马基灌丛
　　D_3 = 改善的饲料—灌丛和草场
E = 半自然的、集约性改善了的高地生态系统
　　E_1 = 供休闲用的人工林和公园
　　E_2 = 多用途的人工林和公园
　　E_3 = 饲料用的人工林和灌木林

发展规划。第一步是要在自然保护区、森林和休闲公园之类的地方开展研究和示范,并取得科学管理的经验。

在多目标土地利用规划中,一个主要的问题是,在了解不同土地利用方式的相互影响的基础上，评价它们的相对效应高低。我们试着建立了一个敏感性控制论模型（cybernetic sensitivity model），见图 8.3。在这一模型中，每一种土地利用方式和功能类型都体现在一个相互影响的生物－社会－经济生态网络中，相互影响的强度分为 4 级（0，1，2，3），用矩阵表达（Vester，1976）。这样就可以判断出那些最活跃的和最关键的因子——在我们这种情况下，最重要的是林业产出，其次是畜牧业产出和休闲旅游效益——最被动的是产水量，其他因子稍有变动就会引起这个参数的巨大变化，其他的环境功能居中。因此，由于林业和畜牧业产出影响巨大，针对这两项的管理应该加强；而对于水量产出，不应作为一个主要的管理目标，而应视为某些土地利用方式的有益副产品。

影响来自于↓		A	B	C	D	E	F	G	AS	Q
环境和流域管理	A	·	0	0	3	1	0	3	7	0.8
对火灾的抗性	B	1	·	1	1	1	3	3	10	1.1
生物多样性和野生生物	C	1	1	·	3	1	1	1	8	0.9
休闲娱乐	D	2	3	1	·	1	2	1	10	0.7
畜牧业产出	E	2	2	3	3	·	2	2	14	1.7
林业产出	F	3	3	3	3	3	·	3	18	2.2
地下水出水量	G	0	0	1	1	1	0	·	3	0.2
	PS	9	9	9	14	8	8	13		
	P	63	90	72	140	112	144	39		

影响作用于→

图 8.3　土地利用要素的敏感性控制论模型

0 表示没有影响，1 表示轻微影响，2 表示中度影响，3 表示严重影响
$AS = $ 主动影响总和，$PS = $ 被动影响总和，$Q = AS/PS$ 比值，$P = AS \cdot PS$。
积极要素：Q 值最高：F、(E)。被动要素：Q 值最低：G、(D)。

8.4　小结

景观生态学主要研究整体人类生态系统与其具体的景观空间单元之间的相互作用关系。整体人类生态系统是将自然生态系统与人类技术生态系统结合起来形成的整体。因此，景观生态学不仅要研究自然和半自然的景观，还要研究文化－乡村景观和城市工业化景观，以及化石能源、人造物品、文化等方面的信息输入和控制。这门学科作为人类生态系统科学的一个新分支，带有现代土地利用方式方面的学科交叉，将为发展中国家做出重要的贡献。其面临的最大

挑战之一，就是在保护和重建开放景观与人类社会经济需求之间找到一个平衡点。要达此目的，就需要把当地生态系统所具备的非经济财富转化成具可操作性的参数，供土地利用规划人员和决策者使用。

作为这样一种尝试的实例，本文对地中海高地非耕地区域的发展和改善途径进行了研究，并用一个综合利用生态系统模型描述了具体的对策和效益。通过多途径的植树造林和植被恢复计划，可以实现自然保护、野生生物保护、休闲娱乐、环境保护、畜牧业产出，乃至水量产出的总体效益提高。

为了对不同土地利用方式及其相互影响进行对比和评价，我们建立了一个敏感性控制论模型，并据此判定了最活跃和最关键的变量——林业产出、畜牧业产出、休闲娱乐效益，也判断出最被动的因子——水量产出。

为了进行投资-效益分析，以及实现最优的动态规划，上述相对效益价值还需要用实际的、定量的生态、经济和社会生态参数来替换，并且在国家层面上作为综合景观总体规划的一部分来实施。

# 第9章
区域可持续发展的生态学维度

9.1 可持续性与可持续发展的含义

在论述区域可持续发展的生态学方面之前，先简要讨论一下可持续性与可持续发展的含义。

根据Brundtland（1987）在世界环境与发展大会所作报告的定义，可持续发展就是既满足当代人的需要，又不损害后代满足其需要的能力。

尽管有大量文献在讨论这些问题，但是可持续发展的来源——可持续性的含义并不明晰。因此对可持续发展的解释也有争议，尚需要更加综合的认识论基础和概念基础来进一步完善可持续性与可持续发展的概念。

世界自然保护联盟前主任Munro（1995）超越了Brundtland的定义，对这些术语做出了综合性解释。他把发展定义为在最广泛意义上，增强人或环境满足人类需要或改善生活水平能力的任何活动或过程。他指出，发展是一种复杂的活动，有的活动具有社会目的，有的具有经济目的，有的以物质资源为基础，有的以知识资源为基础。无论以什么为基础，以什么为目的，这些活动都使人们充分发挥其潜能，并使人们享受美好的生活。

因此，他把可持续发展看做是生态可持续性、社会可持续性和经济可持续性这三个紧密联系的组成部分，为了可持续发展，必须继续发展，或长久保持发展带来的好处。然而他也强调，为了改善人们的生活质量，生态条件对发展的限制也是必要的，应该保证人类是生活在起支持作用的生态系统的承载力之内的。

根据Munro（1995）的观点，生态可持续性就是以起支持作用的生态系统的承载力为基础的，因为生态系统是生活必需品如空气、淡水、食物的唯一来源，也是纺织、建筑、烹饪和取暖所需原材料的唯一来源。对定义承载力这一复杂问题，其指导方针就是这个概念应该能反映生态过程的重要性，必须把这个概念确定为在维持其他物种的健康和生产能力的前提下，对包括人类在内的任何物种的承载力。不管生态系统组成部分是什么，要维持在生态系统承载力范围内的最好方法就是保持所有生态系统组分的健康和生产能力。这已在《景观生态学》（Naveh and Lieberman，1994）一书中详细地讨论过了。

要得到一个更为综合的观点，我们必须把这些生态系统的所有组成部分包括在内，作为整体人类生态系统的组成部分，把人类及其整体环境整合起来，作为地球上生态等级最高的协同进化水平（Naveh and Lieberman, 1994）。根据这个广义的定义，对可持续发展来说在生态学方面绝对必需的就是在我们这个整体人类生态系统的承载力范围内，保持其健康性、完整性和生产力。

9.2 对可持续发展进行跨学科研究的需要

这是指不要把区域可持续发展的生态学方面限制在环境的自然方面以及微生物、植物和动物这些传统的生物生态学研究的有机体部分，也要包括人类生态方面，尤其是与土地利用及其自然资源有关的那些方面。因此，它们与人类生活和福祉的社会、心理、经济、文化等方面密切相关，因而不能在狭窄的自然科学界限内获得解决，而必须超越自然科学进入到人文科学，需要富有创新性的跨学科的系统研究方法。

显而易见，在我们试图进一步详细研究整体人类生态系统的生态承载力时，急需进行这样的跨学科研究。J. Cohen（1996）在一本长达 500 多页的书中，全面体现了这一点。该书引用了几百篇参考文献，引用了大量不同的对地球人口承载力的定义、估测及其含义。他对基础与应用生态学中承载力的各种概念进行了研究，并对人类与自然的未来可持续性的最关键，同时也是最复杂的问题做了深入研究。他强调，设想"人类与环境相互作用而对经济和文化没有作用，经济和文化不受影响"是没有用的。假设人口增长与经济发展相互作用，而独立于环境与文化，同样是没用的。他们在一起相互作用，就像四重奏，其合奏的效果大于任何一个、两个或三个演员演奏的效果。他把这比作一个底面为三角形的四面体金字塔，在这个金字塔中，人口位于金字塔的顶端，底部的三个边分别是环境、经济和文化。然而，由于这四个参数在空间上是变化的，所以它们的相互作用也在空间上变化。地球上有成千上万个这样的金字塔，甚至在每个地区，我们都必须用不同的方法研究数个这样的"金字塔"。

试图用精确的数字定义每一个地区的可持续生态承载力（而不考虑支持未来人口的承载力是不可逆降低的）是没用的。然而，我们可以借用"金字塔"这个比喻详细地说明决定未来其可持续性的一些关键参数。世界观察研究所所长 Lester Brown（1996）在他的《1996 年世界状况报告》前言部分，用下面的例子做了尝试：

"可持续的经济中，人口的出生与死亡相平衡，土壤侵蚀速率不超过新土壤自然形成的速率，砍伐的树木不超过栽植的树木，捕鱼量不超过渔场的可持续生产量，牧区牛的数量不超过其承载力，抽水量不超过水的补充量。这是一个释放的碳量和固定的碳量相平衡，动植物种类灭绝的数量不超过新物种形成的数量的经济。"【但这个例子没有涉及文化方面，自然本身也有很多不确定性，如地震、旱涝灾害。可持续的经济还应该对这类"不可抗拒"的灾害有较强的恢复力，并保持文化多样性的延续。——译者注】

9.3 环境可持续性革命的需要

Brown（1996）主张，依据这个原理，要保证我们地球未来的可持续性，就需要与第二次世界大战规模相当的全民总动员。他甚至在一本有关生态心理学方面的重要论著的引言部分作了更具体的阐述。他写到：

"我们要寻找的正是一场环境革命，是一场仅次于农业和工业革命的经济和社会变革（Brown，1995）。"

然而，这样一场环境的可持续性革命将必然面临信息社会的挑战。为此，可持续发展将必须同时满足人们对新的、高质量的生活方式，经济和景观的需要（Grossmann et al.，1997b）。

不必成为"资深生态学家"，就可以认识到一场广泛的文化和社会经济变革（因为这些变革会带来这样的环境革命）的迫切性。因此我们不应该自欺欺人。只要发展中国家和工业社会最贫困国家的人口继续呈指数增长，只要美国的高消费与浪费经济还在驱动着更高的期望与希望，只要社会进步由越来越多、越来越大的工厂，更多更大的汽车，更多更宽的公路，大而豪华的购物中心里更多的产品来衡量，那么，全球可持续发展将仍然是一个乌托邦式的空想。

只要土地利用决策仅仅是根据狭隘而短期的货币收益成本计算做出来的，那么可持续也不能实现，因为在这样的决策中，生物圈景观的自然资产和文化资产仅仅作为人们利用的产品来评价，而没有对其自身的权利和内在价值，以及这些资产在伦理、精神、文化、科学、美学等方面的超自然意义进行评价。

如果在可持续发展的土地利用决策中对环境问题的考虑仅限于货币价值，那么市场无论是对现在还是对后代都无法保证生物多样性和生态多样性的保护，无法保证富有吸引力景观的娱乐价值与精神价值。这对自然和半自然景观提供的所有其他的免费服务和软的非经济财富也是一样的。这些所有不能买卖的公共资产都无法给提供者提供直接收益。

为了对其进行评价，应当试图提出综合的景观生态评价方法，例如 de Groot（1992）和其他人提出的方法。

9.4 度量生态可持续性中出现的问题

然而,我们离提出比实际应用的 GNP(gross national product)和可持续性指标更综合的指标似乎还很远。对定义和应用合适的指标来度量可持续的生物物理参数的变化,也是如此。这在一次关于定义和度量可持续性的国际会议上表现得很明显。这次会议忽视了所有的人文和社会因素,在讨论中对应该度量什么也未能达成一致意见,尤其是在生态系统水平上,没有提出一套合理度量全球水平和上述不同生态系统水平可持续性的简单、综合的指标。

在一篇关于这次会议的综述中,de Groot(1992)主张只有具有严密的生物物理基础,生态经济学家的一流模型才能影响到决策。所以,像把可持续发展建立在"自然利益"基础上的"投资自然资本"这样的比喻,目前被证明是毫无帮助的。很难说出贮存和流通(stocks and flows)之间的差异,也很难计算这些形式各异,尺度大小不一的自然资本之和。"生态系统健康"是会议上提出的另一个类似词汇,它可由一定的指标综合检测,这些指标也只能是定性的和模糊的。按照 de Groot(1992)的观点,生态学不可能提出任何一种简单的、类似于上述流行的经济指标 GNP 那样的指标来。但是,即使是基于遥感度量的净初级生产力以及基于多种生物多样性指数的综合指标也都可能隐藏着质的差异。

de Groot 对可持续的不确定性作了许多重要评价,因为可持续的不确定性对可持续发展有重要意义。气候变化的自然"噪音"和其他不可预测的自然干扰和人类干扰,以及自组织的生态系统的性质导致了不确定性。它们以不确定的方式在变化着,这种不确定方式改变着其性质。由于它们远离平衡,其未来的状态主要取决于对最初状态的随机扰动,因而认为它们是无序的,其未来也是未知的。

这样,可持续本质上是不确定的,甚至其可能性也是不确定的。所以,可持续性可能只是相对的,并不是绝对的,某种经营管理在具有许多产品的某个地区某段时期内或多或少地是可持续的。

基于创新性的、综合的与发展的系统概念来探讨这些问题已超出了本文的范畴。事实是,它们对充分理解选择的艰难是必需的(在从工业社会到后工业信息社会过渡的关键时期,我们要面临这些选择)。世界著名的系统思想家、全球变化专家 Ervin Laszlo(1994)在一本重要著作《发展与灭亡之间的选择》中对这些选择作了清楚的阐述。

我们已经把这些动态的系统范式作为综合的景观生态概念的科学基础作了详细讨论(Naveh and Lieberman,1994)。

然而,Carpenter(1995)认为,科学并不是完全不能度量可持续性或不可持续性。明显的不可持续的一些做法，无需度量也能发现许多细微的不可持续的证据。

他指出，景观生态学与其他领域应用的遥感、地理信息系统技术相结合，对完善这样的生物物理度量大有希望，其产品是描述土地利用变化的数据。土地利用变化是现实的，对时间较为敏感，可以用可持续性来解释，像地图一样的产品可以给决策者提供有关生境交错带、斑块构型，以及廊道、经济活动、水的质量和植被方面的信息。

通过查阅大量的文献，他总结到，目前相应的统计上可靠的科学度量还没有取得大的进展，我们对可持续性的检测能力远远超过了用证据证实和预测可持续性的能力。当对可再生的自然资源提供的商品和服务需求很大的时候，就达到了关键点。

对自然生产系统的压力过大会引起其部分崩溃，同时放弃大部分产量而保护基本资源，则会使穷人丧失获得粮食和其他必需的自然产品的权利。

9.5 作为一门横断科学，景观生态学在可持续发展中的作用

令人遗憾的是，像其他研究环境规划和管理的许多景观生态学家和其他科学家一样，Carpenter 仍然把景观生态学看做是一门严格属于生物生态学和（或）生物地理学的学科。尽管作为唯一的涉及多学科的横断科学，景观生态学提供了创新性的综合的途径和方法，但是其价值仍然没有被完全认识和利用。

因此，即使在涉及可持续性和可持续发展的文化景观的研究中，仍然把人类活动方面仅仅作为"外部干扰因子"来对待，而忽略了其更广泛的、更深层的人类生态价值、文化价值、精神价值、感知价值以及美学价值。

Carpenter（1995）客观论述了景观生态学对可持续发展的重要作用。但是，他显然没有认识到景观生态学注重于综合，注重于解决实际问题的一面。这比那些称为"定量化的空间景观生态学"的学科更有助于达到可持续发展的目标。这个流派主要是由北美景观生态学家创立的，目前也被奥地利景观生态学家应用于奥地利科学与艺术部资助的国家研究项目"奥地利文化景观的可持续发展"中（Begush et al.，1995）。

这项研究中，这些先进的、定量化的计算机方法对景观空间分类非常有用。然而，在我看来，他们并不能达到 Wrebka 等（1997）定义的"表征每一区域可持续发展指标"的目的。这样的空间指标也不能作为"可持续性土地利用日常监测"的基础。

我们是否能够相信这些静态的景观空间形态参数，而不把动态的功能参数结合起来考虑，对此我表示怀疑。另外，他们没有考虑上述潜藏在这些景观行

为后面的、不可预测的变化。这一点我们已在其他地方做了详细解释（Naveh and Lieberman，1994）。

应当把所有这些复杂的自组织的文化景观看做是远离平衡态的"耗散结构"，这些景观具有时空无序涨落的特征，这种涨落是由自然扰动（如气候波动、大火灾，以及其他不可预知的灾难性事件），以及人为文化原因导致的变化所引起的。这些正在通过"新技术景观退化"的过程以指数速度改变着景观，使得景观的生物资源与文化资源走向枯竭。作为独特的格式塔系统，其特征是把动态机制与其时空组织联系在一起，因为二者都是在这些涨落中产生的，所以，必须根据其功能——时空结构——涨落三级网络关系，对它们进行整体考虑。因为在这个网络关系中，它们是相互影响的。

在上述奥地利文化景观研究项目中，有一支强大的社会生态学家队伍，他们研究社会新陈代谢作用以及人类对这些景观的影响，另一个队伍则研究有关的社会经济和文化方面。不用像纯粹的多学科研究那样，分开做每一项调查研究，然后再把这些调查研究的结果"放在一起"。很值得把这些不同的方面放在一起研究，紧密结合，互相协作地进行，这样，它们就成为真正交互的甚至是跨学科的研究，贯穿其中的系统目标是可持续的土地利用规划与管理。

这就要求一个通用的跨学科的景观生态学概念，在这个概念中必须把人类看做是整体人类生态系统过程与功能的一个组成部分。这样的话，其有形的以太阳能为能源的生物圈景观和以化石燃料为能源的城市工业技术圈景观，将在地方、地区乃至全球多尺度和多维度上，成为所有有机体、种群、群落和生态系统，包括人类及其环境在内的实实在在的基质。

这样的整体人类生态系统概念，意味着必须把人类作为相互作用、共同演化的景观组成成分来看待。正如 Naveh（1995b）所述，所有受人类影响改变的半自然景观和文化景观已经成为"自然与智慧的有形的汇合"。据此，它们所包含的参数比牛顿时空尺度和笛卡儿机械论和决定论因果关系中的度量参数多。在这些独特的格式塔系统中，仅仅用数学方程式、框图模型和地图等正规的描述方法已不能表述其内在的自我超越的价值。

对于是否需要基于综合的系统观点，通过交叉以及跨学科的概念与方法，完全代替单学科的还原论范式，则是争论的另一个问题。

不应当把这个跨学科的概念仅仅看做所有与土地利用有关的自然、生物生态和人类生态之间的理论与方法的联系，那样的话，景观生态学家只是综合者。这个概念更应该成为学者、专业人员、关心自然保护的生态学家和关心生产的林学家和农学家，以及工程师之间沟通的桥梁。这些跨学科的系统概念及其在上述奥地利可持续文化景观研究中的广泛应用，对培养新型的、具有广泛的生态学、经济学、社会学和技术基础的土地管理和使用者具有积极作用。

德国北部某小镇的周围是侵蚀的农业景观和被忽视的未利用的森林和湿

地，该镇被失业所困扰，对这个镇的生态、文化和社会经济复苏的研究是有关可持续发展的第一个案例研究。该研究证明了在区域可持续发展中如何成功实现景观生态学的跨学科目标。该研究由著名的系统科学家和景观生态学家 W. Grossmann 博士领导下的 Halle 莱比锡环境研究中心的未来区域模式课题组完成，这个课题组是一个涉及多学科的研究队伍。该项目的理论基础就是一个综合的"整体人类生态系统"框架。其主要目标就是促进人口（在这个案例中就是 Visselhoevede 城区的居民）、经济（提供新的工作和技能，包括计算机技能）和生态（退化森林、湿地和河流景观的恢复，用于娱乐和旅游）形成正向的协同增效效应。为此，该课题组利用了新的非常先进的模拟模式——"信息－社会综合系统模式"（information-society-integrated-systems model，简称 ISIS 模式），包括进一步开发相互促进的网络和系统动态递推模拟模式（Grossmann et al., 1997a）。这个案例研究是在该城市长和居民的紧密合作下，在美国经验丰富的景观规划与设计专家的帮助下完成的。经济恢复工作以及该城市周围生物圈景观的恢复工作得到了市长和市民的支持，也得到了地方企业的支持。

这个项目也令人信服地显示了"实用信息"对顺利完成该项目的重要性（Naveh and Lieberman, 1994）。

作为一门具有预测性的、可解决实际问题的实用科学，景观生态学和涉及可持续发展及土地可持续利用的其他学科都不赞成使用语义信息，即报告和科学出版物中用语言表示的信息不应该成为科学研究的最终目的。只有当把这样的信息转变为实用信息时，这样的科学语义信息才能改变这种现实，因为实用信息通过接收者的正反馈作用而生效，并通过接收者转化为实际行动。只有在科学家、专业人员以及居民及其领导者之间进行了有效交流与沟通后，才能够对 ISIS 模式顺利进行检验与补充。这可通过"基础性"工作来实现，这些工作的目的在于借助多方面的交流渠道，包括互联网，让社会各界对他们的计划的明确含义达成共识，在这方面，实用信息不仅在上述模式的帮助下证实了科学知识，而且具有创新，在信息异常丰富的社会中提前满足了公众的各种需要，提前有创造性地使其景观具体化。

这项研究的成果已经在欧盟资助的一个新的涉及多个国家的项目中得到了应用。该研究由 Grossmann 博士协调，其研究队伍由来自英国、西班牙、奥地利、瑞士和以色列各大学和研究所的具有不同专业背景的自然科学家和人文科学家组成。其主要目的是构建面向信息社会区域可持续发展的一个通用模型。在这个模式中，将进一步开发出促进人类经济与环境协调的 ISIS 模式。在典型区域案例研究中，将在具体的生态、社会经济和文化条件及其要求下，采用这个模式。这个研究目前仍处于初级阶段，前面的几个月主要是参加专题研讨会的所有人员之间通过对话或电子邮件进行交流。为此，建立了联合的跨学科的理论与方法平台，以该平台为基础进行野外工作和系统建模工作。

作为所有案例研究中联合工作计划综合框架的基础，每一个研究组必须提供与其具体的专业有关的讨论大纲。我们以色列技术研究所景观生态学家组成的研究组，主要有 S. Burmil 博士、D. Kaplan 博士和我，我们这个研究组准备了在评价不同水平的区域可持续性时必须考虑的主要生态景观特征的资料清单。这个信息应当作为评价可持续发展的系统缓冲能力的指导方针，并作为系统生态承载力的指标。

为此，我们把主要景观分为三大类：
(1) 自然和半自然生态区。
(2) 耕作生态区。
(3) 建成生态区。

在每一大类中，我们区分生物特征和非生物特征以及具体的景观生态问题与过程。有些特征是这三个类别的共同特征，而另一些特征是每一类型所特有的，包括能够测量的定量特征和能够评价的定性特征。

为了完善这些资料，在区域可持续发展的景观生态方面必须考虑下列问题：

(1) 并不是所有这些参数都对每一个地方和区域有用，所以必须确定监测、建模和规划所必需的最低要求。跨学科的主要困难就是对整个景观多样性的确定，因此，这是研究中应该特别关注的主题之一。
(2) 需要从这个资料清单中提出一个条理化的模式和野外工作指南。
(3) 选择特殊的指标来刻画退化、不稳定性和全面景观退化的过程。
(4) 生态方面与社会经济方面的整合和相互作用。

9.6 结论

本章主要结论是，从地方到区域、国家和全球水平所有尺度上的可持续发展必须依赖于 3 个支柱：社会、生态和经济支柱。这就是说，只有当人类及其利益、文化、经济和环境——尤其是自然、半自然的和文化的生物圈景观——之间达到持续、共同、协调的利益目标时，才能实现真正的可持续。

传统的环境概念比较分散而且狭隘，这就需要延伸和扩大其领域，把还原论的科学范式和方法，以及专业性很强的知识转变为更富有创造性的、综合的，也更加实用的方法。普通的多学科甚至交叉学科研究不足以跨越自然科学、社会科学和人文科学之间的障碍，不足以跨越工程师和建筑设计人员之间的障碍，也不足以跨越所有这些人员和实践者、政治家以及公众之间的障碍。

如果所有这些人对新的后工业化时代的共生关系拥有一个统一的、泛化的基本概念（metaconcept），把自然系统和人类系统综合为一个整体，我们建议将其称为整体人类生态系统，那么，在这个系统中，不但生态学与经济学之间能实现互补和协作，而且凡是致力于可持续发展的所有科学家和专业人员，无论他们是从事社会科学、自然科学，还是人文科学，都能实现互补和协作。

这些交叉的和富有创新性的学科领域的出现，十分令人鼓舞。通过在综合的全球视角下协调人类与自然之间的关系，协调生态系统和经济系统之间的关系，并以此作为有效的环境政策，将有助于生态经济学家的成长。生态心理学家则研究作为自然界一个重要部分的人类有意识的心理和无意识的心理（在自然界中，人类的健康和福祉依赖于可持续的生境、景观乃至整个星球的相互平衡的关系）。综合的景观生态学家把自然科学和人文科学的相关领域结合起来，把景观作为自然和文化密切交织的实体，进行多尺度、多维度的研究，以保证信息丰富的后工业化社会的景观有一个健康而美丽的和可持续的未来。

既然健康的、富饶的、美丽的景观是把人、经济、文化和生态结合起来的协调因素，那么，区域可持续发展的生态方面就应当依赖于综合的动态的景观生态学途径和方法，将其作为评价和实现区域可持续发展的准则。

在科学界，这就需要转变观念和科学范式，通过综合的富有创新的景观科学取代传统学科的还原论、机械论的方法，因为这种方法把人孤立开来了。这样的科学必须利用先进的注重整体性和复杂性的系统理论、非平衡热力学理论、普通进化论以及混沌与自组织理论，建立自然科学和社会科学之间的互补关系。

最后，为了我们这个星球及其自然系统、人类系统和现实景观可持续的未来，在区域可持续发展中，必须通过社会科学和自然科学的知识与生态智慧及伦理知识的结合，实现生态与社会、经济的结合。其统一的跨学科概念应当成为我们整体人类生态系统未来生物和文化发展的趋势。

第 10 章

区域可持续发展的跨学科教育计划

10.1 需要一场深刻的全球可持续性变革

从人类进入第三个千年（2000 年）开始，人类将经历由工业时代向后工业化的全球信息时代过渡的重要阶段。这一转变是由全世界计算机信息网络的迅速发展推动的，它使得经济快速组合、扩张和全球化。由此引起的变化包括从生物-生态到社会文化、经济、技术以及政治等所有与人类生活密切相关的领域。Di Castri（1998）用一个由信息流带动的多面的、相互影响的传动装置图（图 10.1）来说明这些全球性变化。

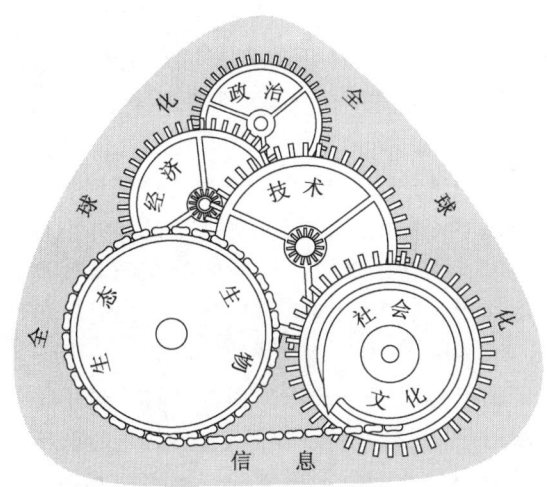

图 10.1　全球性变化：信息流带动的全球化的多面的、相互影响的传动装置图
(Di Castri, 1998)

世界观察研究所前所长，地球政策研究所（一个非营利性跨学科研究组织）创办人兼所长 Lester Brown（2001b）在他具有挑战性的著作《生态经济学》中，令人信服地证明了生态危机与严重的全球社会-经济危机紧密耦合在一起。20 世纪，全球人口增长了 4 倍，世界经济增长了 17 倍，西方世界的生活水平得到了极大的改善。但工业欠发达国家的贫穷和饥饿现象更加严重，

10亿以上的人口每天的生活费不足1美元，且绝大多数人的温饱问题还没有解决。与此同时，富有国家至少有12亿人因吃得太多而超重（Gardner and Halweil，2000）。地球上仍有几百万人喝不到纯净的水，没有卫生设施，呼吸着不健康的空气，死于由水传染的疾病。此外，世界观察研究所的《2001年世界现状报告》（Flavin，2001）提供了更多令人担忧的事实。由于我们的财富是由自由市场来运作，上述的全球化进程明显地正在加剧这些危险趋势，进一步拉大收入差距，威胁地球及其景观的健康。同时，（2001年5月19日《纽约时报》上发表的）一篇关于许多研究项目的报道清楚地说明了生活水平的提高不一定意味着生活质量的提高和福祉的改善，人们更富有也并不意味着更加快乐和健康。从这些研究我们可以清楚地看到，强大的社会压力对人们福祉的影响超过了收入提高对人们福祉的影响。

1990年里约热内卢地球峰会取得了可喜的成果，签署了相关协议和草约，安排了有关会议，如导致《京都议定书》产生的气候会议。这次峰会也导致了对缺乏实践意义的可持续性概念的夸大。因为，自此之后迈向更公平的、生态上具恢复性的世界的步伐太小、太缓慢或太不坚定，而且对自然界的索取却进一步增加。还必须说明的是，近期的约翰内斯堡世界大会上做出的本意良好的决策和乐观的预测是否会在这方面产生重大的改进，荷兰重要杂志《改变》的编辑Shoenmakers（2002）对此持怀疑态度，至少在气候变化领域："来自世界各地的代表团不得不乘飞机抵达约翰内斯堡，对可持续性进行更多的商讨。尽管协议已经签署，但从全球范围来看，温室气体的排放并不会减少"。

近期有更多的证据表明人类造成了全球性气候失调，气候变化比预计的要快，这是一个令人惊恐不安的信号。据观测，全世界的山地冰川以及北冰洋和南极地区冰川融化速度在加快。此外，相对于长期的温度变化趋势而言，最近的月温度数据也在加速增长：2002年前11个月的数据显示，这是第二个最温暖年，仅次于1998年。从大气中二氧化碳含量（二氧化碳含量是诊断所有环境变化趋势的最重要的指标之一）的增加程度来看，这不足为奇。除了主要由农作物产量减少引起的严重的经济损失外，还有越来越多的迹象表明，全球气候变化对地球生物的威胁日益严重，生境和许多生存其中的有机体需要应对的适应变化在加速。遗憾的是，对人类而言也是如此。因此，在2002年5月，印度南部出现的创纪录的热浪（最高气温达45.6℃）使仅Andhra Pradesh地区就有一千多人丧生（Brown，2002）。尽管事实如此严峻，但在1990—2000年期间，全球碳排放量仍然增加了9%，在美国甚至增加了18%（Garner，2002）。

研究人员提出警告：如果不努力稳定气候，全球海平面将会上升近6m，引发诸如淹没太平洋大部分岛屿和佛罗里达南部的可怕后果。计算机模拟显示，北极平流层极不正常的严冬温度（5个冬季中的第三个）对60%以上的臭氧层造成了破坏，并使其修复期延长了20年以上。这些现象使人们开始更多地关注气候变化和臭氧层耗竭之间的耦合关系。

目前，我们正经历着自从6 500万年前恐龙灭绝以来最大规模的物种灭绝。此次灭绝与以往由自然现象引起的灭绝不同，几乎完全是由人类经济活动引起的，且比自然灭绝速度快50倍。依据世界自然保护联盟《物种生存报告》(2000)，在我们已经掌握足够资料的地区，濒危物种增加的速度令人震惊，这些地方现在的物种灭绝速度比之前灭绝速度至少高1 000倍。在地球历史长河中，有一个物种——人类（*Homo sapiens*）（已经成为现在的工业人类（*Homo industrialis*））获得了毁灭绝大多数生命以及（支撑生命的）生态系统及景观的服务功能的能力。但与此同时，人类也在威胁着自身的生存。例如，尽管人们对其中很多物质的毒性还没有充分的认识，但化学物质生产量和销售量却一直在稳定增长，1998年已经达到了1.4万亿美元，杀虫剂的出口也达到了114亿美元，诸如此类的问题均日益威胁着环境和人类。每年生产的300~500 t的新的有害化学物质侵害着自然和人类，我们身体中铅的含量比工业社会前我们祖先身体中铅含量多500~1 000倍（Platt and McGinn，2002）。

令人悲哀的是，人类社会，尤其是其决策者还没有认识到我们无法将我们人类的命运与地球上其他所有生命分离开来，因此还没有采取足够的措施来减少对生物圈的威胁，尽管这一威胁的增长速度比20世纪世界人口增长和消费指数的增长还要快，并对全球景观的命运带来严重后果。在最近的一份联合国报告中，利用在世界范围内做的一项研究结果证实了这一点（World Resources 2000—2001，2000）。科学家发现，许多全球景观已经到了危险的边缘，并得出结论，认为地球供养自然和人口的能力已经达到了临界值。生物多样性的丧失令人震惊，主要是因生境的丧失和生物圈景观的消失。最明显的标志就是许多流域内大片森林被采伐。几乎1/3流域的原始森林覆盖减少了75%，其中有17个流域已经减少了90%以上。举一个典型的例子，在短短的50年内，印度尼西亚的森林覆盖由1.62亿 hm^{2}减少到了0.98亿 hm^2。在印度尼西亚，砍伐森林活动猖獗，仅非法砍伐就破坏了1 000万 hm^{2}的森林，引发了2002年初的洪水泛滥，洪水夺去了数百人的生命，毁坏了数千套住宅，淹没了数千公顷稻田。印尼的15大流域为1 600万以上的人提供纯净的水资源，但这些流域的森林覆盖从1985年起已经减少了1/3。

很明显，像暴雨、强风、干旱、严寒、酷暑等极端的气候事件已经变得越来越常见，并引起了越来越多的灾难性后果。结果，由于景观的指数级退化及由此带来的不确定性影响，这些后果也变得越来越严重。在人口密集的亚洲国家尤其如此。在这些国家，过度放牧、过度砍伐树木用做燃料等类似的不可持续的传统土地利用方式与更具破坏性的"现代"土地利用方式相结合，在更大范围内加深了工农业土地利用的集约化程度。前者的沙漠化过程使得土地裸露,而后者也产生了大量的难以渗透的沥青层,并且由于使用大量的功率强大的工程设备,使土地裸露和损毁。

有很多的例子可以证明,亚洲正面临着许多威胁人类和自然的严重的环境问题。一个显著的例子就是1997年发生在印度尼西亚的森林大火。这次火灾造成了高达44亿美元的损失。这些损失足够用于为1.2亿生活在印度尼西亚农村的穷人提供卫生设施和给排水设施。而这44亿美元的损失并没有把失去的生命和生物多样性受到的影响计算在内。这场肆虐的大火不但破坏了婆罗洲和苏门答腊岛 8 000 km² 的雨林,还侵袭了苏拉威西岛和爪哇岛。烟雾漫延到马来群岛,仅一个月内,空气污染就使1万多名受害者因为得了呼吸道并发征而到医院就医。

这些大火并不是由土著部落轮作清除和为种植水稻而焚烧小块土地引起的,而是由大约176家公司采伐搬运以及大规模种植油椰子和树木引起的。像日本三菱和瑞士雀巢这样实力强大而又不够谨慎的公司实施的所谓的"发展",忽略了这些土著部落的存在。考虑不周的排水计划以及将100万 hm² 森林沼泽转变为稻田也是引起森林大火的原因之一,因为它增加了灭火难度,还因为富含二氧化硫而产生了大量浓烟。此外,不明确的土地所有权,过低的木材加工价格,廉价地将林地短期转让给木材公司,而缺乏森林可持续利用的激励机制,也是上述火灾形成的间接原因。

我们必须认识到,导致这些灾难的是呈指数增长的人口和消费,这一驱动力在文化上已根深蒂固。所以,我们的生态和经济危机是更深层次的文化危机的一部分,是不能仅仅依靠科技、政治和经济方式解决的。正如 Brown (2001b) 设想的,这些问题的解决需要世界观的彻底转变。这一转变必须是包括文化、精神和伦理价值领域在内的,由我们的意识和信念指导的,比我们每天的日常行为表现更深层的文化变革,这一转变必须反映在专业决策和政治决策的过程当中(Ehrlich, 2002)。

Laszlo (1994) 认为:人类社会面临着地球上生命要么灭绝,要么更进一步的可持续发展的选择。为了避免这一进退两难的窘境,需要进行深刻的环境和文化可持续性变革。最近,Laszlo (2001) 将具全部危险与机会的所有生命和系统水平上的有关变化,称为"巨变"。这些"巨变"是自然界中基因突变的人类社会等价物。但在自然界的基因突变形成新物种或导致原有物种灭绝的同时,社会的宏观转变或者形成新的文明或者导致原有文明的瓦解和混乱。下面将要对此进行详细的阐述,就像非人类系统的分歧,这种转变作为突然性和根本性的变化,出现在所有生命王国里一直远离热量和化学平衡的系统的演化中。这种转变已经在人类文明进化中发生了很多次,但速度从来没有这样快,范围从来没有这样广,也从来没有产生这样深远的、既有意义而又具危险性的后果。转变的结果将由主要的文化和意识——我们的准则和观点对这种变化响应的方式——的演化过程来决定。如果这些不变或变化很慢，并且已经建立起来的这些制度风俗等过于僵化、不易改变，不允许及时的变更，那么这将导致崩溃瓦解。这可能是21世纪第二个十年之前等待我们的世界末日的情景。可是，在突破性阶段有一个可供选择的办法：一种新的具有更多的适应性的准则和意识的思维方式（这种思维方式将促进社会的创造力）在多数人的思维方式中逐渐形成。

正如Laszlo（1994）设想的，文化的演化过程将会在分支点上引导人类社会跃向更高组织水平的、可持续的信息化社会。不仅仅由于普遍采用循环再生方法的技术革新和有效利用太阳能及其他非污染的可再生能源，才会驱动文化的演化，文化的演化还必须和可持续性的生活方式和消费方式结合在一起，爱护自然，甚至投资于自然。

Brown和Flavin（1999）在他们21世纪新经济的预言性文章中认为：西方经济模式是以化石燃料为基础、汽车为核心的一次性经济模式，虽然大幅度提高了一部分人的生活水平，但它对世界的长期发展来说都是不可行的。应该用新的经济模式来取代旧的经济模式，从一次性耗竭自然资源的经济模式向以可再生能源为基础、物质的持续重复利用和物质循环的新经济模式转变。新经济是一种基于太阳能、风能和氢能的经济，是一种与我们现在的经济相比更有效更明智地利用能源、水、土地和物质的经济。它应该是一种环境可持续的全球经济，其经济与社会进步不仅能在21世纪持续下去，而且能在以后的很多世纪持续下去。

可持续发展的最终目标就是创造一种社会和生态都持续的新经济，这应当是人类目前面临的最主要挑战，而且必须通过真正意义上的整合才能实现。

从"化石能源时代"向新经济的"太阳能时代"转变将以无限的无污染、可再生的太阳能为基础。太阳一年内提供的能量比化石能源和原子能年消耗总量的15 000倍还多。每年地球上植物光合作用的产品比全球化学工业年产量的10 000倍还要多。据研究（如由英国的壳牌（Shell）企业做的那些研究，该企业已经为太阳能及其他可再生能源投资了10亿美元），到2050年，世界能源需求的50%将由可再生资源来提供。这不是一个空想之梦，从提供的一些令人鼓舞的实例以及其他的许多实例中我们就可看出这一点，1999年《世界现状报告》（Brown et al.，1999）表明了环境可持续性革命的开始。最近也有许多令人鼓舞的迹象，包括由Fischlowitz-Roberts（2002）报道的生态经济内容，即在一些国家，再生的"绿色能源"，尤其是风能的价值正在迅速增长，超过了预期的增长速度。风力发电在德国已经成为一个繁荣行业，目前德国12 800个风车的生产能力已经达到10 000 MW，预计到2010年，从业人数将超过35 000人，风能生产量将超过22 500 MW（Haas，2002）。从2000年4月德国实施可再生资源计划以来，风能的使用已经使CO_2 1.5亿万t/a的排放总量减少了12%。世界自然保护联盟1988—1994年期间的主任Martin Holdgate先生（2002）指出了从里约会议之后的10件成功事迹，包括公众环境意识和民间社团责任感的增强等。在像世界可持续发展事务委员会（一个由160个国际公司组成的联盟）这样的众多组织的领导下，阻止了许多行为。世界自然保护联盟主席Yolanda Kabkbadse表示，我们不该放弃希望："由于政府、民众和民间社团的远大眼光、政治热情以及全面参与，我们能够恢复平衡，并且能够让人们普遍接受可持续性这个概念，因为可持续性对人类来说是一个具有建设性眼光的概念"。

10.2 要科学地领导区域可持续发展，就需要广泛的跨学科教育

在上述的研究中，Laszlo（1994）强调，为了确保全球的生存，我们首先要了解这种发展趋势，正是这种发展趋势使人们迅速由工业时代跨入全球信息时代。然后，我们必须自由地探索和完成实际选择。没有这种进化文化（evolutionary literacy）和新兴系统科学的综合的"世界观"（系统科学是关于整体性和复杂性的科学），我们将无法应对这一挑战。他清楚地表明了作为在社会生活和个人生活的各方面以及科学中势在必行的行动，正是这种选择需要的。他总结到，对于选择走向未来可持续发展的道路而言，广泛而深远的全球可持续发展是必要的。只有通过全球的努力，通过所有关心地球生命的未来以及地球所有生物福祉的人们的努力，通过能够科学地、专业地领导这种发展的人们的努力，才能够实现这一点。

尽管这些问题就像人类活动一样具有全球性，可是可持续发展也有其明晰的空间范围，可持续发展首先必须在某一具体的区域及其景观内实现，使这些区域及其景观最有可能成为向更大规模的可持续发展过渡的中间区域。因此，所有的这些努力都应该从区域水平上开始。对于区域可持续发展教育同样如此，因为这种可持续革命的主要先决条件之一，就是培养熟悉其区域具体问题，能够作为一个团队朝着这个目标努力的年轻一代的一流科学家和专业人员。通过既作为其具体培训领域的专家，同时又作为实现跨学科区域发展（TRSD）这一复杂任务的综合者的双重身份，他们应当能够并且准备把这一团队锻炼成一个紧密的联盟。

我说跨学科，指的是把科学的方法和实际的方法结合起来，超越学科和职业界线，实现各学科和各职业的交叉，达到一个共同的系统目标。

这一目标可以通过许多领域知识的密切协作，许多专家的密切协作以及许多领域知识和专家的相互作用来实现。从全球到国家、区域和地区的可持续发展需要这样一种包括生态、地理、社会、经济、规划、人文和政治等学科以及所有其他相关科学和（或）专业领域的跨学科目标。

本文主要是对教育和认识论方面的挑战进行概述，在我看来这些是跨学科区域可持续发展所必需的。为了培养跨学科区域发展所需的科学的领导能力，我们需要一个完整的教学课程体系，关于某一门具体课程如何实现也应该是这个课程体系中的一部分。当我们寻求这种教育时，应该认识到大多数接受传统学院式大学教育的学生正在被灌输大量过时的、片面的、注重训练的教学体系，被过于专门化的现代倾向所刺激。这一现象引发的结果被伟大的经济学家、系统哲学家 Boudling 称为"专业失聪症"，也就是注意不到你能力以外的任何知识。教师怀疑大多数学生是否已经做好准备，来面对目前向后现代的"网络文化"过渡中产生的巨大变化，因为教师们的学术和专业载体是由 20 世纪的现代工业文化形成的。

被爱因斯坦誉为其"智力接班人"的世界著名理论物理学家、整体科学哲学家 David Bohm（1980），已经对我们把实际上是一个整体的东西分裂开来的这种根深蒂固的倾向的根源做了清楚的分析。这种灾难性的智力分裂、专业分裂、学术分裂、制度上的分裂源于机械论的世界观，遗憾的是，这种分裂也已经波及有关环境问题的许多方面。这反映在环境决策、科学研究和教育等领域，并导致了用零碎的方法来解决目前的环境危机。

在没有适当准备的情况下，大多数具有这样背景的学生很难领会面向信息社会的跨学科区域发展中紧密交织、相互增强的生态、社会、经济、文化和伦理方面的真正意义。为了跨越这些障碍，我们一方面要逾越自然科学、社会科学和人文科学之间概念和方法上的鸿沟，另一方面要消除学者、规划者、管理者、政策制定者与公众之间交流的壁垒。

目前处在从工业社会到后工业化的信息社会过渡的关键时期，人类社会面临社会文化和环境的动态变化，这是一个巨大的挑战，由于这一挑战，对广泛的跨学科的课程体系的需求就变得更加明显和突出。

开发这样的跨学科的学习课程体系将要求用创新的、非传统的方式来学习科学知识和创造力。Bohm 和 Peat（1987）在他们重要的著作《科学制度与创造力（Science Order and Creativity）》中令人信服地表明了这一点。他们认为，由于许多科学家为了保持习惯性的支配感和安全感而固守熟悉的观念，不愿打破旧的思维模式，所以，开发这样的课程体系会受阻。这些植根于科学史学家 Kuhn（1970）称之为"常规"的科学范式当中，也就是以无意识或默许方式去工作、思考、交流和理解，从而阻碍了创造性思维的灵活运用。这种灵活运用就是通过对话来交流，是创造紧密联盟所形成的良好环境必不可少的，这一联盟是由从事跨学科区域可持续发展研究和行动的跨学科队伍所组成的。

根据 Bohm 和 Peat（1987）的观点，科学的基本行为就是思维，这由创造性的感性认识所产生，并通过运用来体现。关于客观知识和主观知识，他们主张知识并不是以稳定的方式无限积累起来的严格、固定的东西，而是一个不断变化的连续过程。因此，知识的增长更类似于生物体而非数据库。把创造性感性认识和灵活运用转变为现有的知识："寻求这种纯粹的、固定的知识是靠不住的，因为知识产生于创造性的感性认识、灵活运用、行动以及作为经验再现这些变化的活动当中"（Bohm and Peat，1987，p56）。

Laszlo（1994）也强调培养人类创造性和文化多样性的重要性。他指出：当人类社会的文化发展面临这样的大变革时，人的智力和行为方面的创造力会促进文化发展。他认为这种创造性也是科学和艺术所固有的。

10.3 跨学科教学计划的三大前提

很显然，为了实现这些目标，面向跨学科区域发展的教学计划必须以广泛的认识论基础为出发点，至少包含三大前提：

（1）一般系统理论及其对整体性、秩序和复杂性的最新见解，这是系统思维、建模和行动的科学基础。

（2）生态学科的知识——即生态论和进化论的知识整合，以及与跨学科区域发展相关科学领域和专业领域的知识整合。

（3）面向信息社会的可持续发展的跨学科概念的完整意义，以及后工业化时代人与自然之间互惠互利的共生关系的含义。

就像三角形金字塔的三个极，这三个主要的知识支柱应该合并成为实施跨学科区域发展的最终核心课程的中心内容，在可持续的规划和管理中，把课堂教学、专题研讨会、野外实习和工作室式的课外自修项目等结合起来。

在这里，仅简述这三大前提各自的主要问题。

10.4 一般系统论和新兴的关于整体性和复杂性的科学

现在，几乎所有的自然科学和人文科学的分支学科及其他许多学科都对机械论和还原论的趋势不满；在研究整个系统和组织等的复杂性时，都要求新的范式以及科学思维的重新定位。甚至产生这种机械论方法的物理学也不再完全"机械"了，物质被非物质化了，对理论物理最新进展的理解也需要综合范式的转变（Bohm，1980），我们正经历一场"综合科学的革命"，按照 Kuhn（1970）的观点，在这场革命中，现有的理论已不再适合于解释现实，旧的范式必须由新的范式来取代。这就意味着，从部分向整体，从完全还原论和机械论方法向更综合的有机方法范式的转变。它要摒弃把整体分解为许多更小的部分的分解、分析方法，要求综合、合成和相互补充。它同时也意味着需要用非线性的、控制论的和无秩序的过程取代对线性的和决定论过程的完全依赖，因为非线性的、控制论的和无秩序的过程是以对复杂性、网络和等级秩序的系统思维为基础的。对人类知识极限的认识，人们相信客观现实以及科学真理的确定性，因此，就需要对现实有一个合理的认识，要处理不确定性。最后，但并非不重要，必须从单一的和多学科向相互交叉的跨学科转变。

　　这种综合科学革命的理论和哲学根源可以追溯到一般系统论（GST）。一般系统论的创始人贝塔朗菲想要创建一种统一的综合系统思维的科学理论。他希望这种理论可以提供跨学科的世界观，通过直接跨越隔离传统学科之间的已有的狭窄边界，消除文化和意识形态障碍，把定量规范的方法和定性表述的方法结合起来，尽管贝塔朗菲在这方面没有完全成功，但一般系统论为有序的整体性和复杂性的现代理论的进一步发展开辟了道路。它促进其他学科融合成为一种中心性的超系统理论（这是一种位于所有以学科为主的理论之上的理论），或者用 Laszlo（1972）（Laszlo 进一步把一般系统论发展成为一种综合的系统哲学）的话说："试图建立新的跨学科的当代思维范式"。

　　它的好处之一就是有助于跨越那些学术和专业的障碍，这些障碍不仅存在于理科和文科这"两种文化"之间，而且存在于这"两种文化"与技术经济"文化"及政治"文化"之间，土地可持续利用决策必须在技术经济"文化"和政治"文化"中落实，这些和最近进一步的系统理论是跨学科区域发展的最重要的认识论基础。

　　如图 10.2 所示，这个系统的方法对多种科学领域有着深远的影响，并且促进了许多理论与应用学科的发展，从"硬到软"的系统科学，以及从生态、农业和社会系统到系统工程、管理和运筹学。这些也包括对跨学科区域发展非常重要的那些学科，特别是下面我要提及的整体生态系统生态学和景观生态学，还有正在形成的整合的"生态类"学科。

　　与跨学科区域发展尤其相关的还有动态系统的计算机建模和模拟中所取得的进展。其中后者（模拟）和免除其原来机械约束的控制论的"二代控制论"有关。从工程控制科学到生理控制科学，主要是通过负反馈来实现，控制论已经通过正的相互放大的反馈进入到更广泛地、更动态地自组织的生态科学和社会科学领域。这些正在成功应用于全球和区域模拟建模中。正如下面将要说明的，这对跨学科区域发展也非常重要，尽管如此，各种错综复杂的相互交织的控制论过程对于综合理解和评估也很重要。作为不稳定的"脱离控制"的正反馈的相互放大的恶性循环，这些过程以非线性方式进行，他们能把两个危险的问题结合在一起，从而把一个双重的威胁转变成一个"超级威胁"，导致快速的不能预料的灾难性变化（Bright，2000）。现在我们能看到许多这种正反馈耦合的灾难性例子，如空气污染、土地滥用和退化、砍伐森林以及荒漠化和全球变暖。对于跨学科区域发展来说，生态、社会经济和文化过程之间的这种正反馈耦合是致命的，但是容易被零碎的学科方法所忽略，零碎的学科方法恰恰是专家治国论者和专业面狭窄的专家所推崇的方法。

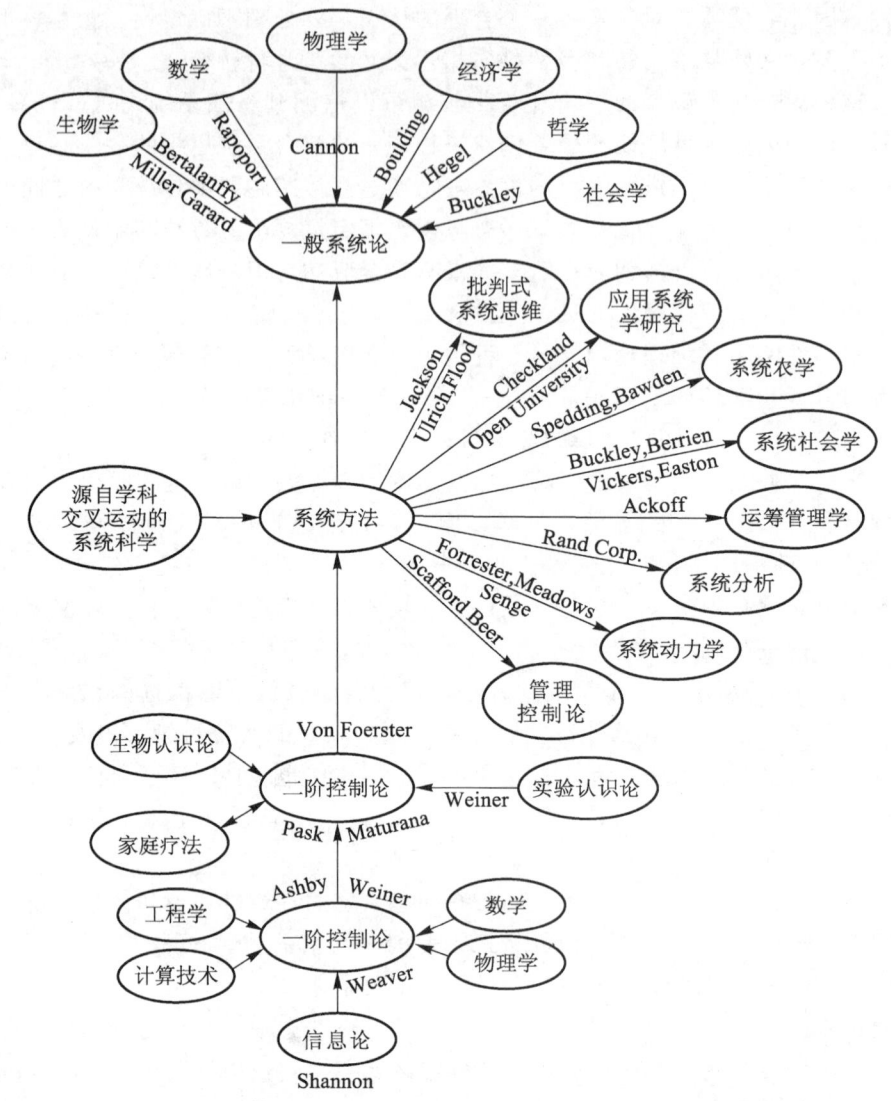

图 10.2　一般系统理论以及主要研究者的学术成就与思想（Ison 等，1997）

系统有许多定义，在跨学科区域发展这一背景下，系统可以看做是一定状态的、彼此关联的、围绕某种共同目的被紧密地组织在一起的许多要素的集合，这些要素之间的关系比要素与环境之间的关系密切。这些要素之间的关系以及这些要素状态之间的关系构成了这个系统的结构。由于这些关系的存在，系统的功能总是大于各要素功能之和。

按照 Weiss（1969）的观点，"有关整体或集体的信息量总是大于其组成部分的信息量，因此若想要了解各部分组成的集体，必须了解其整体的状态"。

因此，作为一个有序的整体或"格式塔系统"，每一个系统应成为一个全新的实体，像生物个体一样，其所有的组成部分都是按照这个整体的一般状态彼此相互联系在一起的。

Weiss（1969）通过一个简单的数学方程式论证了系统相对稳定性（与之相比较的是系统组成要素的可变性）所表现出的基本的综合特性。他指出，这是在系统组成要素内部的自由度下，系统行为通过协调和控制的结果。这是通过负反馈环由适应性自我调节的控制能力来实现的。因此，系统是大于部分之和的，不仅体现在数量和上的大于，更体现在质量结构上的大于。

格式塔系统可以是像音乐或交响乐一样的抽象系统，比其组成的个体的音符多，也可以是像手表一样的具体的自然或人工系统，手表远比几个齿轮和指针的用途要多，手表这个系统将它们结合起来就可以测量时间。

这种综合的"有序整体"系统观与17世纪法国数学哲学家笛卡儿和英国物理学家牛顿倡导的还原论和机械论自然观是不同的。还原论的自然观是把复杂的现象简化、分离、分解为其组成部分，来进行分解和分析。按照机械论观点，这些分解的片断不会有机地发展为整体的组成部分，但是可以像机器的部件一样组装在一起。对彼此来说它们基本上都是外部关系，通过不能影响其内部属性的外力，彼此机械地相互作用。因此我们不能够期盼通过从理论上或经验上把它们组合在一起，就会出现这个整体及其复杂而有序的功能和结构。

自牛顿、笛卡儿之后，机械论和还原论模式就一直作为科学思维和研究的基础，直到最近才发生整体论范式的转变。它假设我们生活在一个客观的世界里，在此，我们可以用肉眼看到事物，并且用数量和数学变量来描述事物。身体和智慧是分开的，并且表面上看似乎控制着智慧。如同伽利略的实验归纳法和笛卡儿的数学演绎法等类似的刻板的唯物主义（materialistic）科学观仍然被坚持着。

Laszlo（1972）对自然的或具体的系统和认知系统做了更进一步的区分，这个区分对跨学科的区域发展非常重要。

自然系统是"物质能量随机累积，在一个物理时空区域中构成合力工作、相互联系的亚系统或组成部分。"

认知系统是一个"思维活动构成的系统，包括感觉、感知、意志、情感、性情、思想、记忆和想象，即大脑中存在的任何东西。"

地球上所有的自然系统都是地圈和生物圈以及它们在景观中空间与功能相整合的生物物理界的具体组成部分，这种景观是我们居住的，也是我们与其他所有生物所共享的。作为有形的"硬"系统，可用定量化的方法研究。然而，认知系统是"软"的，不能用传统的数学和生物物理方法来度量和用数量来表示。因此，不能用上述传统自然科学的实证论和还原论的解释方法来"计数"。然而，在研究跨学科区域发展时，许多不能用数字计算的或不能用货币计算的东西我们必须考虑用现实存在的事物来计算。同时，也不是所有的能够计算的那些东西都能用跨学科区域发展的现实存在的事物以及其他方法来计算。

可是，和其他生物相比，作为有思想的人类，我们不仅生活在这个具体的物理和地理的自然系统空间中，而且也生活在人类思想——智慧圈（noosphere）——的认识系统的概念和符号空间中。作为我们的感觉、认识、感情和意识领域，这是人类通过大脑皮层的进化，整体上获得的另外一种生存的自然属性。它促进了信息－社会圈和心理圈这些额外的人类圈领域的发展，这些领域是在我们人类文化发展演化期间出现的。因此人类的半自然的和文化的多功能景观已经演化为可见的，具有一定时空的自然系统和认识－人类圈系统及其相互作用的产物。作为这些整体特性的一个结果，其最重要的生物参数，即生物多样性，必须由新的广泛的跨学科变量来补充。这些应当度量生物多样性以及像美学、历史和精神景观价值的文化多样性，这是"整体景观生态多样性"的一个综合参数。因此，不光是生物多样性的保护和恢复，而且文化多样性的保护与恢复也应该是可持续土地利用和管理的重要目标（Naveh，1995b；1998a，c；2001b）。

Laszlo（1972）已经深入讨论了（作为一种联合自然－认识和心理－物理系统观跨学科理论基础的）两个系统等级的共同系统变量。和笛卡儿的二元系统观相反的是，这是一个双理念系统观（biperspectivable systems view）：取决于我们的观点，这些系统可以同时被看做思维事件的认知系统或物理事件的具体的自然系统，当然对于景观感知来说也是这样（Naveh，2001b）。

系统方法的整体含义经常被人们批评为是对我们思想的一种无知的、不现实的虚构。事实上，和把科学描述信奉为独立于人类观察者的笛卡儿科学观范式相反，系统就像科学概念，构建我们的思想。根据笛卡儿的观点，对自然的理解和对确定性的认识，首先需要脱离自然界，然后再通过精确的测量来实现。这已经导致关于真理的功利性标准，以及对认识的"对象"简化到一种工具关系或已经被进一步发展成为统计技术的能够量化的值（Macauley，1997）。然而，这种系统范式意味着把对认识过程——认识论——的理解必须包含在对自然现象的描述之中。因此，系统观作为感知的和科学的窗口已经得到了发展，通过这个窗口，我们能在观察范围内，实际地观察复杂的生态和社会现象。对于我们这种系统方法来说，这种"情境窗口观"（contextual window views）和可持续发展有很大的关联。它可以作为生态学家、经济学家和其他团队成员交流对话的认识论基础，这个认识论基础可导致对可持续性具有不同感性认识和"窗口观"的相互理解。这种创造性的对话是实现可持续发展系统目标的前提，可持续发展的这种系统目标是已被广泛接受，综合而相互补充的、跨学科的。

笛卡儿范式使得人们不仅确信科学知识的客观性，而且确信科学知识的确定性。然而，作为系统科学家，我们必须认识到，我们不可能完全理解，也不可能解释所有的、大量的、微小的、相互联系的自然现象。我们必须认识到，这些窗口仅能为相应范围内的近似知识开辟前景。因此我们也必须学习怎样去处理那些不确定性问题，特别是当我们面对可持续发展这一概念时，因为关注的是子孙后代的需要，包含许多未知的、模糊的、不可预测的东西。

10.5 等级理论及其跨学科区域发展的含义

系统方法是研究现实问题的方法，而等级理论已经成为系统方法的一个基本组成部分。等级理论发展成为跨学科理论的内容包括由 Simon（1962；1973）写作的关于复杂性结构、复杂系统的组织等著作，相关的专题会议论文集《超越还原论》（Koestler and Smithies，1969）以及 Weinberg（1975）关于一般系统思维的研究，还有更近一些的生态学方面的有关内容，如 Allen 和 Hoekstra（1992）关于统一生态学的研究。

一般系统理论和等级理论密切相关。其基本范式就是关于自然界的等级组织观点，把自然界看做由多层次的开放系统构成的有序整体，从最小的自然实体亚原子的夸克到地球上的生物和生态水平，再到最大的宇宙星系群。

每一个较高等级水平包含了较低的等级水平，显示了较低的频率行为。因此，原子（"高数量系统"）是以秒的数百万分之一来度量的，有机体（"中等数量系统"）是以小时、天和年来度量的，生物圈的自然生态系统（"低数量系统"）是以几千年来度量的，在功能和空间上更长久。然而，后者在人类主宰的世界并不总是这样。较低等级水平只有通过统计方法才能发现其秩序，而更高等级水平要用更复杂的方法才能发现其秩序。在任何自然系统的等级组织中，每一个更高等级水平的系统都获得了新的特征，因而比其较低等级水平的亚系统更复杂。更高等级水平的系统把低等级水平的系统组织在一起，因此也作为更低等级水平系统的背景。同时，其较低等级水平的亚系统构成了每一系统的功能，而功能的目的则来自更高等级的系统。显然，为了表现关于现实世界的综合而动态的观点，我们必须考虑其等级结构，使我们的度量和评价方法适用于每一个等级水平。

Koestler（1969）认为，和根深蒂固的思维习惯相反的是，绝对意义上的"部分"和"整体"既不存在于活生生的生命领域，也不存在于社会组织领域。相反，我们发现，沿着复杂性日益增加的等级秩序，其中间结构（intermediate structures）既是其低等级水平亚系统的整体，同时又是其高等级水平超级系统的组成部分。为了认知这个等级组织中每一个系统水平的这种双重性角色，他引入了"合窿（holon，译作亚系统或子整体）"这个术语。这个自然的合窿等级（即亚等级，holarchy）的每一成员无论处在什么等级水平，本身是一个子整体或亚系统，这是具有自我调节装置（以及自组织装置）和具有相当自由度或自我管理能力的一个稳定的综合结构。

在可持续发展的概念里面，子整体的概念可以应用于每个区域的等级位置的确定上。应该把开放的空间、生态和（或）政治区域不仅看做其较低级的地方亚系统等级水平的子整体，也应看做是其较高级的国家或全球超级系统等级水平的子整体。

人类作为生物，是生命有机体等级水平的一个组成部分，因而我们不能把我们自身排除在生命有机体等级水平之外。尽管在文化进步的同时，我们获得了越来越大的主宰能力，但是，我们仍然还依赖于生物圈及其重要的生命支持功能。在跨学科区域发展的内容里，协调人类在生态等级中的这种双重身份对人地关系概念的形成具有重要意义。这可借助于子整体的概念得到解决：作为子整体，人类一方面是生物圈及其自然半自然景观和农业景观的组成部分。但是同时，它们也是高度自主的整体，能够自己创造技术圈和城市-工业景观。然而如今，技术圈无限制地扩张及其带来的废物都严重威胁着生物圈景观的未来和人类自身的健康。

因此，从控制论角度，我们认为，人类处在互为因果关系的位置上，既作为生物圈和地圈重要输入的接受者，同时又是通过技术圈的输出来改变生物圈和地圈的改造者。作为一个整体的每一个人或每一个人类社会也都是一个子整体，既影响着这些变化，同时又受这些变化的影响（图10.3）。

跨学科区域发展的一个主要目标应该是，通过保证可行而丰富的太阳能生物圈景观的可持续性以及通过创造更具活力的、更健康的、富有吸引力的技术圈景观，来把这些对立的关系转变为互利的关系。只有当在全球生态等级的更高生态超系统水平上，面向生物圈和技术圈景观的空间和功能整合来进行土地规划、管理和政策制定与实施，才能实现这一点。

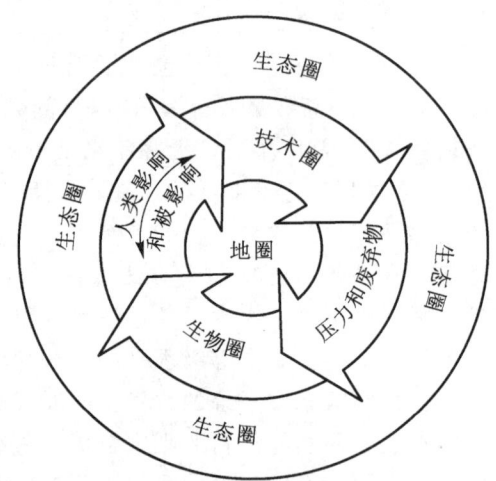

图10.3 现代人类、生物圈、地圈之间的因果关系

来自技术圈的废品和压力对人类健康、福祉、行为正在产生不利影响（Naveh and Lieberman，1994）

10.6 整体人类生态系统——跨学科可持续发展统一超理论的概念基础

我们建议称这个超系统子整体水平为整体人类生态系统。这个术语最早由著名生态学家 Frank Egler 于 1964 年提出,他是最早提出应该综合看待作为全球生态等级组成部分的人类的补充作用的首批生态学家之一。他强调通过把人与其总体环境相结合,在整体人类生态系统这一全球生态等级系统中形成一个在自然生态系统之上的一个独一无二的整体,来认识复杂性和组织性对未来地球生存的重要性 (Naveh and Lieberman, 1994)。

"人类是自然界及其过程和功能的一个组成部分"这一综合的核心思想几乎是所有综合的"生态类学科"所共同具有的,我们将在下面涉及这些学科。然而,这里我们建议,根据(植根于一般系统论及其整体性和复杂性的新近进展的)等级系统理论,把这些关系概念化。

在当今流行的全球生态等级这样的现实理论中,我们必须考虑到,因为人类主宰着地球生态系统 (Vitousek et al., 1997),所以目前地球上几乎不存在完全意义上的自然生态系统。所有的受人类改变的景观和人类利用的文化的半自然景观以及农业景观占据了整个"绿色"生态圈景观区域大约 95% 的面积 (Pimentel, 1992)。即使为数不多的自然和近自然景观也直接或间接地受到人类的影响。遗憾的是,它们年复一年不断地在缩小或消失。它们的命运,就像其他所有的土地以及地球上的海景,是好是坏,几乎全由人类社会的决策和活动决定。与此同时,我们也深陷于无数层级的生物圈亚系统及其陆地和水域生态网络中。然而,我们仍然掌握着自己的命运,因为我们对好与坏有着很强的控制能力。我们现在不但可以控制基因、细胞和组织,还可以控制我们周围许多生态和社会因素。尽管如此,如果我们忽视源于现代二元世界观的自然系统和社会系统之间的紧密联系,坚持彻底中断人类和自然界其他物种的关系,我们就无法将全球变化的轨道从灭绝扭转到未来可持续的生物进化和文化演化的方向上来 (Spetnak, 1999)。

整体人类生态系统概念的重要性和其教育价值也就在这里。它把人类及其生态、文化、社会、政治和经济方面看做生态等级中地球-生物-人类共同进化最高水平的组成部分。对于跨学科区域发展及其教育计划所涉及的所有方面,它能够作为贯穿统一系统超理论的概念基础。

10.7 对动态自组织和共同进化的新认识

上述的等级世界观最近被发展成为一种关于共同进化和自组织的综合理

论，即"大进化综合论"(Laszlo，1987)。通过这一突破性理论，所有进化过程都被视为一个相互作用的格式塔系统的有序复杂性中的一种。这样一种对动态自组织世界的综合观点是从新达尔文的进化理论向共同进化的综合系统理论的一种主要的范式转变，它把协同作用强调为整个自组织和进化的宇宙的创造性行为(Jantsch，1980)。把综合的系统科学和进化的宇宙论、进化的生物学以及人类学融合为一个全面的理论，应该把这种融合看做跨学科的系统方法的主要科学成就之一(Laszlo，1994)。因此，它对跨学科区域发展的概念化框架具有十分重要的意义，而且它应该成为生态文化和进化文化的一个组成部分。它使我们能够掌握塑造我们未来的动态进化过程的深远含义。这一动态进化过程主要取决于人类社会采取的行动是积极的还是消极的，因而也取决于我们不但在区域尺度上，而且在全球尺度上实现可持续发展的准备工作。

根据这一理论，我们把文化演化视为通过"分支点(bifurcations)"向更高组织水平突然飞跃的一种不连续发展。这是由原始的食物采集狩猎时代向越来越先进的农业和工业时代的飞跃，直到最终全球社会整合的新兴信息时代。基本的文化创新和技术革新的推广驱动着每一个分支的发展，目前，这些是以作为打开知识之门的高科技钥匙的计算机，基于全球信息社会的服务，以及我们刚刚进入的控制论文化为特征。相互放大相互促进的正反馈环可能导致了这些飞跃。Eigen 和 Schuster (1979)首先对使生命出现的基础的化学和生物过程中的这些飞跃进行了描述。

作为相互关联的，能产生新组分的多过程网络，这种相对高组织水平上的系统能够自我更新、修复和复制，在众多过程中，这种网络在物质能量流动中通过超循环被反复生成。我们称这样的系统为自我创造系统(autopoietic system)。这些系统不仅属于生命系统、生态系统和社会系统(Capra，1996；Jantsch，1980；Laszlo，1987)，而且属于太阳能驱动的生物圈景观，诸如自然和半自然的森林、灌木林地、草地、湿地、河流湖泊以及海洋景观(Naveh and Lieberman，1994)。

借助于耗散熵的"耗散结构"，这些新的有序规则出现在非平衡系统中，成为系统与环境间能量连续交换的一部分。用 Prigogine 和 Stengers (1984)的话说就是：它们通过在系统内增加负熵"从混沌中产生有序"。负熵是熵与无序的反义词。负熵以有效信息和能量效率的增加、柔韧性和创造性强、结构复杂和组织水平高为特征。这些也应该是我们后工业化信息社会的特征，在最高的全球生态等级水平，熵把持续的社会、经济和景观整合在一起，下面我们将对此进行阐述。

10.8 从多学科到"生态学科"的综合

"生态学科(eco-disciplinarity)"这一术语在这里是一种简要表达，说明跨区域发展教育需要多方面的综合方法。在这点上，我们必须把生态和进化方面的知识与学生的专业知识联系起来。为此，我们首先应该通过更加综合的方法，来克服多元论科学所导致的还原论趋势。

著名的精神治疗医师和存在主义疗法（logotherapy）创始人Victor Frankl（1994）非常关心对只能传播某一具体观点（在许多情况下仅仅是狭隘的观点）的专家的大学教育。结果，研究者只见树木不见森林，只看到他的研究结论而看不到现实。这样的结果不但是片面的，而且是毫无联系的，因此很难将它们融入统一的世界和人类图像中。这将导致Frankl所说的"糟糕的一般化"或"简单化"专家，这些人把他们的成果简化或概括成其通用的原理。

Frankl（1994）利用他称作的"维数本体论原理（the laws of dimensionontology）"，论证了这些问题。对维数本体论第一原理而言，他把三维空间的酒杯或空圆柱投影到较低的二维平面，成为圆形或矩形（图3.2）。他指出：通过向低维生物和心理反应的简化投影，我们丢失了人性的完整性及其固有的和自我超越的开放性。因此，复杂的人类现象仅被简化为化学和心理反应。

如果我们把可持续性投影到更低水平的生态、社会经济或其他维度，使可持续发展教育掌控在来自自然科学各学科或社会科学与经济学各学科的思想有限的专家手中，也会发生同样的事情。事实上，由于把可持续发展仅仅简化为由技术和管理效率所提炼的经济增长，这样的事情已经发生了。Orr（1992）在其关于生态文化的重要著作中通过"经济人类（*Homo economus*）"（其唯一目的就是效用最大化）把这个过程描绘成可持续性的专家政治论概念。因此当受人尊敬的生态学家也跟随这一潮流，把人类"关键种"的角色简化为仅仅是"经济人类"时，实在让人感到悲哀（O'Neill and Kahn，2000）。

可持续性的多维性只有在我们现实中所遇到的较高等级系统水平上才能显现出来。因此，即使在涉及现实中较低子系统水平的生物物理或社会经济过程时，我们必须认识到可持续性所涉及的人类生态维的多样性。在我们整体人类生态系统子整体的全球、国家、区域或地区最高生态等级的超系统中应该包含这些。

在图10.4中，用不同形状的三维物体的投影来说明Frankl的"维数本体论第二原理"，比如把圆柱、圆锥和球投影到较低维数或它们的阴影。在投影成相同形状的意义上，它们是同形的。然而，从这些投影的影像我们无法确定其原来的形状。如果我们把可持续（或者不可持续！）土地利用的（如：交通用地、居住用地和娱乐用地）不同的、复杂的现

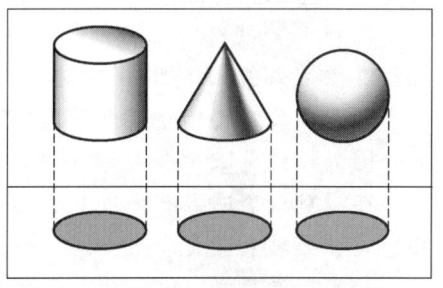

图10.4 圆柱、圆锥、圆球投影成相同低维度的圆，不能反映各自的三维整体（据Frankl，1969）

象简化为用美元表示的狭窄的货币成本利润的统一市场价值,或简化为单纯的社会和政治问题,那么,我们将失去其复杂的跨学科的本质以及它们相互联系的网络关系。当然,过于狭窄的自然主义的和以生物为中心的规划同样如此,因为它忽略了可持续发展的人类-生态、社会和经济维。

Frankl 的维数本体论原理也可以用来说明以太阳能为动力的生物圈景观的性质及其功能的多维唯一性和整体性。假设我们在发展过程中给所有的自然功能都贴上价格标签并把它们简化为"自然资本"的各部分就可以拯救这些功能,我对此极其怀疑。这自动产生了传统经济意义上的"资本"的内涵。而这种资本是通过具有货币价值的适合市场销售的商品的生产积累起来的。正如 Gatto 和 De Leo(2000)所表明的,对肥沃的土壤、干净的空气和水所提供的最具活力的生命支持功能的损失的评估正在误入歧途,并且争议很大。评价所有那些产生于认知系统的"软"的无形价值是不可能的,而在信息社会这种无形价值对于生命质量比在工业社会更为重要(Naveh,2001b)。Rees(1998,p52)在不使用价格的情况下,为人类活动的生态影响的评估提供了一种有用的方法——"生态足迹法",他说到:

"尽管它具有理论诱惑力,但是把货币价值归于自然的服务,仅仅是解决目前困难的部分方法,如果过分依赖这种方法,结果会适得其反。"

由于跨区域发展中必须解决的问题极其复杂,所以,这类生态学教育就显得特别重要。大多数情况下,对这些问题的解决主要依靠专业化的科学和公共政策。因此,在论述预测环境不确定性的困难时,Bright(2000,p37)指出:

"专业意见是具有诱惑性的:专家很容易沾染这样的习惯,那就是认为他们了解一个计划所产生的所有后果。但在一个复杂的高度胁迫的系统中,最大的问题不一定出现在专家们习惯注意的地方。"

Bright(2000)举了几个后果致命的例子,在这些例子中,具有狭窄专业视角的专家没有观察到生物物理的、生态的和社会的这些密切耦合的反馈环,引起了不连续性、协同性以及隐藏的趋势等这类环境异常事件的发生。

1998 年,我在中国进行专业访问期间,有机会亲眼见证了这样一个例子。长江洪水带来了 300 亿美元的损失,转移了 22 300 万人,夺去了 3 700 个人的生命。中国政府决定把 100 万名伐木工人变为植树造林的林务员。但为时已晚,因为长江流域 85% 的森林植被已不复存在。

在没有一个适当的系统方法的情况下,想要获得对复杂情况的全面理解,在感官和心理上会有局限性。专业化带来了许多令我们欣喜的科学和技术上的巨大进步。没有专家的存在,就没有未来的进步可言。以计算机为基础的信息和通讯技术的发展增强了我们存储和处理信息的能力。结果是即使我们深入地了解事物,我们还能够广泛了解不同的事物,而不会觉得力不从心。通过协作,可以与合作者相互补充彼此知识的不足。

然而，正如 Bohm 和 Peat（1987）解释的：不言而喻的科学思维基础，其严格的制约作用导致了科学的分裂和相互联系的区域之间交流的瓦解，因此科学家和专业人员把自己孤立在象牙塔里。必须借助于系统科学和系统思维把象牙塔倒过来，因为系统科学和系统思维是生态文化和进化文化的基础。

联合国教科文组织的人与生物圈计划多学科间土地利用研究项目的创始者和领导者 Di Castri 与 Hadley（1986）总结了他们在学科之间和跨学科的生态学研究及实践方面的丰富经验，得到了相似的结论。他们认为缺乏把自然科学和社会科学整合在一起的明确的概念和理论基础（这是这些研究的"固有理论"），是其成功的主要障碍之一。

目前的发展有力地证明了没有什么东西是科学所固有的，正是这些固有的东西使交流障碍不可避免。我们正在看到许多创新性的跨学科的"生态学科"试图搭建起生态知识、常识和伦理与科学领域和专业领域内的专门知识之间的桥梁。其中有些尝试对跨学科区域发展来说尤为密切，例如，生态学家 Herman Daly 和经济学家 Robert Costanza 开创了生态经济学家努力推动可持续发展的先河。他们两人都把其学科看做是联系自然科学和社会科学尤其是生态学和经济学的一种跨学科努力。他们提议其新的学科应充当可持续性的科学和管理工具，并利用这样的综合观点，论述了人和自然之间的关系，论述了生态系统和经济系统之间的关系，并把这些关系作为有效的环境管理的政策基础（Costanza，1991；Costanza and Daly，1992；Costanza，1996）。他们的整体系统方法论与我们"应该把全人类作为可持续发展跨学科的基础前提"的概念相一致。

《生态经济学杂志》（Journal of Ecological Economics）以及其他很多刊物都很好地反映了这些趋势。生态心理学家已经开始调查作为自然网络一部分的人类有意识和无意识的想法。在这一自然网络中，人类的健康和福祉都依赖于其自身与可持续性的生活环境、景观及星球之间总体上相互平衡的关系（Roszak et al.，1995）。社会生态学家正在开辟新的前景，研究能量的"社会代谢"和物质流动以及生物圈的人类文明"移民"，研究其对未来可持续性的生物生态和社会生态效应（Fischer-Kowalski and Haberl，1993）。新兴的工业生态学科和《工业生态杂志》（Journal of Industrial Ecology）是为了协调经济增长与环境质量之间关系的一种综合性尝试。《生态系统健康杂志》（Journal of Ecosystem Health）反映了人们不断增长的对用跨学科的方法来研究健康以及人与自然的健康之间密切关系的重要性的认同感。该杂志近期的一本关于工业生态方面的专辑也反映了这一点（Krrishnamohan and Allenby，2002）。最近，在这个方面的一个跨学科努力就是把环境、保护和健康整合起来定义和度量生态整体性（Pimentel et al.，2000）。以综合解决问题为主的景观生态学家们正在通过合并自然科学和人类科学的相关领域，把景观做为实实在在的、相互交织与密切联系的实体来研究，并研究景观的多尺度问题。他们的目标是确保自组织的生物圈景观以及富含信息的后工业社会的健康而富有魅力的文化景观都能有可持续的未来（Li，2000a；Naveh，1998a，c；2000b；Naveh and Lieberman，1994；Palang et al.，2000）。

这种综合的新领域的诞生应当包括来自涉及可持续发展的自然科学、社会科学、人文科学和艺术类所有学科的科学家和专业人员。为了跨学科区域发展这个共同目标，需要这些所有的科学家和专业人员密切合作，相互补充，共同拥有一个统一的概念基础和统一的后工业社会的新型共生关系超理论（metatheory），在这个理论中人类系统与自然系统被整合为一个紧密的整体。借助于跨学科的系统观以及我们提出的整体人类生态系统的概念，把健康、整体性和稳定性作为最高目标，就能实现这一点。

10.9　Jantsch 的跨学科教育等级系统方法及其可持续发展含义

在此，我们介绍 Emil Jantsch（1970）所提出的关于教育/创新系统的等级模型。Emil Jantsch 是世界著名系统思想家和规划专家，他对"自组织宇宙"的创新性研究（Jantch，1980）是向上述的跨学科科学革命迈出的重要一步。

在这个模型中，Jantsch 清晰地指出了多学科、学科内和跨学科之间的不同：在多学科（multidisciplinarity）的一级结构中，涉及几门学科，但学科间没有相互作用。在复学科（pluridisciplinarity）中，学科间存在着不协调的相互作用。在互涉学科（crossdisciplinarity）中，相互作用和协作是由单一学科控制的。在二级结构多目标导向的交叉学科间（interdisciplinarity），协作是由更高一级的目标所决定的。最后，跨学科（transdisciplinary）是最为复杂的相互影响的多级多目标结构，它面向更高级别，有着紧密的协作和最完整的合作，而且要求有共同的系统目标（图 10.5）。

关于面向整体人类生态系统可持续发展的教育，只有跨越生态学、社会学、地理学、经济学及其他所涉及的学科等这些传统学科的边界，这个目标才能实现。可以把这些科学放在多级跨学科教育模型的最低一级。他们综合而成的有关上述综合的生态学科领域即是第二级。朝着跨区域可持续发展这个系统目标中区域发展所涉及的有关生态、社会、经济和文化的实际问题的通力合作出现在整体人类生态系统水平的最高等级上。

这种等级教育方法已经在位于 Sde Boker 的以色列第一环境高中成功应用于野外实习基地（"生态车间"）的准备中，这种方法把理解和研究 Negev 沙漠整体人类生态系统作为最高级系统目标（Bar-Lavie，1980；Naveh and Lieberman，1994）。

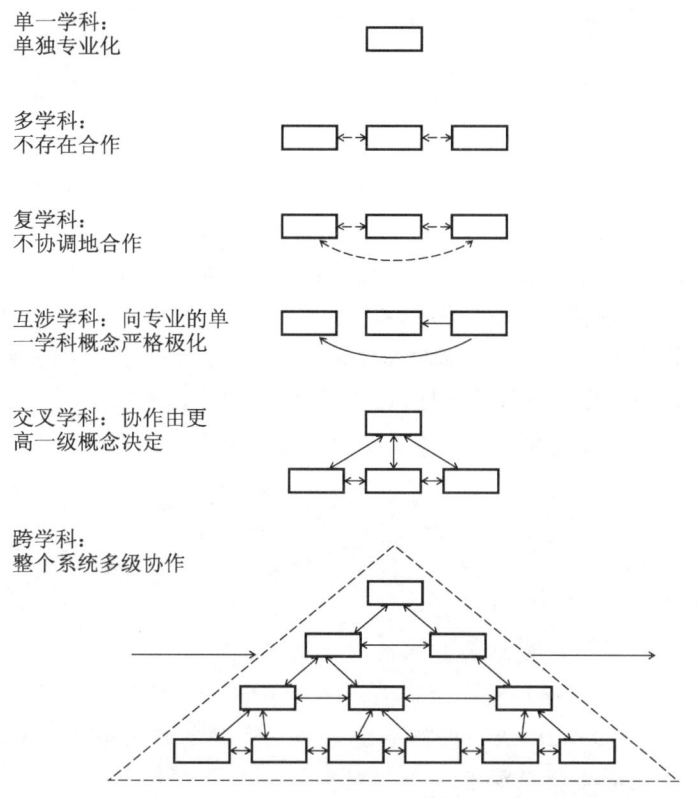

图 10.5　学科、学科之间和跨学科方法的组织理论等级模型（Jantsch，1970）

在实际的跨学科区域发展项目中，应该把这个一般目标转化为更加简明的术语和已展现的实践方法，以便在现实中执行。为了这一目的，项目的科学家和专业人员应该不仅仅提供知识基础，他们还应该以这种方式把这个信息提供给股东、政治家和公众，使其成为实用的信息可以应用。"实用的信息，因为作用于接受者而变得有意义，而且它是通过接受者的行动来表现的"（Naveh and Lieberman，1994）。它可以使人们对信息社会可持续发展的深远含义有更全面的理解，还可以被应用于实际决策过程。这种实用科学信息与科学家通常接受的训练信息有很大不同。它与上述的范式转变有紧密的联系，而且 Khosla（1997）就其对可持续发展的实质做了清晰透彻的阐述：

"为了有用，科学不再能与人们的抱负和更高价值观相分离，也不能再脱离贫穷和资源破坏的现实。抽象科学影响较大，但还原论的方法有限，过分注重'客观性'、量化和简化，因而不再适合于处理支撑地球的复杂的、相互联系的系统。"

10.10 跨学科可持续发展的创新性数学方法

上面已经解释,在可持续发展方面,我们主要涉及的是复杂的、混合的、数量适中的物理、生物、生态和社会系统。为了研究这些系统,最近提出了一种新型的"复杂数学"方法。熟悉这些创新性数学方法应该成为跨学科区域发展领导能力教育计划必不可少的一部分。然而,进一步详细讨论这些方法已超出了本文范围,所以这里不对这种数学方法的细节进行说明,仅做简要评论。所有这些方法都用更为定性化的方式来处理动态关系和模式,而不是用定量的方法。它们利用两种新的几何方法——地形测量学和分形几何学。为了用正规的数学表达方法来证明动态过程的不可预知性,提出了混沌理论。混沌系统的表现不仅是随机的,而且还表现出一种更深层的秩序。这些新的数学计算机化技术使其隐含模式清晰可见。

Capra(1996)曾对这些发展做过精彩的说明,在他看来,这些发展体现了系统思维特征这个重点的转变,即从物体到关系、从数量到质量、从本质到方式的转变。

与这一观点有很大关系的就是目前"知识工程"中以模糊集合和模糊逻辑的数学理论为基础的人工智能计算机程序应用方面的发展。亚里士多德的二元逻辑学(bivalent logic)认为事物不是完全正确就是完全错误(或者不是美丽就是丑陋,不是健康就是病态,不是可持续就是不可持续)。与二元逻辑学理论相比,模糊逻辑学是多元的,它认为事物是部分正确或部分错误的,也可以是部分可持续和部分不可持续的。这种方法使我们可以获取质的、美学的、历史的以及其他"软"的且内在的文化价值,而且能像正常数字一样用算法定量处理。正如Kosko(1993)清楚地表述的,模糊逻辑已被广泛地应用于从地铁、汽车到洗碗机的商业管理和控制系统中。它也应用在知识工程计算机程序中,在这个应用中,把模糊逻辑整合为专家系统和"智能地理信息系统"。因此知识不仅仅源于量化数据,还来源于语言形式的专家实际经验。Kosko(1993)强调,它们对复杂生态和社会经济专家系统的管理是十分重要的,因为在这些系统中,模糊逻辑与神经网络模型紧密结合。

10.11 跨学科可持续发展的真正含义

如上所述,这种教育计划的目标应该是为学生建立起稳固的概念化的、认识论的实践基础。这就首先要求,要对可持续发展的跨学科概念和信息社会新的人类-自然共生关系的含义有一个清晰的理解。

近几年,人们越来越多地关注可持续发展的跨学科主题,不仅科学出版物关注，而且国际会议也在关注。这里我只能对这一主题做简要的回顾，并通过一个跨学科区域可持续发展研究的例子来对此进行补充说明。

尽管相关出版物大肆泛滥，但作为可持续发展起源的"可持续性"的概念依然十分模糊。这导致对可持续发展的解释很具争议性，而且需要更综合的出版物对此进行补充，需要对可持续发展有一个广泛的概念，对于其实践性的认识论和概念基础而言，需要跨学科的方法和方式。

IUCN 1980 年在其《世界保护策略——为可持续发展的生活资源的保护》中，提出了这个术语。由此成为提出"可持续发展"这一术语的第一个国际组织。自此之后，IUCN 一直强调可持续发展的贯彻执行。在一本关于这个主题的出版物《可持续的世界》（Trzyna，1995）中清楚地表达了这一点。《可持续的世界》涉及可持续性和可持续发展的含义，以及对其进行研究和实践应用的合理方法，这些含义和方法都是 IUCN 组织内的所有参加可持续发展问题研究的各学科的科学家、专业技术人员和专家提出的。

IUCN 前主任 Munro（1995）曾对"世界保护策略"的形成做出重要贡献，他在这份出版物中要求从文字到现实，不断取得进展。他认为，与其他时髦的词汇和短语一样，"可持续发展"和"可持续性"这两个词被人误解和错用的频率在不断增加。遗憾的是，现在仍然如此。

在最近关于生态与经济一体化的圆桌讨论中，Di Castri（2000）表达了对过度使用含义不确切的"可持续发展"这个术语的关注。他强调，实际上，在封闭系统中维持现状并不能保证可持续性，况且，在全球化时代封闭系统不再存在。相反，可持续性依赖于"通过变化和创新，持续地适应开放环境的变化"。

为了避免误用和滥用，应该再三强调可持续发展不能通过永久的、无限制的，因而也是不可持续的数量增加来实现，只有通过质的增长来完成。只有这样，才能增进上述的质量全面变化，这才是发展的真正含义。我们在发展上的困难不是增长与不增长的问题，而是增长的类型与目的是什么。但我们不应该掉进以技术为核心的虚幻的乐观主义陷阱中，Brundtland 报告中已经表达了这一点（WCDE，1987），即只要改变生活方式，那么提高效率就足够了，而不需要更多的财富。许多经济学家和技术统治论者以及大多数政治家依然相信，技术效率是社会可持续发展的最好方式，因为它可以增强和谐性，降低环境影响和能源消耗的负面影响。同时，科技进步还是形成消费者喜好的一个主要动力，还可以不断引进新的生产者和服务，创造无限的消费机会。因此，会有一个危险的反弹效应，抵消信息社会新经济模式下最初的环保效果。

1996 年，Khosla（1997）在蒙特利尔举行的 IUCN 第一届世界保护大会上，把 Brundtland 的可持续发展观点总结为"充足和效率：把需求置于贪婪之上"。他认为保护的目标不能在今天的城市－工业生活方式下或者国际经济的巨大悬殊条件下实现。他强调"可持续发展不仅意味着有效的生态管理，还意味着需要建立社会平等和政治权益"。

一些生态经济学家和更多激进的"资深生态学家"针对过于狭窄的可持续发展概念表达了相似的批判性观点。尽管使用了不同的术语，但这两组科学家都意识到了错用、曲解发展概念，混淆发展与持续经济增长的区别的危险。

Costanza 和 Daly（1992）对 Brundtland 报告中发展的概念提出了批评，他用更为精确的经济和生态术语对发展进行了重新定义。他们认为 Brundtland 委员会的主张过于乐观，即未来经济 5~10 倍的增长就能改善大多数穷人的生活状况，而不用求助于控制人口、控制消费、重新分配财富这一"政治上不可能的"选择。这种 5~10 倍的增长不可能仅来源于发展，如果它来源于增长，那么它就是具有破坏性的。因此穷人的福利，甚至富人的福利更多地取决于人口控制、消费控制和再分配，较少取决于 5~10 倍生产增长的技术定位。假使存在大量的不确定性，他们就要求有一个最低的安全状态来保证自然资本总额在目前水平或高于目前水平。这一状态的可操作的含义指的是：人口规模必须限制在现存自然资本承载力以内。为了这一目的，应该明确区分作为生产量增加（因而资源损耗和污染也增加）的增长和作为效率增加的发展。科技进步应该是效率的提高而不是生产量增加；可再生资源的收获速率不应超过其再生速率；废物排放不超过环境吸收能力；不可再生资源的开采速率与可再生替代品的产生速率相同。

由于这种增长需要人造资本的额外收入，所以，必须牺牲自然资本。因此把这种"增长"看做是对自然资本的破坏，并且是反经济的，使发展受损，而不是增进发展。质量改善的发展不是以自然资本为代价的。人造资本（驱动着以燃料能源为动力的技术圈景观，并取代着生物圈景观，使生物圈景观衰竭）不能取代自然资本，但发展可以取代增长。

资深生态学家们对于可持续发展的批判态度是强硬的。哲学家，这一运动的发起人 Aerne Naess（1995）建议把这一术语全部替换为生态可持续性。他对以上"狭义"的以人类为中心的可持续性和"广义"的以生态为中心的生态可持续性进行了区分。"狭义的"以人类为中心的可持续性是提倡保护人类免遭生态灾难的政治。"广义的"以生态为中心的生态可持续性要求保护地球所有层次生命形式的多样性和丰富度。

另一位资深生态学家 Sachs（1995）是位政治科学家，他反对 Brundtland 的可持续发展所提倡的愿望和理由，认为这种"发展"加大了先进者和落后者之间的差距，没有消除贫穷，反而导致了社会的两极分化。它提倡保护发展而不是保护自然，会把以人类为中心的功利主义传给后代。他认为大多数"技术统治论的环境学家"主要关心的是城市污染、资源缺乏和"科技效率"革命。他们只关心有效的资源管理，把社会想象力集中在改革方式而非目标修订上。

"仅有效率，没有充足，是反生产力的；后者必须定义前者的范围"。Naess 对那些基于扫描全球的卫星图片就能够实现"全球生态管理"的，在国际上活跃的科学家们自命不凡的主张十分不满。认为这只能构建包括山脉数据在内的真实情况，而不能构建人类及其文化的真实情况。

对于小尺度的以可持续土地利用为目的的区域发展项目也具有同样的危险。这些项目不应该仅以遥感、计算机模型和 GIS 收集到的信息为基础，还应该有野外调查和对"基层"的所有有关的自然和人文方面进行生态、社会文化和经济研究。这种警告和 Roszak（1994）所称的"信息崇拜"相一致，它仅以计算机及其"技术爱好"为基础，从而忽略了思考的真正艺术，忽略了价值、目的和判断的基本问题。这包括过于关注计算机化的经济指标及其简单易懂的数字，而不重视工作、健康、福利等这些更深层次的内涵。在这些情况下，"信息崇拜"会对实现可持续发展的创造性系统思维及行为起到反作用。

显然，可持续发展可以作为口头上说说而已的发展计划的一个借口。实际上，这种发展计划只是通过加强资源利用来促进以经济为导向的发展，而不能改善资源利用效率，也不能促进生物、生态、文化多样性的增加和社会经济财富的增长。

因此，许多社会经济"盲点"正在破坏可持续发展的宗旨和目标。Laszlo（1994）在上述的关于我们是选择进化还是灭绝的重要著作中详细地揭露了这一点。他写道：

新古典主义经济的理念仍在主宰着经济政策——它假设世界是确定性的，技术上是乐观的，不可再生资源也是可以高度替代的。通常，GNP 或其他经济指标掩盖了长期的成本，强化了资源是无限的这种错误观念。"

正如已提到的，Brundtland 报告（WCED，1987）在其可持续发展的概念上并未彻底摆脱这种错误观念。但即使承认必须把可持续发展视为生态可持续性、社会可持续性和经济可持续性紧密关联的组成部分，还必须付诸于实践（Flavin，1997），也必须克服巨大的阻力才能把理论转化为现实。为这一目标建立合适的理论和实践基础，跨学科教育计划面临着最大的挑战。

对那些所有涉及可持续发展的方面，应当弄清楚全球尺度上可持续发展所面临的这些跨学科的挑战。他们首先要求要稳定人口（尤其是发展中国家的人口），稳定气候。在没有有效的全球环境统筹管理的情况下，这些全球目标首先要在国家、区域以及地区范围内实现。

如果没有最复杂的和争议性的问题，在这一点上，我们的认识一致。对这样的发展计划我们能够从根本上定义自然资源和"自然资本"的范围吗？为某个区域内自然资源的跨学科区域发展定义范围是十分困难的。这并不像一些生态学家依然坚信的那样，这不只是一个生态承载力问题，而是一个更复杂的跨学科问题。Di Castri（2000）曾指出：对区域或国家范围内人口、环境和资源之间的关系来说，这作为承载力的概念基础是合适的。French（2000）详细描述的"生态全球化"进程是由全球经济和商业国际化所驱动的。它导致了在包括大气和海洋在内的全球共同拥有的范围内环境问题的国际化。因此，为了全球整体人类生态系统，我们必须把"地球飞船"的承载力视作一个整体。

这并不意味着为了跨学科区域发展我们可以不考虑区域和国家资源的有限性。正相反，如Di Castri（2000）指出的"真正的问题可能是未来的发展是否会由自然资源的可用性来决定，或者是否通过技术革新，人类文化能够克服地理障碍或环境限制。"

亚洲的大多数发展中国家，比如中国，依然有机会通过避免发达工业国家所犯的致命性错误来阻止这些威胁。亚洲人民不应该不加辨别地效仿西方人只追求数量和物质价值的片面经济目标，把发展仅仅看做是经济增长而不是总体质量的改善和进步。相反，他们依然有机会提出他们自己的可持续发展概念。这种概念应该建立在真正的自然与文化的价值和传统的基础上，老子的自然主义、孔子的伦理规范和佛教对人的精神启迪形成了这种价值和传统。

因此，可持续发展应该从质上改善人的生活，维护人的尊严，主持公正，使人们关注自然及其生命支撑价值和使生命充满活力的内在价值。为此目的，应当把这些东方文化价值观谨慎地循序渐进地转化为更适合的、综合的规划和土地利用政策，来保证人口、经济、文化及其乡村和城市景观利益的持续协调（相互促进），从而把东方文化价值观现代化，而不是西方化。

10.12　区域可持续发展的综合模拟模型实例

为了更深入地理解跨学科区域发展中复杂的相互作用，为其执行制定切实可行的政策，动态模拟和其他系统模型有着十分重要的作用。建立这样的模型应该是跨学科区域发展教育计划的最高目标。

作为这种模型的一个实例，我将应用最近完成的一项欧盟赞助项目：欧洲信息社会可持续发展建模的成果，它是由Wolf Grossmann和他的未来区域模型小组在Leipizig-Halle环境研究中心领导下进行的（MOSES，2000）。由英国、奥地利、瑞士、西班牙、以色列五个区域案例研究的一个多学科小组具体实施，这些区域案例代表了这些国家由工业社会向后工业化信息社会转变过程中面临的一些主要问题。

我们这个项目的概念基础是服务于"信息社会综合系统模型（ISIS）"开发的整体人类生态系统框架。这种具有交互催化网络（CCN）的联合递归系统动态模拟模型的早期版本已经被成功地应用于德国北部一个被失业困扰的小镇。其目标是使人（该案例中是Visselhoevede镇的市民）、经济（提供新工作和技能，包括计算机技能）和生态（恢复被忽视的和退化的森林沼泽地以及用于娱乐、旅游的河流景观）协调发展。这个案例研究是在镇长的紧密协作、居民的热情参与和地方企业的大力支持下实施的（Grossmann et al., 1997c）。

由于上述的自创生（autopoietic）系统自组织及其交叉催化网络间关系方面的新近进展，我们能够在这个模型中用较为直接和机械论的术语，展现区域内整体人类生态系统后工业化时代的共生关系，并将它们转化为跨学科区域发展政策。这些政策的目标应该是为了当代及其后代，人类（其生活、福利）、文化、经济、建成景观和开放景观之间长期持续的相互增强的利益。最终目标是在这种令人满意的指导下制定影响信息社会当前发展的政策。

图4.8给出了EU-MOSES项目信息社会综合系统模型（ISIS）基本结构的一个简化模型。这个综合模型允许对形成土地利用和环境的四个主要人文领域的相互作用进行系统地探究和理解。这四个领域是：经济；文化、态度、觉悟和人类需求；科学、知识和技术；作为整体人类生态系统基质的自然景观、半自然景观、农业景观和城市工业景观。

后者包括信息社会与其景观间新的双赢共生关系，这种关系应该是在以信息为基础的经济中，通过比工业社会更为有效的利用方式建立起来的。与此同时，新的信息和通讯技术将会培养生活方式，将土地让渡于其他用途，允许减少建设用地及其他经济用地面积（Grossmann，2000）。

这一模型显示了正在形成的信息社会动力学中相互支撑的交互催化网络关系（CCN），新兴信息社会动力学是由新一代公司、公司改革者及关键人物发起的，比得上驱动生态系统和自然、半自然生物圈景观的自创生系统（autopoietic）动力学。

借助于这个模型，我们能够更进一步说明自然对区域吸引力所做的贡献对区域发展来说是至关重要的。因此公民可以从自然中有所获取，即区域绿色生物圈景观的"软的"无形价值和内在价值，"硬"价值和市场价值。

如图4.10所示，深一层的共生的交叉催化网络（CCN）能够产生充满活力的即将消失的"双G"共生关系，即景观与成功的区域新经济间的给予（give）与收益（gain）关系。通过支付固定份额的税收，致力于有吸引力的生物圈景观的保护、恢复与可持续管理、设计和开发，对自然进行投资，将会出现这种关系。因为较低的需求和信息社会后工业技术圈人类行为带来的消极影响，这种新的关系甚至还允许购买和恢复更多可供使用的土地。

"双G"关系和四大领域的整体人类生态系统分析是先进的区域发展跨学科科学的很好实例，因为它们利用人类和自然间产生的新的共生关系的机会，从而保证进一步发展。因此，他们应该把整体人类生态系统的概念补充为教育计划和可持续发展研究中实用的方法工具。

通过物质和能量的再循环，减少物质和能量的过境流（through-flows），减少物质和能量对人类和景观健康的负面影响，就能实现由耗竭自然资源转变为自然资源的有效和可持续利用。可持续发展跨学科的最大挑战就是减少这些变化。

10.13 结论

上述讨论可以为我们的教育计划得出以下三条结论:

(1) 区域可持续发展是一种跨学科的努力,对其研究和实现的先决条件之一就是对面向未来、开放思维的、创造性的科学领导人员和专业领导人员的教育。为此,单一的一门课程是不够的,还需要本科及研究生层次的、全面的跨学科教育计划,最终设立区域可持续发展硕士、博士及更高水平的专业在职培训学位。

(2) 跨学科区域可持续发展教育计划应该为可持续发展的跨学科含义提供一个广泛的知识基础。这应该建立在生态文化和进化文化的基础上,使人们能够理解向"关于现实的创新性统一视角(originally unified vision of reality)"(Laszlo,1994)的科学范式转变,以及这种科学范式在后工业化信息社会中对于自然科学、社会科学、人文科学和艺术的含义。

(3) 这个教育计划应该以培养新型的综合科学家和专家为目标。这些专业人员应该能够为了地球及其自然、人类系统的可持续未来这一共同目标,把这些学科的知识和生态学知识,智慧和道德规范结合起来,在紧密协作的团队中有效利用他们的专业特长。

第四部分
要点回顾

第11章

从景观生态学和恢复生态学向跨学科的整体性景观研究、管理、规划、保护与恢复转变

11.1 引言

在本书的引言部分,我曾提到过景观生态学和恢复生态学都涉及一些颇具前景的整体性方法和概念。这种倾向是使这两门学科向跨学科的景观科学转变的首要前提。在前面的章节中,我曾举过一些例子来说明景观生态学研究面对跨学科的理论和实践的挑战所做的努力。本章总结了这些尝试的要点,并回顾了一些主要概念的最新发展。

第一部分论述了在从工业化时代向全球信息化时代过渡的过程中,人类社会所面临的生态的、文化的和社会－经济的严重危机,急需通过对地球上所有生命圈层的可持续性变革来解除。这就要求景观生态学家和景观恢复学家改变观念和行为,使他们所研究的学科向更加综合的跨学科的景观科学过渡。在第二部分,我将首先讨论妨碍这种转变的主要因素,它源于旧的理念、观点、概念,以及关于自然－人类－文化关系的还原论(reductionism)和机械论思维模式,这些都是从传统的生态学继承来的。然后我将简单介绍系统生态学向跨学科转变的重要趋势,以及一些整体性的"生态原理",如生态经济学。结论部分概括了跨学科科学的真实含义,及其在这两门跨学科科学中的作用,体现了最近 Laszlo 提出的一切事物都向整体性理论转变的科学革命观。

11.2 在向全球信息化时代过渡过程中面临的生态、社会－经济和文化危机

我的首要观点是,这两门学科向跨学科科学的转变是解决深刻的生态、社会－经济和文化危机之迫切需要,这一危机是伴随着人类社会目前从工业化时代向后工业化的全球信息时代过渡而来的。这种过渡的驱动因素是世界计算机信息网络的迅速发展,使得经济能够迅速地发展、壮大和全球化。遗憾的是,这一面向全球化的驱动力目前正为残酷的市场经济所左右,在很大程度上取决

于以寻求最大利润为目的的大公司。这招致了全球范围内环境、社会和文化的抵制。这种变化使我们充分考虑与人类生活密切相关的各个方面,从生物的到文化的、社会的、经济的、技术的,乃至政治的各个方面(Capra,2002)。

然而,在当前的转变过程中,人类社会在与自然的关系上遭遇了一个关键性的转折点,这在自然的"生命支持"和"生命强化"功能方面表现得尤为突出。由于技术的巨大威力,"工业人"的技巧,还有人类对神通广大的增长的迷信,使物质财富不断增长的同时,还伴随着大量的浪费性消费。种种这些,都使人与自然的关系大大扭曲了。

受那些只顾眼前利益的、傲慢的经济、技术和政治决策者的影响,人们没有意识到科学技术的力量已远远超越了生态认知、科学知识和环境伦理的力量。因此,尽管20世纪科学与技术取得了巨大进步,工业社会并没有能够找到解决其所导致的严峻的生态危机的办法。有些领先国家的政府已经浪费了历史性的机遇,在20世纪末的鼎盛时期没能遏制住地球环境加速恶化的趋势。遗憾的是,许多发展中国家正在不加批评地重复这些错误,导致了一系列类似的生态经济问题,以及不可持续的和不健康的工农业生产系统。

Brown(2001b)在他的挑战性论著中指出了生态危机与严重的全球性社会-经济危机之间的密切关系,急需通过"生态经济"来解决。由于过分相信自由市场经济的作用,前面提到的全球化过程显然正在加剧危机的态势,并且使得各个国家之间和各国内部的收入差距越来越大。这给我们的行星地球及其景观健康带来了更大的压力。

同时,正如许多研究所揭示的那样,强大的社会压力的影响远远超过了收入提高对人们身心健康的影响。因此,那些富裕起来的人们既没有变得更加幸福,也没有变得更加健康。根据联合国粮食与农业组织的报告,2001年有8.42亿人处于长期饥饿状态,2003年又增加了一千万。每年有上千万5岁以下的幼儿死于饥饿。在许多国家这并非由于食物的缺乏,而是由于没有足够的钱来购买食物。虽然经济全球化提高了发展中国家工人的收入,但全球28亿工人中大约有一半人每天挣不到2美元,难于养活其全家。大约有1 100万人喝不到干净的水,每8 s就有一个孩子死于饮用污水所导致的疾病。据联合国预测,未来20年将有2/3的世界人口会遭受淡水资源短缺的影响,因为人类对水的消费水平每20年就翻一倍,这相当于人口增长速度的两倍。

本章的目的不在于描述这场生态危机所导致的全部后果,但下面将简单回顾一下最值得关注的一些影响。目前我们正见证着从6 500万年前恐龙灭绝以来最大规模的物种灭绝。但以往的生物灭绝都是由自然因素造成的,目前的灭绝则绝大部分缘于人类的经济活动。在那些我们能够取得足够信息的地方,处于"严重濒危"状态的物种数目在迅速增加。目前的物种灭绝速率至少比环境背景灭绝速率高1 000倍(IUCN,2000)。

人类（*Homo sapiens*），现在变成了工业人类，具备了毁掉地球上大多数生命的能力，同时也能毁掉生态系统和景观的生命支持功能。但与此同时，人类也令其自身的生存受到了威胁。因此，尽管人类对杀虫剂和除草剂毒性的认识越来越深刻了，但每年仍有上亿吨的化学药品生产出来，以至于我们体内的铅含量已经高于工业化社会以前人类的 500～1 000 倍（McGinn，2002）。

一个可悲的事实是，人类社会，尤其是处于领导地位的政治和经济决策者们还没有意识到人类的命运与整个地球上的全部生命是密不可分的。因此，至今还没有采取足够的措施来缓解生命网络所受到的威胁，而这种威胁的增长比世界人口及其指数级上升的资源消费增长速度还要快，这给全球景观带来了严重影响。

根据全球生态足迹网络 2005 年提供的国家账户资料，透支现象（overshoot）在持续增长：人类消费的生态资源比地球的生产能力高出 23%，而这一数字在 2004 年度是 21%。这会导致经济所依存的生态资产的破坏，如渔业和林业。在全球建立生态资产账户的 150 个国家中，根据其"足迹贸易"，中国、英国和日本是生物承载力（biocapacity）的最大进口国。

例如，从 1995 年到 2004 年，中国从巴西进口的大豆增长了 10.7%，2004 年的贸易额达到了 20 亿美元。这些大豆主要用于喂养猪、鸡和鱼类。这导致亚马孙河流域的森林被大规模破坏，同时也毁灭了 10 万种物种，其影响远远超过了为放牧和木材而进行的森林采伐的影响。从 1995 年以来，亚马孙河流域的森林减少了 170 万 hm^2，仅 2004 年就减少了 60 万 hm^2。如果目前的毁灭速度延续下去，到 2050 年，天然的森林和草地面积将只剩下 20%。中国为了建设城市、工厂、高速公路，加上沙漠化的影响，已经丧失了 600 万 hm^2 的农田，而亚马孙河流域正为 21 世纪中国的大豆"淘金热"付出代价，为工业圈景观和沙漠化的迅速扩展付出代价。【作者这样说有失偏颇：1. 巴西大豆的出口地不仅仅是中国，还有欧洲。中国是世界第一大大豆进口国，但进口总量不一定高于整个欧洲的进口量。2. 美国的一些跨国公司控制着巴西大豆的出口市场，牟取暴利，中国和巴西都在为美国的利益付出代价。因此，不能把亚马孙河流域森林丧失的原因全部归结到中国头上，欧美应负的责任也不小。——译者著】

Rosenzweig（2003）曾就自然与人类共存的问题进行过全面的论述。他运用大量的实例，充分展示了这一问题的性质，认为现在以"小块的"自然保护区为主的保护和恢复方式远远不足以用来解决人类所面临的巨大挑战。他提出了一种新的"和解生态学（reconciliation ecology）"，定义为"在人类生活、工作或游憩的地方，创造、建立和维持一些新的生境，以保护生物多样性的一门科学"。这也可以被称为"创造性景观科学"，在它的框架下，每个人都应致力于保护和恢复地球上的生物多样性。这是一个很有吸引力的建议，但只能在很小的范围内变为现实。

造成物种灭绝的主要原因是人为压力下生境遭到破坏,但在全球尺度上,生物多样性还受全球气候变化的影响。这在 Appenzeller 和 Dimick(2004)的一份报告中详细而形象地得到了总结,指出地球从地学、生态学和时间角度已经发出了下面的信号:CO_2 水平上升,乘含量增加;海洋变暖,冰川消融,海平面上升,海冰趋薄,永冻层融化;火灾更频繁,湖泊缩减,湖面封冻推迟,冰架倒塌;干旱频仍,降水增加,山区河流干涸;冬季不再严酷,春季来得更早,秋季来得更晚;植物花开得更快了,动物迁徙时间变了,生境变了,小鸟筑巢更早了;疾病蔓延,珊瑚礁褪色;雪盖缩小,海岸侵蚀,云雾林变干,高纬度地区温度陡升。

现在,越来越多的证据表明,人类已经对全球气候系统造成了破坏,而且已经有迹象显示,气候变化的速度比预期更快。最近几十年是自 1850 年有系统温度记录以来最温暖的时期,或许也是最近一千年来最温暖的时期。在全世界的山峰、北冰洋和南极,都观测到了冰川消融加速的现象。根据最近一项环北冰洋国家委员会的报告,这一地区最近 50 年来的增温幅度是全球其他地区的两倍。北冰洋面积缩小了 20%,陆地上的雪盖消失,冻原带的永冻层不再坚固,使得当地人们的建筑和生活受到了影响。阿拉斯加、东西伯利亚和加拿大西部附近的环北冰洋海冰可能到 20 世纪末都会在夏季完全消融。这会影响在海冰上繁殖的海狮,以及习惯追踪海狮的北极熊。冻原带面积的缩减也使许多其他动物的繁殖和取食地丧失。野生动植物因气候变暖而受到威胁,进而影响到北极土著居民传统的生活方式和经济状况。

除了长期的增温趋势之外,最近的月尺度数据也显示了增温加速的趋势。这样的结果并不意外。由于大气中 CO_2 和其他温室气体含量的上升,在所有环境参数中温度的上升是最具可预测性的。在一次地球政策研究所(Earth Policy Institute)新闻发布会上,Brown(2003a)指出,由于地下水位下降和气温上升,在一定程度上导致了近些年来世界谷物每 4 年的平均产量低于同期年平均消费量。在一代人的时间里世界谷物的储备量降到了最低水平。除了作物产量下降所导致的经济损失外,越来越多的迹象表明,全球变暖对地球上的生命也在造成严重威胁,生物及其生境对变化的适应性越来越跟不上这种加速进程。

对人类的生活而言,这也是现实。2003 年 8 月份是北半球历史记录上最暖的一个月(Larsen,2003),成千上万的人因此死亡。与往常一样,这种环境灾难的受害者是那些"社会性残疾人"——体弱多病的、贫穷的、无家可归的儿童,特别是居住在城市中心的老人。在法国,14 802 人死于持续两周之久的 40℃以上的高温。由于公众对高温的影响认识不足,使热浪袭击的后果更加致命。在巴黎,由于许多年轻人外出度假,即所谓的"神圣的"8 月假日,把老人留在了家里,那些住在炎热公寓里的老人们很多因此丧生。

根据世界气象组织预测,与炎热有关的死亡在不到 20 年的时间里将翻倍。已经有证据表明,热浪袭击的频率在增加。同时,地表臭氧的浓度已经超过了欧盟规定的健康风险阈值。其他一些研究结果以及计算机模拟都说明,如果每 5 年里有 3 个冬天因北极平流层温度异常,导致臭氧层消失 60% 以上,则其恢复的时间将推迟 20 年甚至更久。直到现在,科学家们仍然设想到 2050 年时臭氧层能够恢复到 1980 年的水平,但最近在旧金山召开的美国地理学年会上已经有新的证据表明,由于旧式冰箱和空调中 CFC 的持续使用,臭氧层恢复的可能年限又将推迟 15 年。2004 年 9—10 月南极上空的臭氧层空洞面积仍达 2 400 万 km^2,相当于整个北美大陆的面积。如果不是由于上述两个原因的话,这个空洞的面积应该小得多。这些状况也使人们更加关注气候变化和平流层臭氧缺失之间可能存在的正反馈关系。同时,研究人员提醒人们,如果不采取措施稳定气候,全球海平面上升的幅度将达到 6 m,导致一系列可怕的后果,如淹没大多数岛屿以及佛罗里达的南半部分,等等。

2003 年的欧洲热浪,2005 年巴尔干半岛的严冬,2005 年夏天欧洲,特别是罗马尼亚的大规模洪涝,还有伊比利亚半岛的严重干旱和火灾,种种这些都表明,随着极端气候事件如飓风、暴雨、干旱、严寒、酷暑等的发生越来越频繁,其灾难后果也变得越发严重。根据最新信息,2005 年可能是地球上最热的一年。这可能会加剧指数级上升的景观退化过程,对全球的稳定造成恶劣影响。这在人口密集的亚洲地区尤为严重。在这些地方,传统的不可持续的土地利用方式——如过度放牧、地下水超采、过度森林采伐——与"现代的"、更加有害的集中式工农业相叠加,出现在更大的空间尺度上。由这种不可持续的农业发展所导致的沙尘暴正影响着中国的未来。再看看北美,他们正在"用灰尘覆盖从加拿大到亚利桑那之间的大片地区"。Brown(2001a)总结说,使沙漠化发生逆转需要付出巨大的代价,但如果沙尘暴持续蔓延,它不仅会影响中国经济的发展,而且会引发大规模的人口向东迁移。迅速扩展的沙漠化过程已经使地球上 1/3 的陆地面积受灾,影响了 110 个国家十多亿人口的生存(Larson,2003b)。所有这些威胁在地中海地区也存在,而且也证实了我在十年前所做的关于全球气候变化的预测(Naveh,1995b)。

减少化石燃料的使用量不仅对减少大气、水和土壤中的污染至关重要,而且对稳定气候也起着关键作用。IPCC 预测,如果碳的排放量继续增加,20 世纪的气温还将升高 1.4～5.8℃。自 1960 年以来,全球化石燃料的消费量每十年就翻一番,同时,碳的排放量也大大增加。1990—2000 年期间,全球碳排放增加了 9%,美国增长的幅度更是高达 18%(Gardner,2002)。尽管美国人口只占全球的 6%,但能源消费却占全球的 20%,相当于印度和中国的水平。尽管美国是世界上最大的污染制造者,1998 年美国却拒绝在京都议定书上签字，因为布什总统声称他的国家承担不起削减温室气体的责任，主要是削减温室气体排放会导致大量失业。这使那些还不太富有，但正在迅速发展的国家，如中国和印度，有了可攀比的对象，而这些国家正在成为全球尺度上的污染制造者。然而，能否如1998年京都议定书所要求的那样，到2012年将温室气体排放量减少5.2%，从而对环境产生可观的影响，前景值得怀疑，因为人类对化石燃料的需求仍在呈指数性增长。因此，在2005年12月蒙特利尔召开的联合国会议上，那些曾在京都议定书上签字的157个国家——当然仍不包括美国——又签署了一个新的协议，即在2012年之后继续强制性地削减温室气体排放量。根据"经济学家"会议上的一个报告，圣迭哥Scripps研究所的工作人员提供证据表明，飓风、台风频率的增加与温室气体之间具有密切的关系，并导致了最近65年来海洋温度的上升。

这些发现可以与2005年夏天的一些事件联系起来：本已对近岸风暴潮十分脆弱的墨西哥湾，又遭遇了一系列灾难性的飓风袭击，不仅使几百人丧生，而且更多的人因此受灾。上亿元的直接经济损失，具有深远的社会、经济和政治影响，包括原油价格的飙升。

虽然飓风被视为"自然灾害"，但多数科学家认为最近其频率和破坏能力的不断增加是全球变暖的不祥之兆。然而，当"卡特里娜"飓风以233 km/h的速率横扫路易斯安那州沿岸的时候，毋庸置疑，那些目光短浅的土地利用决策以及对景观漫不经心抑或贪婪的处理方式，无法阻挡大部分损失，尤其是新奥尔良市的洪水及其灾难性后果。这在2005年8月19日《纽约时代》上由Cornelia Dean和Andrew Revkin合写的一篇文章中做了精辟的解释："在经历了几个世纪的土地'治理'之后，海湾居民终于知道了到底谁是真正的老板。"飓风的重要教训是，在那些具有干扰依赖性的景观，以及这些景观的防护和调节功能中，维持水体流动的动态平衡具有至关重要的意义。在这一例子中，发育在松散的密西西比河冲积物之上的路易斯安那州南部景观，依赖于周期性洪水泛滥所带来的泥沙，使这里的土地高于海平面之上。然而，这里自然的河道及其周边湿地、草地均已被用来控制洪水的人工渠道和堤坝所代替，把肥沃的泥沙导流到三角洲，甚至墨西哥湾的深水区。其后果是，路易斯安那州沿海一直在沉降，而用以保护新奥尔良免受飓风影响的沼泽湿地和防护岛屿遭受着严重侵蚀，因此，当沿着内河航运干渠的大堤被"卡特里娜"飓风击溃时，席卷而来的洪水冲向了新奥尔良，淹没了这座城市的绝大部分。

然而，早在19世纪在70年代初，新奥尔良市的创始者们就排除了所有反对的呼声，决定在经常遭受洪水和疾病困扰的流动性泥滩地上建造一个港口，梦想以此赚取大笔财富。20世纪，石油和天然气发电站在海湾地区发展起来，随后又发展了石油化工厂和炼油厂，为了保护这些设施，又精心建造了一系列的堤坝、溢洪道，以及其他一些设施。然而，统统这些都没能经受得住自然的 4～5 级飓风的强大威力。

由于篇幅所限，我无法详述近 30 年来联邦政府、地方政府、国会和工程师协会，乃至新奥尔良市民所做的一系列错误决定。他们不愿意认识到这样一个现实，即不断增加的海岸带风暴潮和飓风对环境的潜在破坏力需要更多的投资来进行研究，以及建设相应的设施来防止此类灾难的再次发生。与通常情况一样，遭受危害最大的是人口中最穷困的那些人。在新奥尔良市，这些人不但在灾害伊始就不得不听天由命，在营救过程中他们还受到歧视，甚至在政府部门发放救济以保证其安全和基本生活条件时，他们仍然被忽略了。

要想避免最严重的损失，最好的解决办法是让密西西比河重新回到自然的河道状态，也就是恢复自然的动态平衡。但根据 Dean 和 Revkin 的分析，其高昂的花费是无法承受的——因为这种花费要由当地百姓来承担，没有哪一个政客会鲁莽到签署这样的一个计划。因此，还得继续寻找顾全现状的解决方案。同时，对于景观生态学家、恢复生态学家，以及所有与土地利用有关的专家来说，这是非常值得学习的一课，即从长远来说，最安全的也是最经济的办法，就是与大自然合作，而不是与大自然作对。在本例中，就意味着与周期性的洪水合作，而不是跟它对着干。

荷兰政府和规划人员就是这样处理的，他们也同样面对着全球气候变化引发的洪水对其低地和海岸线造成的袭击。他们不是依赖堤坝来抵挡洪水，而是由政府出面从农民手中购买农田，从而使这些土地不再大面积地种植小麦，而是保存在那里用于吸收预期到来的洪水。除此之外，他们还选择风险最大的地区在驳船上建造了 12 000 栋"会游泳的房子"备用。

11.3 面向全球的后工业化生态经济和可持续革命

仅靠减少化石燃料的使用是不够的。Brown 和 Flavin（1999）在关于 21 世纪新经济体系的一篇前瞻性论文中指出，西方的经济模式——即以化石燃料为基础的、以汽车为核心的丢弃式经济——曾奇迹般地提高了社会上能接触到这些进步技术的一部分人的生活水平。这种经济模式并不适合于整个世界，甚至对西方国家的长期发展来说，也并非合适。正如 Brown（2001b）在他的充满前瞻性的《生态经济》一书中概括的那样，新的世界经济应该是基于可再生能源的，对物质是不断循环利用的。未来经济应该以太阳能、风能和水电为驱动力，重复循环利用的经济，比我们现在对能源、水、土地和原料的利用的效率要高得多。那是一种环境持续的全球经济，不仅在 21 世纪经济和社会可以继续进步，而且还可以延续若干世纪。

Brown（2003b）在《生态经济》一书的姊妹篇《拯救文明的计划 B3.0 动

员》中更详细地描述了如何"在泡沫经济破裂之前为它充气",以及如何来拯救"重压之下的星球和备受困扰的文明"。他用若干实例说明工业化国家正在大量消耗地球上的自然财富来满足其过分的需求,制造了全球性的泡沫经济。Brown 提出的需要尽快实施的一些对策是:

我们不仅需要稳定人口,提高水的利用效率,稳定气候,而且还要像战争时期那样立即去做。要想迅速地从"碳能经济"向"氢能经济"转变,必须把气候变化所带来的损失换算成化石能源的价格,包括那些对作物造成损失的温度,更具破坏性的风暴,以及海平面上升等。我们需要利用市场来展示生态实况。

这需要一个世界范围的动员活动——不亚于二战期间美国的行动,但我们这一代需要稳定人口、消除贫困、稳定气候。

创造社会和生态都可持续的这样一种"生态经济"也应成为可持续发展的最终目的。这需要一场全面的文化和技术上的"可持续革命(sustainability revolution)",以引发从"化石时代"向"太阳能时代"新经济体系的转变,使其建立在无污染的、可再生的、无限的太阳能基础上。作为人类所面临的核心挑战的生态经济,只有把人类社会和自然真正结合才能实现。在此自然的和人类科技力量的潜力都得到充分发挥,而且达到双赢。这不是一个乌托邦式的梦想。每年太阳所提供的比化石能源和核能的年消费量高 15 000 倍。每年世界植被光合作用产生的物质比全球化工厂的产量高 10 000 倍。已经有迹象表明,利用这种可再生无污染的能源在技术上是大有潜力的,这在 Brown (2001a) 和 Fischlowitz-Roberts (2002) 大量的关于生态经济端倪的例子中可见一斑。在许多国家,购买可再生的"绿色能源",尤其是风能,正在飞速增长。例如,德国自 2000 年 4 月实施可再生能源计划以来,在短短两年时间里,由于风能利用已将原本总量为 1.5 亿吨的 CO_2 排放量减少了 12% (Haas, 2002)。在全球范围内,风轮机和光能电池组的使用量正以每年 25% 的速度递增,鉴于目前原油价格居高不下,这类"绿色燃料"会很快比化石燃料更具竞争力。从混合式发动机驱动车辆的巨大成功就可以证明这一点。这类发动机通过内燃机的工作来发电。因此,丰田的混合式"Prius"汽车的市场需求增长速度比它的产量提高速度快得多。在氢气燃料元件方面的科技进步将会导致一次更大的飞跃。其中很重要的尝试就是以二氧化钛为催化剂从水和阳光中制取氢气。在加利福尼亚州州长施瓦辛格(Schwarzenegger)的推动下,计划在该州建设几十座氢燃料加油站,这使"氢气高速公路"大大前进了一步。这位州长在第一个氢气加油站的开幕式上说:"我们不再只是梦想燃氢汽车,我们将建造它们。"然而,现在从化石燃料向太阳能燃料经济过渡的最大障碍是,汽油的价格并不包含环境和健康方面的实际费用,这些费用比当前汽油价格要高出 10~50 倍。

Brown(2006)在新版《拯救文明的计划 B3.0 动员》一书中,进一步列举了已经取得的大量技术进步，说明一些国家的经济已经在朝着环境可持续的道路发展。例如，在能源领域，一种设计先进的风动涡轮所产生的能量几乎相当于一口油井的能量。天然气和电力混合驱动的汽车每烧一加仑天然气可行驶55英里（大约88.5 km），相当于普通汽车的两倍。很多国家正按Brown《拯救文明的计划B3.0动员》中的一些提法去做，因为该书不但告诉人们朝哪个方向去做，而且告诉了人们怎样去做。

新经济的另一个重要部分是更好地利用自然的潜力，通过有机耕作获得健康食品，进行无污染的生产和消费，2003年这一生产方式成为世界农业经济中增长最快的部分。

我们必须清楚，导致灾难性过程的指数式人口和消费增长是有其深刻的文化背景的。因此，我们面临的生态和经济危机仅仅是更深刻的文化危机的一部分。这种危机不能靠零碎的生态、技术、政治和经济措施来解决，它需要对我们的世界观进行深刻的改造，使之成为文化进步的重要一环。这种世界观的改变包括文化、精神和伦理等诸多方面。在理智和信仰的指导下，将这种改变体现在日常行为上，也反映在职业的和政治的决策过程中。生物学家Paul Ehrlich（2002）也特别强调环境伦理行为的改变。他认为急需环境科学家与社会科学家联合起来，解决危及人类生命支持系统的问题。但是，他主要是从微观进化的角度来规范人们的行为和伦理，并没有从驱动社会－文化过程的更广泛的、跨学科的宏观进化角度提出对策。

Ervin Laszlo（1994）的宏观进化论观点曾给人们留下了深刻的印象，他是世界著名的系统科学家和全球趋势倡导者。他概括了人类社会目前面临的选择，是灭绝地球上的所有生命，还是继续可持续地进化。他强调说，要想避免这样一个两难的选择，需要一场深远的环境和文化的可持续性变革。这包括所有生命圈层和系统水平的变化，也包括与变化相伴随的所有危险和机遇。Laszlo（2001）将这种变化称为巨变（macroshifts）。这相当于人类社会在大自然中的基因变异。生物的基因突变要么导致新物种的产生，要么导致其灭绝。人类社会的大变动要么突破老的模式，创造一种新型的文明，要么使其灭亡，陷入混乱状态。如同非人类系统中的分支点一样，在系统进化路线上远离热力学和化学平衡点的地方，突然而彻底地发生变化，遍及生命的各个方面。在人类文明进步的过程中，这种突变已经发生过若干次，但没有一次涉及的范围如此之大，速度如此之快，而且具有如此深远的、前景光明抑或可怕的后果。其结果取决于占主导地位的文化和觉悟的进化——也就是我们的价值观对这种变化的反应。如果我们的价值观与变化背道而驰，或者改变得太慢，已经建立起来的制度不允许改变或者来不及改变，就会导致毁灭。21世纪第二个十年等待我们的将是世界末日预言的来临。

幸运的是，还存在那么一个可以获得突破的选择：在一群持批判态度的人们的推动下，一种新的、适应变化的、理性的思维模式正在形成，有希望促使社会更具创造性。正如 Laszlo 所设想的那样，这种巨变将在分支点上带领人类社会向具更高组织水平的，可持续的信息社会飞跃。其驱动力不仅来自于广泛采用的可再生和可循环的新技术，而且来自于对太阳能和其他无污染可再生能源的利用。作为一种文化的进化过程（culture evolution process），它将同时伴随着更可持续的生活方式和消费方式，关爱自然，甚至回报自然。

2004 年，肯尼亚环境质量部部长 Wangari Maathai 教授获得了诺贝尔和平奖，这是她获得"诺贝尔环境奖（Alternative Nobel Prize）"之后第二次获此殊荣。作为抵制森林采伐和沙漠化的"绿带运动"的领导人，她推动植树造林达 3 000 万株。她不仅是第一位非洲妇女，而且也是唯一一位被瑞典诺贝尔学术委员会因其环境和社会成就而颁给此奖项的人。在获奖演说中，她倡议通过民主改革来阻止一些大公司的贪婪行为，并且呼吁人们改变观念，停止那些对我们的行星地球和赖以生存的生态系统造成威胁的行为。她指出，上述目标只有在工业以及全球各个行业都意识到，保证经济的公正和生态系统的完整性比赚取更多的财富更加重要时，才能实现。现在这家世界上最具权威性的，并且以保守观点闻名的学术机构也认识到了环境公正是社会经济公正的重要组成部分，这是很令人振奋的。希望将来不但有出色的生态学者获得诺贝尔奖，而且他们的研究成果也能够获得诺贝尔科学奖。那将标志着科学家群体也加入到巨变的突破中来了。

2004 年 12 月底发生在印度洋的灾难性海啸给人们的生命财产造成了巨大损失，也更加有力地说明需要一场全球性的可持续性变革。它提醒人们，不仅地球是脆弱的，而且经济和生态上的不公正不但不能阻止，反倒会恶化灾难性的后果。在这个分配不公的世界上，这些国家相对贫困，其岛屿和海岸更直接地暴露在自然灾害面前，也更易受由人类影响所导致的全球气候变化和海平面上升的影响。但他们没有办法建立早期预警机制来避免大规模的灾难。此外，毫无限制的旅游业、城市化、农业和水产养殖业的发展，加上污染和土地滥用，毁掉了红树林和珊瑚礁之类的天然绿色屏障，更加剧了浅滩地段的地质地貌脆弱性。据印度和斯里兰卡的一些非政府机构报道，在那些有浓密的红树林和健康珊瑚保护的岸段，破坏性海浪的威力大大减弱，挽救了不少人的生命，还避免了许多其他生命的灭亡，其生境也得到了保护。因此急需最大限度地恢复和重建这类绿色保护带，不仅为了避免更多的破坏，也为了保护更多的生命。这一事件也使那些工业化国家受到了教训，开始帮助这一地区建立灾害预警机制。

以 Ervin Laszlo 教授为首的著名的"布达佩斯俱乐部"及时发表了一项"海啸后世界团结宣言：吸取灾难教训"，作为一种在世界范围内"建立可持续性文明"对话的基础。这包括一项为实现联合国新千年发展计划而写的"全球马歇尔（Marshal）计划"建议书，以及在联合国成立一个民间议会的建议。但愿这些建议能够很快见效。

11.4 景观生态学家和恢复生态学家在思维方式和行为方式上需要更新观念

我的主要观点是，我们——景观科学家，以及土地规划和管理人员——必须在这场可持续性变革中发挥积极作用。然而，可以肯定的是，要将这些建议付诸实施，并且刻不容缓地开始向可持续性世界过渡，其影响是非常深远的，也不是一件容易的事。不但需要克服许多社会-经济、政治和技术方面的障碍，而且还要克服一些文化上和心理上的障碍。对于环境科学家和许多从业人员来说，特别是那些经受过所谓"严格的"科学教育和训练的人来说，一个最主要的障碍是他们不愿意放弃许多旧的信仰、概念和范式。Bohm 和 Peat（1987）认为，由于潜意识里存在的坚持熟悉观点以保证惯常感觉的可控性和安全性，往往使创新性的科学发展受到阻碍，因为人们的思想倾向于避免卷入创新性的活动，那种实践与知识交叉碰撞产生新观点的良机也就错失了。

上述观点导致了学术界"两种文化"的分歧，以及由此引发的对人与自然关系的差强人意的观点。这种观念的根源可以追溯到笛卡儿-牛顿的机械主义自然观，在物理学上，他们认为只有把物质现象分解成最小的组成部分才能完全彻底地了解它。这导致了思想与物质的完全分离，把世界当成一台巨大的机器，由人类及其技术力量所支配，由科学所驱动，按照由数学公式和线性联系所构成的因果关系来运行。这种机械论观点也对其他自然科学的发展产生了巨大的影响，把一切都还原成可以量化的、可度量的物理、化学"事实"。这样，人类就与其他动物一样成为纯粹的生物，而其思维、精神、创造力和伦理价值则被忽略了。另一方面，人文科学只研究定性的东西，如文化、社会、历史、哲学问题。与此同时，这种分歧的思维方式又得到了机械论世界观的支持，因为它强调整体的存在依赖于互不联系的组成部分。正如 Bohm（1985，p24）所指出的那样，这种观点具有深远的影响：分割独立成为一种思想观念，把不同事物之间的差别当成是绝对的和最后的，而不是相对的、在有限范围内有效的，例如人与人之间、职业、国家、种族、宗教、意识形态之间的差别，正在妨碍人们为了共同的利益甚至生存而团结合作。

遗憾的是，这种观点及其所引起的学科分散，如各门自然科学、社会科学、人文科学、艺术科学之间的分散独立，仍然存在于很多大学及其院系之中；特别是那些学术历史久远享有很高声誉的院校，更害怕这种新的变革及其所带来的影响。因此，这类大学不愿意修改其教学方案和课程结构来适应变革，也几乎没有什么机构性的和经费上的支持来进行创新性的、跨学科的研究，以便沟通各个不同的学科。这种由于没有跨学科教学所导致的缺陷，将在下文进一步论述。

为了面对这些挑战，也为了把这场大变动导向一场全面的可持续性变革，需要关心此事的景观生态学家和恢复生态学家首先把自己从狭窄的专业方向拓展到更宽的整体性系统思想和行为上来。在这一点上，以及诸多其他方面，景观生态学和恢复生态学是密切相关的。二者间这种密切关系的标志之一是 Richard Hobbs，2004 年之前是国际景观生态学会（IALE）的主席，现在成为《恢复生态学（Restoration Ecology）》杂志的主编。1997 年初，他特别强调景观生态学家在决定未来景观中应发挥积极的作用，建立一门真正的综合性学科，发展更加切合实际的景观设计原理，与决策部门更加密切地合作，在生态和文化恢复中提供更加中肯的解决对策（Hobbs，1997）。另一位非常有影响的生态学家 Francesco di Castri（1997）也强调景观生态学家应该在变化的全球环境中成为敢于承担责任的行动者，而不仅仅是边缘化的、批判性的旁观者。

景观生态学家承担起这一责任是非常必要的，但对于那些愿意接受新兴的全球信息化社会健康的，更具吸引力的景观的人们来说，这还不足以解决所面临的所有问题。为了解决作为自然与现代生活间复杂相互关系所固有的一部分的景观复杂性问题，景观学家还需要在自然科学、社会科学、艺术和人文科学之间建立联系，并且与环境学家、生态学家一道进行联合的景观研究。那些从事历史、美学等方面的景观研究的人员，以及从事规划、管理、保护和恢复景观的人员，都不应该把自己局限在认知的、思想的、精神的和美学的研究方面，或者局限在自然地理和生态学方面。他们应该关注与人类-生态有关的各个方面，想到人类居住于、利用、洞察和塑造这些景观。在所有综合性的景观研究中，我们不但要考虑到人类的物质和经济需要，而且还要考虑到所有利益相关者的精神需求和期望，所有这些需要都要通过一场深远的变革来实现："景观生态学必须将其跨学科的生态-地理学视野拓展到包含多功能的自然和文化景观范畴，包括对生物生态和人类生态格局-过程密切关系的研究。恢复生态学也应该把视野从生物-生态恢复拓展到人类生态导向的文化恢复，强调对科学、美学、历史和传统景观价值的研究，这就需要这两门学科向使命驱动的跨学科景观科学转变。"

11.5 对传统生态科学中自然-人类-文化关系的批判性评价

景观生态学家和恢复生态学家遇到的最大障碍或许来自这两门学科自身，他们需要放弃狭隘的生物生态学理念，这是传统生态学作为生物学的一门分支学科继承来的机械论世界观，还有学科分割独立的弊端。其后果是，生态学家避免研究复杂的人类-自然-文化关系，把自己的研究领域局限在动植物与其环境的关系上（同时也忽略了微生物方面的研究）。而在人类方面，则注重研究"软的"、非实验性的、非定量的人文科学和社会科学，被认为次于前者，从而排除在传统的自然科学与生态学理论之外。"硬"科学对"软"科学的排斥导致二者之间形成了一道沟通上的鸿沟，这严重扭曲了整体性科学观关于自然-人类-文化密切关系的观点，而三者之间的联系是跨学科景观科学(TLS)的基础。人类被当做一种外部的、"干扰性的"，而且主要是有害的生态因子，往往破坏"自然平衡"的神话，使其从稳定的、"成熟的"顶极阶段发生退化，并且通过预先设定的次生演替过程来阻止自然重新回到顶极状态。大多数生态学家也不加批评地接受了克莱门茨决定论的关于植被演替顶极的理论。他们拒绝了一些眼光长远的，持整体论观点的科学家们的反对意见，如 Frank Egler（1942）和 Pierre Dansereau（1957）。这两位先驱认为应当把现代人视为生态系统中的生物组分和文化创造者，此两种属性在景观的更高层次上相互作用，因此人类生态学应作为研究人类对景观影响的科学。（更详细的对 Clementsian-Braun Blanquet 关于演替顶极性理论的批判性评价参见 Naveh，1971；Naveh，1994c；Naveh and Lieberman，1994）。即使在更加复杂的考虑人类的景观研究中，人类仍被当做外部的社会-经济干扰因素，或者至多是一个"经济人类（*Homo economicus*）关键种"。

遗憾的是，地理学——景观生态学的第二根科学支柱——几乎已经完全失去了其综合的和整体的方法。这本是现代地理学之"父"亚历山大·范·洪堡的宝贵遗产，他在 200 多年前就创造了"景观"一词作为科学术语。作为经典整体性地理学分支学科的区域地理学被忽略了，甚至被完全抛弃。植根于自然科学的分支学科，如生物地理学和自然地理学，同那些与社会和人类科学密切联系的学科，如文化地理学之间的鸿沟也越来越宽。

恢复生态学的情况也不容乐观。Higgs（2005）指出，作为生态学分支学科的恢复生态学首先是前面提到的"自然科学的文化"的一部分，其次，生态和文化恢复的实践在很多方面代表了更广义的"人文文化"。不过，与景观生态学一样，如果恢复生态学也向更广义的整体性和跨学科的科学过渡，这种冲突也是可以克服的。

在 Thomas（1957）主编的第一本关于人类在改变地球表面作用的跨学科性文集中，许多相关学科的学者表达了各自的观点，深入讨论了最广泛意义上人类土地利用的历史和命运。其中对人口爆炸、消费和不加限制的技术力量所造成的后果有不少明确的警示。然而，只有寥寥几位生态学家参加了这次具有划时代意义的会议及其充分报道的讨论。因此，这份重要的报告被大部分生态学家所忽略，从而对作为"正常科学"的生态学及其未来发展几乎没有什么影响（Kuhn，1970）。直到二十年后，当深刻的生态危机达到顶峰，主流生态学家已无法忽视工业人类对自然的影响时，才越来越多地参与到实际的环境问题中去。

这是一种根深蒂固的扭曲的"人-自然"关系的症状，即使是持整体论观点的系统生态学家也仍然只关心"自然生态系统"，没有把人类本身作为研究的基本对象。他们完全忽略了 Tansley（1935）在他提出"生态系统"一词的会议论文中关于生态系统中人类角色的广义解释。他将人类视为"变化的主要动力，也是生态系统概念不可分割的一部分"，认为"人类生态系统"不同于那些没有人类参与的生态系统，他论述道：

我们无法把自己定义为所谓的"自然"实体，也无法忽视目前大量的植被是由人类活动带来的现实。这在科学上不够严谨，因为科学分析需要透过不同形态的自然实体，但这并不实用，因为生态学必须应用于人类活动所产生的条件下（Tansley，1935，p304）。

即使是可被称为"现代整体性生态系统科学之父"的 Odum（1971）在他颇具影响力的《生态学基础》教材中，也只是到该书的第三版才把人类当成一个重要的生态因子。即便如此，该卷的大部分篇幅还是以自然生态系统为主，讲述其生物群落及其非生物生境，假设在没有人类干扰条件下这些系统向"成熟的"稳态平衡的顶极阶段发展。自然生态系统被视为自然界基本的功能单元，并且在生态等级中处于最高层次。只在最后一章关于应用和技术的部分，他才提到了"生态系统中的人类方面"，称为应用人类生态学。很久以后，在他关于生态学和受威胁的生命支持系统的重要论著中，他的确把人类当做一种"城市工业化"的生态系统（Odum，1993）。他在生态系统上又增加了景观、生物区和生物群区作为生态等级图中的一部分，称它们是"带有人类加工体的生态系统"。然而，这些更高等级划分的属性标准只是生态系统的扩展，没有什么新的特点，而且主要是具有组织结构的复杂景观的文化系统质量（Carmel and Naveh，2002）。

德国著名生态学家 H. Ellenberg（1973）最先将生态系统研究引入德国，他也是最先认识到人类在生态系统中具有双重位置的人，即人类是生态系统内部和外部的"超自然因素"。他将自然生态系统与近自然生态系统、人工城市－工业生态系统区分开来，使我们对生态系统和景观有了一个新的功能分类体系，将生态系统和景观分别归结到自然和半自然的太阳能驱动的生物圈与化石和核能驱动的技术圈（Naveh，1984b；Naveh and Lieberman，1994）。

Alberti 等（2003）在一篇综述性文章中指出，尽管事实上地球上所有的生态系统都或多或少地受到了人类的影响或改变，这种"自然生态系统"的观念仍然非常流行。即使是在诸如 Jϕergensen（1997）等所做的最先进的生态系统研究中，也只是关注生态系统的生物－生态和化学－物理方面。研究对象被当做纯自然的生态系统，没有人类或人类生态方面的成分。

但是，正如 Alberti 等（2003）注意到的那样，即使人类最终被承认是生态系统的一部分，那些为理性人类主导的生态系统所做的尝试也往往是还原论的，人类生态过程也几乎完全被当做一种独立的现象来对待。后一种情况在关于人类在生态系统中"微妙"作用的文集章节中也得到了体现（McDonnell and Pickett，1993）。

Egler（1970）是最早注意到生态系统科学机械论倾向的危险性的科学家之一："科学的和生态的概念将凋萎，只剩下枯燥的系统分析技术。"他指出，计算机技术的进步往往使学识变得不再重要，使人们觉得那些可以计数的东西才是最重要的，而实际上许多无法计数的东西才是最重要的。

在一篇关于人类生态学是跨学科性概念的文章中（发表在主流生态学杂志上的少数人类生态学研究论文之一），Young（1974）警告说："一般系统论方法可能会使我们倒退到机械论观点，忽略人类存在这个现实"。Young本人并不知道景观生态学的存在，为回应此文，我建议将景观生态学作为人类生态系统科学的一个分支，将生物生态学和人类生态学联系起来（Naveh，1984b）。

假如我们普遍接受 H. T. Odum（1971；1983）将人类与生态系统生态学结合起来的做法，就证明了 Egler（1970）和 Young（1974）的早期预警。运用复杂的能流图和模型作为认识人－自然关系复杂性和组成部分的认知基础，不仅更加便于环境管理，而且也利于环境教育（Odum and Odum，1980）。应该指出的是，这种过分简化的还原论和机械论解释方法，将人类的所有的方面，甚至文化和宗教都简化成能量流动和货币流动，实际上并没有真正把人与自然结合起来（Naveh and Lieberman，1994）。

11.6　生态科学中的整体论倾向

最近几年，前文所述的生态系统范式和歪曲了的人－自然－文化概念越来越多地受到怀疑。例如，最具影响力的生态系统生态学家之一 O'Neill（2001）曾提出了这样一个问题："是不是到了该埋葬生态系统概念的时候？"他说，生态系统概念基于从系统分析中继承来的"机械分解"，意味着过时的稳态平衡自然观。他认为人类（$H.\ sapiens$）不是处于生态系统之外，而是一个通过改变环境条件、过程速度和生物结构使系统稳定性发生改变的"关键种（keystone species）"。

为了避免混淆，Naveh 和 Lieberman（1994），以及 Allen 和 Hoeckstra（1992）建议，生态系统只在能量、物质和信息流动方面作为功能系统来考虑。但作为准确定义的"真正的自然片段"，现实存在的、三维景观单元才应该视为研究的基本单元。为了全面了解人类在这种景观单元中的作用，应该把这些单元当做自然地理实体和人类思想精神的认知空间来研究和管理，也就是所谓的整体人类生态系统。

这种系统观使我们把景观当做自然与人类思想、文化之间现实存在的桥梁。因此可以更好地了解多功能的景观复杂性，还有自然和文化的诸多方面

(Naveh，2001b；Carmel and Naveh，2002)。对于景观规划和设计方面的人员来说，Makhzuomi 和 Pungetti (1999) 曾描述了景观的 14 个不同方面，并把他们整合到整体性景观研究的框架之下。这也可以作为跨学科的景观生态学和恢复生态学的基础。

最近，在年轻生态学家中间也出现了一种完全拒绝狭义生物生态的自然生态系统范式的倾向，一种整体性的、跨学科的范式变革已经在改变着适应性资源管理的科学和实践（Holling，2000）。这在在线杂志"Conservation Ecology"上已发表的许多研究论文中已经得到体现。一项重要成果是"弹性项目（Resilience Project)"（Walker，2000），该项目鼓励经济学家、生态学家、社会学家、数学家等复杂"社会－生态系统"中不同领域的人员相互增进了解，恰恰与我们提倡的"整体人类生态系统"概念相吻合。该项目已经产出了很多论文，试图从弹性和适应性循环变化的角度，发展一种综合的理论和参与式方法的设想来引导人类和自然系统的转变（Gunderson and Holling，2002；Walker et al.，2002），一些欧美国家的研究者还尝试过人类与城市生态系统的结合（Breuste，1998；Alberti et al.，2003）。

虽然这些重要的人类与生态系统整合的尝试主要在于环境－生态管理及其社会－经济方面，但我们希望这些努力能产生一定的影响，并最终改变已经错位的人类－生态系统关系综合征。在"Ecological Conservation"杂志上，已经有一些文章在论述将生态管理、保护、恢复的范畴扩大到文化、思想、精神等诸多人类方面，并将"生态系统"一词替换为"景观"（Hull et al.，2003a；Toupal，2003；Wali et al.，2003）。

《保护生态学（Conservation Ecology)》杂志现在已被重新命名为《生态与社会（Ecology and Society)》，其终极目标是从短期到长期，从局部到全球，跨越不同的时空尺度，促进可恢复性的、可持续的整体性科学发展。该杂志的主编 Folke 和 Gunderson (2004) 说，对生态系统研究得越多，就越感觉到社会、政治、经济等人类因素使生态系统变得更加复杂。因此，他们认为理解和把握这种复杂性是寻求未来可持续性发展的前提。后面我们还会详细阐述，为了全面地理解和把握这样的复杂生态系统，还需要一种更广义的、跨学科的方法，涵盖许多人类生态学和智慧圈的因素。

Mueller 和 Li (2004) 在创新性综合方法方面做了一项重要尝试，就是通过应用"系统生态学的复杂系统方法"来拓宽传统生态学的狭窄思路，以适应人与环境之间关系的复杂性。他们认为"在复杂的子学科和各学科之间"，缺少这样的一种方法把诸如"生态经济、生态工程、生态技术、生态规划、人类生态学等"联系起来。他们从"复杂性科学"中得到启发，试图扩大上述子学科之间的相互关系，这与本书中的许多观点有异曲同工之处。因此，他们列举的一些生态科学新进展恰恰是我们所说的那些整体性和跨学科性科学革命的标志。例如，整体性综合研究代替还原论分析；分支点理论和相变理论代替连续性原理；非平衡论代替平衡论；不可预测性代替可预测性。Mueller 和 Li（2004）也认为，把生态单元理解为自组织的系统导致了一种关于系统发展、干扰和恢复的全新思维方式。这一思路已经使环境管理转变为一种新型的以系统论为基础的管理。这些变化包括政策引导代替强硬指令；可持续性观念代替头痛医头脚痛医脚式的问题解决方式；提倡有益的休闲方式而不是限制休闲活动；强调既生态又经济，而不是要么生态要么经济；公众参与代替自上而下的调控。在这种更广义的人类系统概念下，Muller 和 Li（2004）认识到人类生活质量中的那些社会科学方面，正是我们所指的人类生态系统中的智慧圈、认知和思想方面。他们的结论是，"复杂性科学的新方法，为我们更全面的深入地理解人类与生态系统之间的耦合关系，以及在不同时空尺度上实现可持续性管理提供了一个新机遇。新的复杂性与系统方法也给协同进化和社会生态系统弹性耦合关系的建立提供了新的可能性"（Mueller and Li，2004，p45）。

要充分利用这些新发展，就需要一个向多学科复合理论的观念大转变，把人类与自然结合成一个有机整体，把"整体人类生态系统"作为这样一个复合理论的核心概念。

现在我们发现生态科学作为一个整体也开始向多学科性转变了。佐治亚州雅典大学后尤金·奥德姆时代的继承人，著名美国景观生态学家 G. W. Barrett（2001）呼吁所有的生物生态学都要向跨学科性科学转变。他采纳了我们（Naveh and Lieberman，1994）关于智慧圈的解释，即人类思想圈层正越来越多地影响能量流动的速度，以及系统中物质功能的质量，Barrett（2001）建议生态学作为一门综合性的跨学科性的科学，应该建立在"智慧系统（noosystem）"的概念和方法之上。

Hull 等（2003b）建议，应该"在生态科学中运用生物文化方法"来克服"自然平衡"的教条主义观念。受此影响，Ward（2003）也建议我们应该转变观念，他说，这样一种生物文化方法似乎要求那种荒谬的观点：把生态学强行接纳为生物学的一个分支。相反，他建议把生态学定义为"研究自然和人类社会内部，及其相互之间或无序、或有序的相互作用的科学。生态学本身不作为一门学科，但涉及很多门学科和方法"。

一个更简单的定义是把生态学作为一门跨学科的"复合科学（metascience）"，横亘于许多科学之上，不管是关于不同生物之间的，还是生物内部的——包括人类——及其环境的科学。然而，这样的一个定义对于所有生态学的子学科来说还显得不够全面。另一个办法是，生态学原理和专业知识应该与其他研究复杂环境问题的学科综合起来，传统的、支离破碎的学科常用的一些零散方法是做不到这一点的。我在一项针对区域可持续发展开设跨学科性教学课程的建议中（Naveh，2002），曾提出使用"生态学科（ecodisciplinarity）"

一词来简短地表达科学和专业领域中任何试图在生态学知识、智慧与伦理，以及各门狭窄的专业学科之间建立联系的尝试。

11.7 综合性的生态科学——跨学科性的进步

生态经济学家首先认识到他们所从事的研究是介于自然科学和社会科学之间的，尤其是生态学和经济学之间（Costanza and Daily，1992；Costanza，1996），因此成为生态学科尝试形成"复合科学"的先驱。而生态心理学家则开始研究如何把人类有意识和下意识的思想融进自然的复杂网络中，从而使人类的健康和财富取决于一种平衡的相互关系之中，即生境、景观和行星地球在整体上是可持续的（Roszak et al.，1995）。社会生态学家则从另一个角度拓宽了人们的视野，他们研究物质与能量流动的"社会新陈代谢"，研究人类文明对生物圈的"殖民统治"，还有它对可持续性未来所造成的生物和社会-生态后果（Fischer-Kowalski and Haberl，1998）。在新兴学科城市生态学中，已发生了从自然科学向更具跨学科性质的，以解决问题为导向的转变，旨在改善城市居民的生存环境（Breuste，1998）。生态系统健康协会主办的《生态系统健康杂志》反映了人们对跨学科的健康研究方法之重要性认识的不断提高，以及对自然健康和人类健康之间密切关系认识的不断加深。值得景观生态学家和恢复生态学家关注的另一项跨学科性发展是对生态整合型（ecological integrity）的定义和测度，它试图把环境、保护和健康综合起来（Pimental et al.，2000）。这是"全球整合项目"的一部分，参加该项目的人员都是自然和人文科学各领域出色的科学家，如生态学、保护学、流行病学、环境科学、哲学、政治学方面的专家。该项目受两个互补的政策需求推动，即保护的整合性和生命的可持续性。与我们有关的是世界著名保护生态学家 Reed Noss（2000）关于保持景观和生态区生态整合性的观点。他运用"地生态学（land ecology）"一词，提出了以生态为核心的生态系统管理手段，作为非人类需要、人类需要和欲望及技术和经济的交汇点，这与景观生态学家和恢复生态学家的一些方法是极为接近的。

与此同时，还需要强调一下"生态学科"一词并不适用于那些已经形成的面向环境的学科，如把环境问题外化了的"环境经济学"。正如 Rees（2000）所指出的那样，这不能靠立法、政策、技术、经济和工程手段来实现，更重要的是要考虑其更深、更广的生物和人类生态含义。

这些批判性言论的一个主要结论是，我们应该认识到，不管是普通生态学还是生态系统生态学，都无法根除自然-人类-文化之间的综合征，主要原因是自然和人文科学之间存在一系列沟通方面的鸿沟。正如 Naveh 和 Lieberman（1994）所指出的那样，这需要一个思维模式的彻底转变，把人类和自然通过跨学科性的复合理论有机地融合成一个"整体人类生态系统"，作为统一的复合理论的核心概念。这一点在下文还将进一步阐述。

11.8 跨学科性在景观生态学和恢复生态学中的作用

景观生态学对跨学科的第一理论贡献来自于德国的 Langer（1973），他认为文化景观中人类组分与自然组分在更高层次上形成一个"地理社会"系统整体单元，并对规划过程构成影响。1984 年在 Roskilde 举办的第一届国际景观生态学研讨会上，景观生态学又向跨学科迈进了一步，来自不同文化、学科和职业背景的人员在这里相互沟通了解（Brandt and Agger，1984）。在这次会议上我第一次描绘了跨学科性的景观生态学、规划和管理科学的基本概念。

实际上在此两年前（1982 年），国际景观生态学会首任主席 Isaac Zonneveld 已经在由荷兰景观生态学会举办的国际会议上倡导了景观生态学的跨学科性理念。参加此次会议的欧美科学家所使用的方法和表述形式各异。他称景观生态学"既是一门科学，也是一种整体性的思想状态"。

荷兰景观生态学会在欧洲领先向跨学科的景观研究和管理进行创新性转变并不是偶然的。荷兰景观生态学家在生物生态学、地理学和水文生态学之间架起了桥梁，创造了一种真正的多学科的、颇具影响力的科学，即景观评价、规划、保护与管理。正如 Klijin 和 Vos（2000）所述，这一点在荷兰景观生态学会成立 25 周年纪念会上得到了有力表述。其主要结论之一就是在更广泛的意义上，更加明确地定义整体性概念，使其更具理论和实践意义。在兼顾景观生态学作为一门自然科学的同时，他们还强调将其与其他学科联系起来。景观生态学应该向涵盖更广的景观科学扩展，与经济学、心理学、社会学及其他学科相结合，并参与到规划设计、管理和决策支持等活动中。

认识到景观生态学在未来发展中将面临许多严峻的挑战后，荷兰瓦格宁根大学及其"绿色世界研究所"在瓦格宁根联合确立了一项对策研究项目，称为 DELTA，旨在促进人文科学与自然科学之间的联系研究，以及加强利益相关者之间的合作。其活动之一是在 2002 年组织了一次国际研讨会，主题是景观研究多学科和跨学科性的未来期望与实践（Tress et al.，2003），此次会议为类似的相关研究提供了许多有用的信息。

在一本关于德国和中欧景观生态学发展的综合性文集中（Bastian and Steinhardt，2002），对跨学科性概念、方法和实践的落实做了另外一个重要尝试。它为那些乐于接受新思想，丰富和提高其工作成果的景观研究人员和从事生态学实践的科学家打开了新的视野。它使人们确信：

（1）景观生态学是一门综合性科学，理论和实践之间通过协同的、彼此放大的相互作用密切联系。

（2）景观生态学不是一门在带有空调的办公室里，坐在计算机前面来进行研究的"虚拟科学"。它首先是一门野外科学，必须收集一些基本的生物、地理、人类和生态数据。但对这些数据的评价和集成需要依靠信息技术所提供的尖端工具来完成。

（3）景观生态学不应当仅仅被当做一门植根于自然科学的科学和技术，就像是放大了的"地理－生态学"。作为一门跨学科科学，它应当包含社会－文化领域，把源于社会科学和人文科学的内容融入每一个景观之中。所有这些方面，还有其丰富的参考文献，都使这本书不同于其他景观生态学理论和方法研究。

Makhazoumi 和 Pungetti（1999）在生态景观的设计与规划方面向跨学科性前进了一大步。虽然他们的综合性研究和创造性的规划项目主要是在地中海地区进行的，但其所使用的原理和方法却是全球通用的。在他们的理论和实践工作中，他们成功地将整体性的景观生态学概念扩展到更广义的跨学科性形式，最终导向可持续的景观发展道路。因此该书可以被认为是展示了跨学科性的景观科学的优秀先锋范例。

遗憾的是，在美国，由著名地理学家 Carl Sauer 所遗留的景观整体性和跨学科性理念被忽略了。它可以被称得上后现代整体性景观概念的先驱，他强调人类的独特性，对以前所谓客观科学中人类"居高临下的了解方式"表示怀疑（Sauer，1925；个人通讯；1959）。然而，在生态系统生态学和种群生态学的强大影响下，大部分美国景观生态学家选择了现成的"正常科学"道路（Kuhn，1970）。由于他们的理论建立在公式、模型、概念、原理之上，如镶嵌格局；过程与变化，斑块－廊道－基质模型；最佳粒度（Forman，1995），还有所谓的"定量空间景观生态学"（Turner et al.，2001），他们的研究主要关心景观异质性、动态变化的空间特征，强调生物物理的景观要素与过程。Patil 等（1998）曾对前面提到的有些定量方法做了批判性回顾。正如 Gustafson（1998）所言，对空间异质性的定量评价仍然存在很多问题，有关生态实体对空间格局的影响方面预测难度很大，至今还没有确定性的实验结果和应用案例。可测量、可制图的异质性与生态异质性之间的区别也十分模糊（Hobbs，1997）。

不过，最近对景观生态学的解释又出现了明显的整体性倾向。如同加拿大、欧洲和许多其他地方一样，美国的景观生态学越来越成为"解决问题"的科学了，注重整体性的景观研究、规划和管理，这一点在 Naveh（2000b）的文章中有更详细的论述。许多应用生态学家、环境保护学家、生态恢复学家、林业工作者、野生生物管理人员、土地管理人员正和景观生态学家一起联合承担有关项目。许多景观规划设计人员正学习美国著名景观生态学家和规划工作者 Joan Nassauer 的理念，她在第一届国际景观生态学大会上就提出了文化景观的概念："我们必须有勇气在自己所从事的学科传统之外有所创新。我们要大胆借鉴艺术、社会科学家、心理学和生物科学中的方法和知识"（Nassauer, 1990，p172）。

在著名景观生态学家和规划工作者邬建国和 Laura Musacchio 的积极参与下，在2001年亚利桑那州立大学举办的第16届美国景观生态学年会上，跨学科性得到了更多人的关注；2004年在拉斯维加斯举办的第19届景观生态学年会的主题就是"景观生态学的跨学科性挑战"。此次会议上有一个关于运用多学科和跨学科方法建立和维持可持续性景观的专题，许多报告阐述了现存的和新出现的一些景观生态学概念，进一步推动了可持续性景观科学的发展。

基于以前对地中海高地保护管理和恢复的研究成果，我认为（Naveh, 1988），这些被破坏的地中海高地生态系统已经无法再恢复到以前的状态，但是通过多因子状态参数的修复，实现生态系统的修复，以保证多重利益的最大化，使多重土地利用方式的调节和承载功能最大化。这种保护和恢复的研究与实践的多学科性和多方面性特点，需要一种整体性的方法来完成。我指出："这种整体性的景观方法应该用在环境恶化高地的重建上。为达此目的，无论是恢复到一种不存在的自然原始状态还是恢复到一种想象中的顶极状态，都是不现实的（Bradshaw and Chadwick, 1980）。在这些高地上，生态修复应该通过多目标土地利用方式实现与社会-经济和人口的发展相协调"（Naveh, 1988, p235）。

在本文中我详细论述了过去15年间多因子恢复案例中所使用的不同对策，包括自然保护区和公园、高度干扰的生态区，还有那些遭到严重破坏的、被废弃的地区，如石灰岩采石场和道路两侧。我着重阐述了稳态流（homeorhetic flow）过程恢复的重要性，使用 Waddington（1975）灾变论中三维吸引子拓扑模型进行了演示。正如 Naveh 和 Lieberman（1994）一书中所描述的那样，这些案例指示了一种由无数变量同时控制的动态过程所占据的多维空间。其表面有类似带有稳定溪流沟谷的变化痕迹，或"chreods（来自希腊语，意思是'必要的途径'）"。其随时间的多样化过程可以通过由单一河道向多条支流分化的情形来模拟，从而生成类似河流平原的"外生景观（epigenetic landscape）"。

地中海高地如果一直是在传统的农牧业土地利用方式下动态发展，就会有宽阔的河泛平原蔓延。但随着稳态流平衡的破坏，其发展轨迹就会被新技术所导致的加速退化过程推出"流域"之外。这种平衡的破坏也源于人类干预所导致的土地废弃和彻底保护，从而导致生物多样性、生产力和整体性的下降。那些相对独立的环境条件，如气候、土壤母质、地形起伏、水文和生物等越严峻，人类活动对那些依赖性强的生态功能和结构变量的影响就越严重和深远，因此这里的生态系统被推离正常发展轨道的距离越远，整个景观沙漠化的进程也就越快。

在联邦德国鲁尔河沿岸有一片被重工业和煤矿开采破坏了的景观区域，以 W. Pietsch（个人通信，1972）为首的科学家们运用跨学科方法进行了连续多年的大尺度景观恢复和修复工作。其目标是恢复一部分自然资产，同时也改善这一严重污染和拥挤区域的生存条件。这也是为了防止那些工程师和熟练技术人员从这些地方往更有发展前景和吸引力，环境也更好的地方迁移，如巴伐利亚。最近，Pietsch（1999）又在牵头执行一项类似的大尺度整体性景观复垦项目，地点是在撒克逊地区废弃的卢萨田煤矿区。

最近，恢复生态学从理论到实践也出现了整体性的、甚至跨学科性的发展趋势，越来越多地强调整个景观的恢复，目标指向自然与文化景观的可持续性未来发展。1996年在耶路撒冷举办的以色列生态环境质量学会第六次国际会议上，有一个专题和随后的野外考察，就是关于不同国家和大洲进行生态和文化整体景观恢复的，认为跨学科的方法是非常必要的。当我们试图恢复的是那些历史遗迹和其他具有文化价值的传统景观时，这种跨学科方法就显得更加重要了。

美国为解决复杂问题应用多学科乃至跨学科方法的一个典型案例，是在切萨皮克湾进行的大尺度景观恢复项目，它位于美国东部大西洋沿岸的中部，是一片受重工业城市和农业影响严重的区域，人口密集，对这样的地方进行修复和管理任务是相当艰巨的（Hassett et al.，2005）。在加利福尼亚，著名景观规划设计师John Lyle（Lyle and Stafford，1996）曾运用跨学科方法对橡树林进行了整体景观恢复。

2005年3月份出版的"Restoration Ecology"是一份河口湿地恢复研讨会的论文专辑，其中收录的部分文章也显示了跨学科性的整体景观恢复/修复的明显进步。在此次会议上，国际恢复生态学会主席Eric Higgs（2005）明确阐述了这种跨学科性方法对恢复生态学的重要性。他批评了那些狭隘的实证主义和还原论的概念，正是这些概念在统治着当前的教育和学术研究，他认为当前的恢复生态学是这种狭隘的"自然科学的第一道文化曙光"。另一方面，他又认为恢复生态学的理论和实践代表了更广泛意义的"第二类人类文化"。应该认识到，只有在自然和文化之间的鸿沟上架起一座桥梁，才能真正达到恢复的目的，恢复生态学才能作为"第三种文化"将其范畴扩展为跨学科科学的理论与实践，与景观生态学和改变了形式的景观科学密切联系起来（Naveh，2005）。前面已经提及，景观生态学与恢复生态学之间的联系已经客观存在，进一步加强二者之间的联系将对这两门学科的发展都有很大益处（Bell et al.，1997）。Naveh和Allen（2001）曾就这类协同关系的认识提供过几个实例，主要是在地中海地区和热带墨西哥地区的。

自然和半自然生物圈景观所受到的最大挑战是对生态过程的保护和恢复，要保证生态系统的保护、调节和承载能力，还要最大限度地保持生物多样性。因此，只有恢复这些自然的功能和过程，才能达到最广泛意义上的景观恢复目标。对于跨学科性的生态和文化恢复来说，景观生态学和恢复生态学之间的联系就更加重要，因为新的景观科学将关注景观的功能和结构属性研究，还有景观的自然与文化格局、过程在不同时空尺度上的动态变化，这些既受自然因素的影响，还带有人类文化的烙印。通过拓宽和加深研究工作的范畴，恢复生态学家可以从整体性的景观生态学原理和方法中获得启发。对于景观生态学家来说，又为他们更活跃地参与到造福当代、泽被后代的实践中去提供了良好机遇。因此，我们希望这两门学科之间的关系变得更加紧密，实现真正意义上的双赢，最终融合在一起。

11.9 跨学科性对两门景观科学的真正意义

近年来跨学科性在几乎所有的生命科学领域和很多不同的知识领域中都显得很突出。然而，虽然发表的与跨学科性相关的论文数量增长很快，但对其真正含义并没有更深刻的理解。在科研活动这种大背景下，人们往往对多学科性与跨学科性之间的区别产生误解，认为跨学科性仅意味着在科学研究上更广泛的合作。甚至一些很有名的景观生态学家也认为二者之间的差别甚微。

例如，Moss（1999）认为跨学科性的整合不仅要包括多学科的科学与技术领域，而且还要有规划人员的参与。但是，对于景观生态学的未来发展，他拒绝把多学科性和跨学科性当做目标。他辩称由于景观生态学将在解决环境问题上发挥重要作用，它应该比跨学科的领域更像一门科学，重点研究景观中的生物和非生物要素，并发展其自身特有的理论基础。如果跨学科性被误认为是含义模糊的、没有中心目标的研究领域，只需要对许多不同的领域有一般性的、肤浅的了解就行了，那么他们的论点是正确的。通过对其所从事的学科领域之外的东西有所了解，以及跳出熟悉的思维模式，发现与其他学科的相通之处，并不意味着景观生态学家必须得忽略其"与整体性的土地打交道"的专长（Moss，1999）。在一个共同的跨学科性目标的驱动下，景观生态学家将与不同背景的相关领域的专家和从业人员分享他们的知识，不仅在自然科学领域而且也在拥有人类－生态视角的社会科学、人文科学和艺术领域（Naveh，2000；Tress and Tress，2002）。

如果我们把"整体性的土地"视为景观，该景观是所有生物，包括人类的空间和功能载体，这些生物对景观的利用和塑造会使它变得更好或者更差，那么，与此相关的任何一个问题都无法用纯自然科学的一个或多个学科来解决。在这一过程中，不仅生物和非生物的，而且更多的文化、社会－经济、历史、政治以及诸多其他因素都会卷入其中。因此，Moss（1999）所呼吁的共同理想基础的主张，只有在自然科学与社会科学、人文与艺术等诸学科联合起来之后才能实现，为了一个共同的目标，发展一种创新性的、以解决问题为导向的复合景观科学，更全面、有效地解决"整体性土地"上的问题，对于跨学科性景观科学的规划、管理和恢复方面来说，上述观点也是一样的。

Brandt（1998）将景观生态学中多学科性的作用定义为"从强调空间的地

理或生物生态学科向相邻学科和应用科学、规划与管理的延伸"。他把跨学科性定义为"截然不同的、有相互促进的学科，以及与景观有联系的各种专业人员之间的广泛合作"。Tress 等（2003，p10）在一次研讨会上也表达了类似的看法："多学科是指来自几个无关学科的研究人员和用户群为了实现一个共同的目标而走到一起"。

跨学科性当然应该包括更高层次上的综合与合作，但前面所讲的那点区别还不足以用来辨别其真正的概念和认识论含义，也不足以对它有全面的理解以及实现它的潜在价值。正如前缀"trans"所指的那样，比起"交叉学科（interdisciplinary）"来，它不是介于不同的学科之间，而是穿越，甚至超越各个不同的学科及其相关的活动，创造一种全新的综合性的知识，在研究人员和其他人员之间建立一类新型的关系。以系统论和网络思想为基础，会出现一种新的科学知识，对真实世界的复杂性有更好的了解。过去这种真实世界被一些学者和从业人员分割成了许多不同的学科领域。因此，"interdisciplinary"与"transdisciplinary"这两个概念的主要区别，不仅在于跨学科性景观研究中更广范围的参与者，更重要的是这些参与者之间相互关系的不同，可以为景观研究所面临的许多复杂问题提供更多的解决方案。

著名的系统思想家、规划师和教育家 Erich Jantsch（1970）在一次报告中说，跨学科性意味着一种贯穿于不同学科和职业之间的，涵盖性的科学与实践方法，有着共同的系统目标。它依靠超越各学科之间的能力向更高阶段的综合与合作发展，最终实现不同学科知识的相互融合。为了这样的一种融合，需要发展一种新的科学来综合地研究人类—自然—文化—景观之间的关系。

为了说明多学科、学科间和跨学科之间的区别，Jantsch（1970）运用等级系统模型来描述协作水平的晋级过程：在单层结构的多学科（multidisciplinary）水平上，各个学科并存，但相互之间不发生任何关系；在复学科（一译"群学科"，pluridisciplinary）水平上，不同学科之间有相互作用，但并不协调；在互涉学科（crossdisciplinary）中，不同学科之间的协作由某一特定学科来实现；在双层结构的、多目标导向的交叉学科（interdisciplinary）领域，不同学科之间的协作是由更高层次上的目标所决定的。但是只有通过跨学科（transdisciplinary）这种最复杂的、多目标、多层次相互作用的结构，才能真正实现密切的交互协作，在完全合作的基础上实现更高层次上共同的系统目标。

对于景观生态学和恢复生态学这两门跨学科性的科学系统来说，其共同的系统目标应该是为后工业化信息社会的可持续性变革发挥作用，进一步加强人与景观之间双赢的互利共生关系。实现这一目标的一个必要条件是当前不同专业人士之间正在发生的一种对话，著名整体性物理学家、思想家 David Bohm（1996）将其定义为"在我们之间的一种思想潮流，可能会产生一些新的认识"。它可能会导致许多不同领域之间知识、技能和实践的密切合作，不仅是为了解决"社会的顽疾",而且更重要的是为了"使个人和集体都变得更加理智"。

对创造这样一种对话环境最大的障碍是,许多专业人士对来自他们从事的专业之外的知识充耳不闻。遗憾的是,在大多数会议上,有许多不同领域的专题会场同时进行,使得上述倾向仍然延续,只有那些前沿的"大会报告"才会有所有与会人员前来倾听。假如这样的会议之后能够有一个讨论过程,通过几个小组对几个跨学科主题的讨论,就可能产生出内容丰富的相互对话来。然而,这样的会议组织形式要求很高,需要一位强有力的、经验丰富的人做领导,还要有一个明确的目标,以及充足的时间来达成一致性的结论。在我最近所参加的会议中,能产生这种成功对话的会议当属 2000 年 10 月 18—21 日在丹麦 Roskilde 大学景观研究中心举办的"多功能景观:景观研究与管理的多学科性方法"研讨会。此次会议由 Jesper Brandt 和 Tress 夫妇共同主持。

另一次值得一提的会议是 2000 年在苏黎世召开的国际跨学科性科学会议(Scholz et al.,2000),旨在提高跨学科性在科学、技术和社会诸方面联合解决问题中的作用。此次会议由瑞士联邦技术研究所(Swiss Federal Institute of Technology)主办,该所在其"自然与社会科学界面"项目中领先进行了一系列跨学科性的研究。会议的目标是促进跨学科性在许多学科领域的发展,提倡跨学科性研究,为成功的跨学科性科学创建良好的学术结构和有力的支持,使之成为 21 世纪面对复杂性挑战的有效途径。在会议通知中,会议主席 Rudolf Haeberli 称,大学和从事基础研究的单位作用重大,但在当今全球社会中,这些单位只不过是知识的传播者和创造者。因此,还需要尝试把决策者纳入进来。在会议过程中,许多人报告了重要的跨学科性构想和项目。其中大部分项目是瑞士的,也包括一些景观生态学方面的研究项目。然而,这些研究项目要克服的最大障碍就是付诸实施。

关于这些障碍,还有一个专门的国际研讨会,主题是跨学科性景观研究的潜力与局限(Tress et al.,2003)。在此次会议上,Winder(2003)深入阐述了跨学科性研究人员所要面临的一些认识论问题。他指出:"如果我们不对多个学科方面的知识加以综合,就无法对复杂系统进行研究。工程师、社会学家、人类学家和化学家都需要借助综合性的研究来对各自从事的学科领域的边界条件加以界定。这需要研究人员之间相互磋商达成妥协,使他们在不放弃整体的逻辑一致性的前提下,以达成共识的东西为基础,创建一种复合的知识系统"(Winder,2003)。

为了这一目标,他们必须放弃一些来自本知识领域的信仰,把他们暂时搁置起来。Winder(2003)将这类信仰分成了三类:理论信仰,可以很容易地搁置一边;宗教信仰,在项目执行期间可以暂时搁置起来,但比以前更难于放弃;文化信仰,是我们自身标志的一部分,决定我们属于哪一类知识群体,只有在那些参与者有足够自治力的情况下，才能暂时搁置一边。西方社会根深蒂固的文化信仰已经成为"自然平衡"的范式，我们甚至无法挑战它。

在一次特别的培训课中也传达了类似的重要信息。瓦格宁根大学对策创新项目的 De Noy-van Tol（2003，p129）从两个不同的角度阐述了跨学科性教育方法的重要性，这两个方面对景观研究也是非常重要的。即：

（1）历史经验：科学与技术的真正创新和突破只有在不同学科交叉碰撞的界面上才能实现；

（2）社会发展规律：当我们试图对资源进行可持续利用时，只有当我们用综合的方式看待整个过程，运用综合的方法，来理解我们所作所为的复杂性时，我们——社会——所面临的问题才能得到解决。

很显然，要实现跨学科性事业所要求的真正合作并不那么容易。它不仅需要对共同的系统目标有较高的合作动机，而且还要有系统网络思想的特别技能。为达此目的，源于系统思想与系统行为结合能力的系统学习法（system learning）的一种新分支的出现非常重要，它不是从某一单独角度而是从多个角度来描述问题。就我们而言，与土地景观、海域景观恢复有关的研究和从业人员都应该感谢不同的知识领域和视角对激励地方的真正参与的作用——正是这种多元知识和视角，建立和扩大了其能力。Senge 等（1994）在《第五类学科（the Fifth Discipline）》一书中曾就系统思想和学习对组织和管理研究的作用做了详细阐述，正好适合上述目标。它还可以促进创新性系统思想的形成，这对加强研究人员、专业人员、实践人员和利益相关者（土地所有者）之间的沟通与交流，联合进行跨学科性的、以解决问题为导向的景观研究是非常必要的。

11.10　整体性与跨学科性科学革命

虽然很多运用跨学科性和方法的人没有意识到他们的工作带有跨学科性，但事实上，一场可称之为"科学整体性和跨学科性的革命"已经为跨学科性铺平了道路。这场革命始于 20 世纪末期，现在仍在进行中，但显然已经达到了顶峰。

按照 Kuhn（1970）的论点，当传统的、已经成形的所谓"正常科学（normal science）"范式为新的概念框架范式所取代时，这场革命就开始了。Kuhn 解释说，对于大多数科学家而言，那些主要的理论或"范式"就像立体镜，是为了"解谜"才戴上的。他们时不时地需要"换一种范式"，就像旧的立体镜碎掉之后换一副新的，科学家们会换一种新的理论，把前面的结论推翻，或者弃之一旁，或者换一种"颜色"。一旦某一科学领域的要领范式发生转变，年轻一代的科学家就会戴着新的"眼镜"成长起来，把新的观点接纳为自然的"真相"。Kuhn 认识到，实际上科学家无法想象 Popper 所称的那样，用客观的实证法辨别标准，从两种相对立的理论中选择更好的一种，因为到底哪一个正确，始终是一个谜。范式的转变就是这样一种视角的彻底改变，甚至理论的信奉者之间也无法认同到底什么样的"客观"过程才能称得上是有效的检验。

我们所说的科学革命已经导致了从还原论和机械论向整体论和机体论（organismic）范式的转变，后者是以复杂性、网络和等级秩序等系统思想为基础。它已经不再相信科学事实的客观性和必需性，代之以对人类知识局限性的认识，把现实世界看得更具连续性，景观也更宽泛，因此需要对不确定性进行研究。最后，更重要的是，它用学科间的和跨学科的方法代替了单一学科和多个学科的方法。Holling 等（1999）认为，这种整体性范式的转变已经改变了科学和实践的诸多方面，体现在资源管理中，人们认识到了人类的智慧，以及传统生产生活方式中的可持续性理念，还有源远流长的文化价值。

这场可持续性变革最终导致了跨学科性概念与研究方法的发展，不仅试图纠正自然、生物和社会-经济领域的一些误区，而且也试图改变我们生活中的一些思想、文化和精神现象。这场深刻的后现代化时期科学与文化的变革，已经改变了人们的许多思想、理念和观点，目前在西方社会仍很流行。以《医药之道（Tao of Phisic）》和《生活之网（Web of Life）》两部著作闻名的 Capra（2002）指出，这些变化可以视作"隐形的联系"，将生活中的生物、认知和社会方面综合进"可持续性科学"之中。

现在向整体论范式的转变已经达到了顶点，形成了一种统一的世界观，"不再把世界当做一台巨大的机器，而是当做一个各部分之间互相影响的有机整体。"（Laszlo，1994）。关于这种统一的世界观，Laszlo（2003，2004）为"整合所有事物"创立了一套真正的跨学科性的理论。通过系统论和复杂性理论的总结、归纳和演绎，上述跨学科性理论在许多不同的学科领域里取得了长足发展，如量子物理学、物理宇宙学、进化论、神经学、量子生物学，乃至意识形态研究的一些新领域，等等。由于景观生态学和恢复生态学的基础都源于后现代化时期的整体性科学，如量子学、宇宙学、生命科学和意识形态学等领域，因此二者都可看做是这场科学革命中新的重要突破，值得更详细地加以论述。不过，我还是尽量只论述那些能为理解人类在自然中地位提供新观点的方面，人类在景观中的作用已成为综合的宇宙学、地质学、生物学，乃至文化的全方位概念进化中不可分割的一部分。这些问题不仅是新的跨学科性科学，如景观规划、管理、保护与恢复等的重要理论基础，而且还将为这些学科，以及其他与可持续性自然和人类未来有关的学科，提供概念、教育和实践工具，以满足后工业化时代人类社会与自然共生的需要。

11.11 整合所有事物的理论及其对人与自然交互作用的重要意义

Laszlo（2003）在《假设的连续性（the Connectivity Hypothesis）》一书中，运用一个通用的数学模型，对全球关联的统一假设进行了综合。我在新刊物《Ecological Complexity》中为这本书做新书推介时，曾这样描述（Naveh，2004）："Laszlo 的这本书可视为对世界统一的真正理论的最重要的概念突破。与爱因斯坦等人的贡献不同之处在于，他对全球连续性假设的大胆尝试不仅仅基于物理学，而且还包含了量子、宇宙、生命、认知，以及其他一些相关学科领域。将世界用一个通用数学模型来统一表达，无疑走到了跨学科性科学革命和后现代化复杂性科学的最前沿。"

Laszlo（2004）在另一本新书《科学与 Akashic 域》中，精辟而通俗地介绍了这一"宇宙信息"理论，点出了这一理论的突出特征，即："革命性的发现在于，在现实的根源上，有一个相互作用的、信息保存和信息传递的宇宙。千百年来，神秘主义者、预言家、圣人，还有哲学家，都声称有这样的一片领域。在中东地区，被称为 Akashic 之地（Akasha 在梵文里意思是'乙醚'：整个无所不在的空间。Akashic 记录或年表，是指所有发生过的事件的记录，或者所有空间和时间上发生的事件的总和）。"但是大多数西方学者认为这只是一个未解之谜。现在，由于科学的一系列最新发现，这一领域又被重新挖掘出来。Akashic 域的影响不止于物理的世界，即包含所有生命和生命网络的"A 域"，它还影响我们的意识领域（Laszlo，2004，p3）。

如前文所述，这样一场科学革命的典型特点是，传统理论所不能解释的一些现象"谜团"，正在越来越多地被一些前沿性的研究人员所解开。然而，这种情况不仅发生在类似物理学这样的单一学科领域里，而是如 Kuhn（1970）所注重的那样，在探究科学幻想的过程中，Laszlo 跨越了许多不同的学科领域，从宇宙学到量子物理学，从生物学到心理学，而这些学科本身又带有一定的跨学科性，如物理宇宙学，量子与进化生物学，以及意识领域的相关研究。

这种包含所有事物的整体性科学理论的基石有两类特性，即连贯性（coherence）和相关性（correlation）。物理学中连贯性众所周知，但现今在许多学科中所发现的连贯性要复杂得多。它意味着"系统组分的半同时性"，不管这种系统是一个原子，一个生物体，一个生态系统，还是一个星系。因此，如果系统中某些部分之间具有高度的连贯性和相关性，那么其他的部分之间也同样存在这种关系。这类生态系统当然也包括景观和整体人类生态系统。这里的景观是整合了人类与其整个自然环境，具有三维结构的实体。

Laszlo（2004）指出，发现连贯性和相关性的统一性，是下一个科学范式转变的核心，是创造"追求已久的，但至今尚未实现的，包含所有事物的整体性理论"的最佳基础。Laszlo（2004）认为，David Bohm 等人最先推测，在量子真空里，除了充满宇宙空间的能量之外，自然以及人类思维之间的相互作用，还可以用一个基本信息场来表达。

我在前面章节中经常引用 Bohm 的观点来阐释整体性科学概念，因此这里再借助 Laszlo 的发现重温一下他的观点。他在整体性的物理学研究中，与 Laszlo 一样，Bohm 拒绝使用牛顿物理学中的还原论方法，而是把现实世界看做是相互作用的物体的集合，而且这些物体在空间和时间上不断变化，他把这样的集合称为"显性秩序（explicate order）"。但是他也拒绝接受用量子的行为来全面地描述现实世界，他认为量子的状态选择不是随机的，颗粒的异常行为和不确定性是表面的，在更深层次上，它取决于量子的潜在势能。Bohm（1980）将这种现象称为微妙的"隐含秩序（implicate order）"——一个所有量子状态被永久记录的、潜在的全息场。观测到的现实也在一步步揭示其显现的秩序。景观生态学和恢复生态学中所有的概念、方法和参数都是以这种秩序为基础的。

正如 Laszlo 现在的工作一样，Bohm 那时候就已经用"无透镜的全息摄影"作比喻，把它与潜在的、隐含的秩序相比较。与普通成像的显性秩序的不同之处是，普通成像时光线来自物体的每一个部分，图像落在整个感光底片上，而在全息成像时，底片的每一个细微部分都包含了整幅图像的全部信息；这时候光线在某种意义上就隐含在了整个全息相片之中。在隐含的秩序中，那些相距遥远的物体排列到一起，而且一个物体又隐含在另一个物体之中。隐含秩序的概念又被 Bohm 和他的助手 David Peat 发展成一种更广义的概念，即生发性（generative）或创造性（creative）秩序（Bohm and Peat，1987）。正如第 11 章所讨论的那样，现代景观生态学和恢复生态学中，等级层次的分维性和尺度性就存在生发性秩序，这对传承欧氏几何规则是非常重要的，但仍属于自然科学的范畴。因此，我们说"景观生态学成为跨学科性科学的最大挑战是涵盖那些隐含的新秩序，如自然的价值、健康与自组织，以及人类的意识和创造性"（Naveh and Lieberman，1994，pS2—14）。这种隐含的和生发性的秩序，现在已被 Laszlo 转化为一种新型的通用信息场（universal information field），为借助量子物理学来进行信息编码提供了工具。

在探索信息在自然的作用中，Bohm 视其为量子真空（quantum vacuum）里自然的信息场，Laszlo 把它看做是一种充满宇宙的超密媒介，不仅传递光、能、压力和声音，而且把粒子的状态信息记录在真空涡旋上，而干涉格局则记录涡旋干涉后粒子的全部信息（laszlo，2004，p52）。正如波浪在海洋中的传播那样，海浪把生成海浪的船舶、鱼类以及许多其他信息联系起来，这种真空携带的信息包括原子、分子、生物个体、种群、生物生态，以及整个宇宙空间的信息。但是，与海浪的不同之处是，真空是一个无磨擦的媒介，波和物体可以在其中永续运动：宇宙的"记忆波"可能是永恒的。

Laszlo 把这种重叠的真空干涉格局比作自然的"全息摄影"，提出了一个

"大胆但符合逻辑"的假设，即所谓的量子真空零点场"产生全息摄影场，记忆整个宇宙的信息"。Laszlo 认为，古老的 Akashic 或 A 域正与其他基础科学领域一道，产生大量的新信息。而这些领域被物理学家称为 G 场（即重力场），电磁场，以及各种各样的原子场和量子场。但作为一个宇宙信息场，A 域对人类思想、意识和整个人类生活的影响具有更深远的生态、社会和心理意义，因此对人与自然的关系，以及人与景观的相互作用都有重要影响。Laszlo 推测，A 域通过叠加的真空波干扰格局，在同质的、高度相似的物体之间传递最直接、最密集因此也最明确的信息。就像全息摄影那样，所有的事物都是紧密结合的，或者"共轭的"，信息的密度取决于同形事物的相近性：人类直接受人类的影响，而不直接受植物、动物和其他自然因素的影响。用 Laszlo 的原话来描述，就是："在 A 域中传递的信息把所有的事物与其他事物联系起来，形成了宇宙中事物以及自然生命系统的连贯性"（Laszlo, 2004）。

Laszlo（2004）进一步指出，A 域中的信息传递不仅导致生命个体各部分之间的半暂时性连贯（quasi-instant coherence），而且也导致了生物与环境之间微妙但有效的相关性。在 A 域中，生物个体的表象和基因组联系可能是机械的、化学的、生物化学的，也可能是通过电磁场或量子场来传递的。这不仅导致了基因组的适应性变异，而且这样的量子场也会把部分与整个生命个体，以及生物与其外部环境联系起来。"现实是生物个体内部惊人地协调，而且生物与其周围环境也结合在一起。"Laszlo 认为，只有现在，构思最缜密的生物学前沿研究才受到重视，这就是系统生物学与量子物理学之间的边缘学科——量子生物学（Quantum Biology）。

生态学作为生物及其种群的全息图像（hologram），所隐含的信息与所有生物个体相关联，即动植物与其生境、生态位，人类及其景观，乃至基因组结构信息，都包含在生态学之中。这使 Laszlo 得出了一个全新的结论，即现行的基因多样性包含着微妙的信息，增大了环境变化带来的基因变异可能性。

Laszlo 引用了宇宙学家和数学物理学家 Fred Hoyle（1983）的观点，指出生命的出现是纯属偶然的，就像一阵旋风吹过一处正在组装一架飞机的庭院一样。他反对新达尔文论范式所提出的观点，即随机变异是自然进化的主要驱动力。缓慢地质进化的一些假设也与一些化石证据相矛盾，这使 Gould 和 Eldredge（1983）发展了"间歇式平衡（punctuated equilibrium）理论"。这一宏观进化论认为，新物种产生所需要的时间只有 5 000～10 000 年。因此我们推测，发生种间生态型变异的时间可能更短。

这些发现进一步证实了我们在地中海周边国家的推测，即集约式经营的农牧业压力对基因产生深远影响所需要的进化时间会比较短。这使有些地中海气候区的杂草获得了极强的适应性恢复能力，以致在加利福尼亚的草地上成为破坏性的入侵种，因为这里没有新石器时代的农业活动及其后续影响来制衡这些杂草。

生物之间的连贯性是通过基因组的调整来实现的，这一认识显然与中性和近中性的分子进化论相矛盾。但这种观点为环境选择胁迫下的非随机性影响论提供了强有力的支持。Nevo 及其同事在以色列和近东地区关于动植物多样性的一系列研究为上述理论提供了佐证（Nevo，2001）。

景观生态学和恢复生态学这两门包含所有事物的整体性理论的跨学科，使人们认识到了人类社会与景观之间相互作用的新型关系。因此我们有必要参考 Laszlo 的包含所有事物的整体性理论，来修改整体性的和跨学科性的景观概念：

A 域可以被定义为我们生存于其中的整体人类景观中，自然地理圈和认知的思想智慧圈背后所隐含的一种机制。现在我们可以假设，由 A 域产生的、超越时空的"非局地"信息，构成了所有生物体之间的连贯性——包括人类，其大脑思想和意识——还有不同密集程度的自然和生物景观组分。所有微观和宏观量子系统之间，从分子水平到生物圈水平，乃至整体人类生态系统，其相互支持和关联的自催化、互催化反馈环，都是靠上面提到的 A 域信息来驱动的。前面所说的自然－人类－文化景观三角互动关系亦受其影响。

图 11.1 从进化论和历史的角度描述了上面所提的这些关系：整体人类生态系统是从充满信息的 A 域量子真空发展而来的，这是其所有组分之间连贯性的基础。随着人类生物和文化方面的进化，人类系统也在自催化和互催化反馈环的推动下不断进化。人类土地利用史及其强度通过控制性的生态反馈耦合决定了人类与景观之间的连贯性强度及其隐含的相关关系。这种关系又从"自然整体"及其稳态平衡状态调整为混合的"自然－文化"及其动态平衡状态，还有一部分被转化为非平衡的"文化整体"状态，在这种状态下，不稳定的城市－工业反馈耦合占据优势。

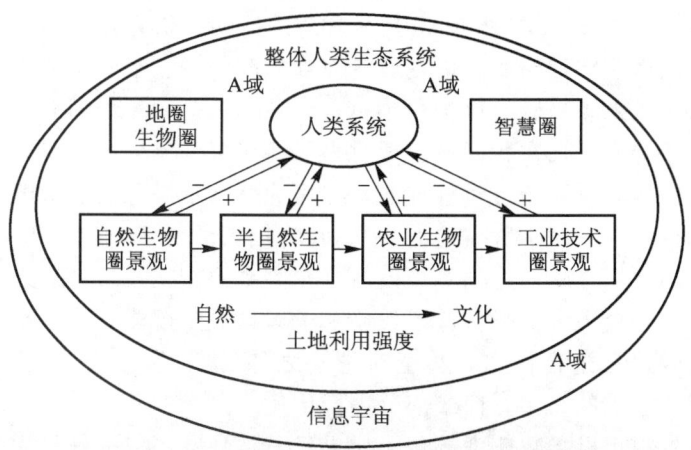

图 11.1　整体人类生态系统等级模型以及自然、人类、景观和文化的进化及其历史关系，这些都是充满信息的宇宙及其隐含的 A 域的一部分

11.12 结论:跨学科性景观科学的新挑战

一种新型的、后工业化时代的动态平衡,可以通过引进稳定的文化负反馈环来实现,这使得景观中的自然和文化要素可以相互达成妥协,以保证二者之间互相支持的共生关系得以延续。景观生态学和恢复生态学这两门跨学科性的科学都可以为达此目标做出应有的贡献,一方面是通过提供切实可行的科学信息和知识,另一方面是通过研究和教育积极将理论知识付诸实践,还可以通过参与景观规划、设计、管理、保育和恢复等项目,进一步加深可持续性变革。

德国景观历史学家 Sieferle(1997)全面描述了人类作为农业和文化景观的共同创造者怎样塑造了大部分的景观,不管是好是坏,而这些景观又反过来影响了人类社会。他认为"整个工业景观"是一种发生了蜕变的景观,在这种景观中,文化彻底代替了自然。对这种景观未来的预测,我们应该意识到技术控制的太阳能驱动系统不再是一种障碍时,那种更加稳定的、自组织的文化景观才能实现。前面我已强调过,这种太阳能系统必须成为新型文化的重要组成部分。为了加速这一转变的过程,认识 A 域理论的重要性,对可持续的未来土地利用方式具有重要意义。A 域传递着人类文化信息库中的信息,也反映了文化对人类–景观之间关系的影响的关联网络。它提醒我们,人类通过把生物圈转化或者退化为技术圈,使其脱离自然而造成土地集约利用和各种城市化压力,在很短的实践内创造了一种完全不同的、更具攻击性的、不太健康和快乐的人类(*Homo sapiens*)亚种。由于这种变化已经固定在基因里了,尽管传统医疗和心理疗法已经取得了巨大进步,甚至给社会带来了沉重的经济负担,仍无法阻止人类变异这一大的趋势。

Roszak 等(1995)认为,"恢复"方面的行动和研究是上述人与自然相互作用关系正面影响中最新的、也是最有前景的范例。它不同于人类对景观的其他影响,由于重视"积极的保护价值(active conservation value)",因此往往同使用目的相结合。现在我们更有理由为那些从事恢复生态学研究和实践的人辩护,他们的作为可能还会对精神的和物质的财富带来积极的影响。

如果 Laszlo(2004)所描述的由 A 域所代表的量子真空全息图景真能带来令人惊喜的技术飞跃,这种关于人与自然关系的新视角及其对人类行为和伦理方面的影响将会大大加强。这不仅使量子运算成为可能,而且不花任何能量就可以对有效信息进行传递,甚至对量子之外的原子、分子、活的细胞和器官,以及人类意识的某些方面或部分进行传递。

我们的景观正以指数速度退化,如果只是把景观当成一种日用品类的资源来开发,把我们的经济利益以"自由贸易游戏"中货币和产品的形式具体到景观上,那么这种退化的形式就无法得以遏制。我们还必须认识到,景观内在的存在价值使它们不应该成为达到目的的一种手段，而是景观本身就应该成为一种目标。即使在生态经济学家们（Costanza and Daly，1992）提出的"自然资产（natural capital）"概念中，也无法把肥沃的土壤、清洁的空气和水所能提供的、最基本的生命支持系统功能完全涵盖进来，更不用说能囊括充满健康活力的生物圈景观所能提供的、满足人类生活需要的无形价值，如美学、文化、精神和休闲价值。这种关乎人类生活质量和精神财富的"软价值"，在新兴的信息社会里尤其重要。因此我们还要更加重视景观的心理治疗功能。这主要来自自然恢复方面的实践，为的是抵制现代生活对自然所造成的多种压力，特别是抵制"直接注意力疲劳"。这种疲劳往往产生于长时间的、高强度的思维和创造性工作之后，如高技术人员在电脑前长时间工作之后（Kaplan，1995）。

我们既然无法根据过去所发生的一些事情来推测现今景观中的景象，因此也就无法确切地推断未来。但是我们可以帮着塑造未来。我们可以试着对未来不恰当的土地利用方式带来的风险和土地退化进行预测，也可以对可持续性未来发展途径进行预测。我们可以通过模拟不同的发展预案，为人类社会和自然寻求最符合需要的方案，并为其管理、保护和修复提供良方。为达此目的，景观理论不应该局限于经典牛顿物理学模型所提出的、僵硬的、脱离人类的机械预测理论。景观生态学和恢复生态学都将成为"后正常状态"的科学，总体上可以为环境管理科学服务（Waltner-Toews et al.，2003）。这两门景观科学还必须努力成为可预后的、指示性的、标准规范的科学。景观科学必须由更广义的、更具弹性的、面向未来的、整体性的世界观来指导。科学家必须下定决心，树立目标，参与解决目前面临的深刻的生态和文化危机。

在当今学科门类越来越细的体制下，自然科学诸学科与思维、认知和精神的智慧圈诸学科都各自局限在或自然科学或社会科学和人文科学的领域里。因此，它们无法建立起一种可以互补的"第三类文化"，相反却造成了"两种文化"的对立（Snow，1963）。所幸生态经济学家、人类学家、心理学家、社会学家，以及其他与生态学相关的一些科学家还承认这样一种整体性观点的核心理念，即人类是自然的一部分，而不是脱离自然及其过程和功能的。

新的生态问题还在不断产生，不但需要生态学的解决方案，而且还需要伦理学的、社会学的和经济学的解决途径。例如，有些显然是"绿色技术"的解决方案，比如风力发电的农场，如果正好建在鸟类迁徙路线上或附近，也会给鸟类带来严重的影响。后工业化信息时代朝着可持续性的一些技术进步，也难免会伴随着其他的一些生态问题。因此，成功的可持续发展不仅体现在生态学方面，而且还体现在社会-文化、伦理和经济领域。EU MOSES 项目（2000）的成果也体现了这一点。在此项目中，我们试图建立一种跨学科性的系统模型，以实现通往信息化社会的区域可持续发展。（见第 4 章）

近年来在解决复杂景观时空动态的一般性模型和面向过程的模型研究方面，

取得了巨大进步。这体现在最近《生态复杂性》出版的一期专辑里（Bollinger et al.，2005；Green and Sadedin，2005）。虽然有些模型也考虑到了人类影响和人口动态，但它们并未考虑更深层次的、驱动这些动态变化的人类行为因素。他们的模型仅仅局限于生态系统的生物物理复杂性和物质、能量流动，没有跨越自然科学的边界，进入到社会科学和人文科学领域。因此，这些模型对前面所提到的新景观科学和可持续性革命的跨学科性目标没有太大的贡献。

我们在 MOSES 项目里建立的 ISIS 模型（信息社会综合系统模型，Information Society Integrated System Model）与上面提到的那些模型有很大差别。在这一多国联合项目中，由 15 位来自经济学、区域科学、咨询机构、景观规划、生态学、景观生态学、系统科学，以及知识研究等领域的多学科科学家组成一个团队，旨在发展一系列政策，来推动现代信息社会及其对景观的影响按照所需要的方向发展。在此系统模拟模型中，我们考虑了塑造土地利用景观的 5 个主要人类因素，即生活方式、偏好、观点、知识和经济。这些相互影响又进化迅速的因素又被分成四个"领域"：①经济；②文化、观点、意识和人类需求；③科学、技能和技术；④作为整体人类生态系统具体背景的自然、半自然、农业和城市－工业景观。这些领域的变化由其自身因素和相互催化的作用来推动，我们的模型遵照这一思想，指导人们朝着符合社会－生态需要的方向努力，放弃那些不符合需要的行为。正如 Grossman 和 Naveh（2000）所解释的那样，这一目标通过对现存系统的可行管理施加影响来实现，而不是通过控制系统的运行来实现。

为达到上述目标，最重要的工具是信息管理，即从语言信息到实际信息的转变中所获得的知识，通过接收者的反馈，使其发生切实的改变。现在我们还无法对这种转变进行有实际意义的预测。然而，我们可以想象，通过 A 域效应发展起来的包含所有事物的综合理论，将作为整体人类生态系统核心概念的科学基础，把自然、生态和社会经济系统联系起来。作为跨学科性科学革命的一个重要成果，这也将成为迈向具有雄厚科学基础的、综合的"第三类文化（Snow，1963）"产生的重要一步。

为了使 A 域效应对人与自然相互作用关系的影响带来更有意义的科学突破，也为了使这一效应在最广泛的意义上贯彻到景观管理与规划、保护、恢复和土地利用决策的实际应用中去，需要更具有开放思想和环保理念的量子物理学家和生物学家密切合作。要取得他们的参与，可能对两门跨学科性的景观科学来说都是一个巨大的挑战。但这将帮助我们在反抗忽略、短视和贪婪的斗争中拥有更具影响力的科学武器。正是这些因素造成了对大自然的破坏、气候的改变，也是可持续性变革发展的主要障碍。

总而言之，为了在社会和生态可持续性变革中扮演好其急需的角色，景观生态学家和恢复生态学家都到了学科转折点的关键时刻。他们不能按照现成的、安全的道路前进,因为这些盛行的传统思想大部分属于过时的、线性的机械论和还原论的科学思想范式。这些传统思想的假设是:"真正的科学家"对社会的唯一义务和全部优点,就是提供与人类无关的、所谓"客观的"科学信息。现在他们需要做一个选择:

(1) 继续满足于从事生态学或地理学中的一个科学分支研究,出版大量的同行评价的期刊论文和专著,用最先进、最复杂的方法和模型来描述和量度景观异质性、稳定性和变化。但是,这种语义上的科学信息很难改变现实。

(2) 将景观生态学和恢复生态学转化为目标导向的、有使命感的"后正常状态"跨学科性科学,包括景观的历史和评价、规划与管理、保护与恢复,为改变现实世界提供有实际意义的信息。

要接受这一挑战,他们必须具有献身精神,并且能够联合地球上所有关心生命未来的人们,以及关心地球上所有物种及其福祉的人们。其生态科学团队应该既有专业的科学技术人员,又包括拥有生态知识、明智和识伦理的领导者,为可持续性变革提供实际的科学信息。

迈向这一目标的第一步,是在更健康的、更宜居的、更富吸引力的技术圈景观与其"腹地"之间建立一种新型的、更平衡的和互补的关系。这种"腹地"既包括充满生机活力的、多种多样的生物圈景观,也包括生产性的、可持续的农业景观,这些都是人类财富赖以生存的基础。最紧要的任务之一是保证那些"关键性的生物圈景观"能够发挥其生命支持功能,特别是发挥其生物过滤器和"活的海绵"的潜力,来吸收技术圈所释放的有害物质,不管是有意地还是无意地把这些生物圈当做工具来对待。这就需要对受损景观进行恢复、复垦和修复,使湿地、河流、湖泊及其岸滩重新焕发活力,在大都市中建立生命廊道和绿色岛屿,以及对自然公园和自然保护区进行动态保护。这一目标需要靠转化为跨学科景观科学的景观生态学和恢复生态学的密切协作来实现。

第12章
全球信息社会和整个后工业化景观之未来

12.1 引言

正如第 11 章所描述的，目前人类社会正经历着一个关键的转折：从工业时代向后工业化的全球信息时代转变。随之而来的是各方面交织在一起的迅速变化，涉及人类生活的方方面面：从生物生态到社会、文化、经济、技术和政治。世界范围内的计算机网络的迅速发展驱动了这些变化，使得经济快速扩张和全球化成为可能。在第 3 章，我已经讨论了全球化对我们的整体人类生态系统未来的影响，其中，景观服务于脆弱的、功能性的自然基质（matrix）。我强调了自然和半自然的森林、灌木林、草地和湿地以及陆地水域生态系统的重要性。在所有这些太阳能生物圈景观中，优质的势能和化学能由太阳能驱动，并通过光合作用和同化过程转换成化学能，通过有机物的食物链转化成动能。它们的"硬性"生命支持功能提供了生态和社会－经济商品和服务，而它们的"软性"生命充实功能提供了美学、文化、精神和再创造价值，这些对我们的身体健康和精神健全是极为重要的。所有这些都是"免费服务"，不需要投入另外的物质和化学能源。作为对抗全球信息化社会各种精神和实体压力的一种高效、无污染和廉价的"解毒剂"，这些多功能的、可再生的生物圈景观是我们全球景观中不可替代的、最具价值的资产。然而，人造的和人类维持的化石能、城市－工业和农业－工业技术圈景观的全球无限扩张，严重威胁着这些自然和文化资产，以及由此而产生的重要服务功能。作为不可持续的生产系统（throughput systems），它们导致了熵的增加，产出了废弃物和污染物，这对人类和自然都有着深远的负效应。千年生态系统评估（Millenium Ecosystem Assessment，2005）清晰显示出，2/3 的服务功能已退化，或是以不可持续的方式被利用，并且，2005 年的"生态足迹"数据显示，人类社会目前正在使用着 1.3 个地球的资源。

最近几年来，随着本文相关内容的出版，迅速发展的全球经济和它的城市－工业技术圈景观已经进一步加剧了这些威胁，如何阻止这些威胁也变得越来越紧迫。这不是一个模糊的、无基础的"末日预言"。最近 Laszlo（2007）提出了这样的警告"我们正在接近一个大的分水岭：一个全球性的转折点，甚至我们的生存都是一个问题"。

我于2008年9月24日写这句话的时候，全球经济不仅面临着最严重的生态危机、深受财政混乱之苦，而且处于全球经济衰退的边缘。这严重打击了全球社会的中、低层以及贫困阶层。这次起于华尔街银行倒闭的金融危机，深刻揭示了所谓的"全球自由市场"经济规则的脆弱性和不确定性，这种经济由无限制的经济增长所驱动，并由贪婪、短视和破产的反馈而加强。

这天（2008年9月23日）也是"全球超支日（Earth Overshoot Day）"：我们的需要超过了自然的预算。根据全球足迹网络的计算结果，我们树立了一个不幸的里程碑：就今天而言，人类已经消耗了地球今年所能产生的所有新资源，因此，在2008年剩下的时间里，我们将处于严重的生态失衡中，我们从自然界借来的资源贮备在减少。以上提到的美国最近的银行破产已经表明，当债务和消费失去控制的时候，会发生什么可怕的后果。我们同样面临着由于生态过度消费产生的严重后果。气候变化、森林缩减、生物多样性下降以及目前的世界性食物短缺，都是我们过度消耗自然物质、超过其再生能力的后果。碳是这一事件的主角，因为它是生态不平衡的罪魁祸首。人类释放碳的速度已经远超出了地球能够吸收的速度。自1961年以来，我们的碳足迹已经增加了7倍。总之，对于这样一个巨大的变化，如果不付出努力的话，在2050年，全球人类社会将需要两个地球的资源才能维持下去。

在本章我将试图重新评价这些逆向的全球变化如何影响全球信息社会和这些生物圈景观的可持续未来。为了达到这一目的，我们需要更好地了解景观和社会、经济和文化作用力之间的复杂相互关系，后者是改变过去景观并促使目前景观发生改变的动力。这将帮助我们动员那些可以调动的力量，包括土地利用方面的利益相关者（stakeholders）和决策者，以及所有的科学家和专家，来共同关注地球及其居民未来生活的福祉。

最近Fischer-Kowalski和Haberl（2007）在众多案例中提出并分析了社会－自然相互作用的许多基本变化，作为从以土地为基础的农业社会到以化石燃料为基础的工业社会转变的证据。在社会经济中，物质、能量流（"社会经济的新陈代谢"）和土地利用是社会生态系统的关键要素，考虑到这一点，对这种全球变化的分析应集中于生物物理方面。因此，在目前进行中的、朝信息丰富的后工业化时代转变的进程中，需要对那些典型国家的乡村和城市工业景观所受的影响进行更加详尽的调查。

Laszlo（2001）把我们又带进了一步，描述了从工业到全球信息化社会的巨变（macroshift）过程中复杂而不可逆的变化，这也是人类文化进化史上的一个划时代转折点，在这一关键点上，对全球人类信息社会的觉悟（以及随后而来的行动）将决定它的命运。图12.1更明确地描绘了这一转变过程所要经历的四个阶段（Laszlo，2008）。

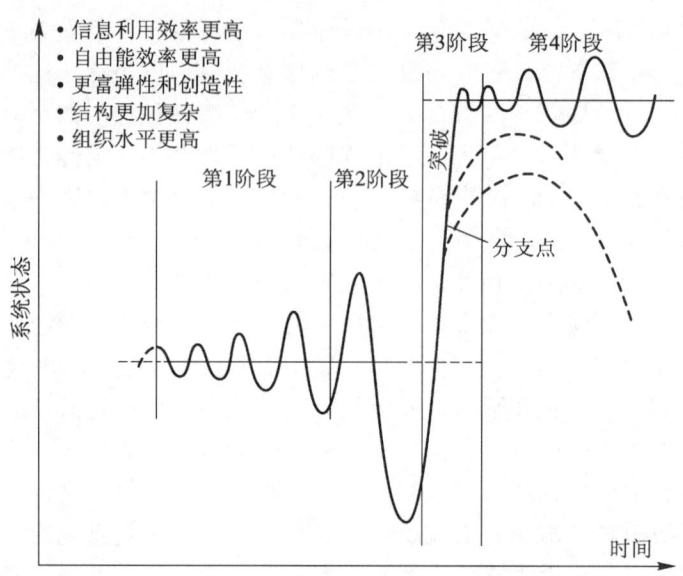

图 12.1　大转变过程的四个阶段，可用基本分支点来描述

第 1 阶段，社会稳定性受到一系列涨落冲击；第 2 阶段，各种涨落冲击超越了社会结构的自恢复能力和管理掌控能力；第 3 阶段，大转变向分支点跃进，社会向更高层次进化转变；最终，大转变进入第 4 阶段，也就是最后阶段。（引自 Laszlo，2008，作者授权）

最近，Laszlo（2006）进一步列出了这样一个框架：人类社会、景观、自然环境与生物环境之间的无序动态转换使得我们的整体人类生态系统成为一个不可分割的整体。他开启了一个新视野，有助于全面理解这一点：这种关键的"混沌点"阶段朝新出现的全球信息化社会的转变一旦开始，将不可逆转。这种转变轨迹将形成一种新的结构和新的操作模式，其后果不是突破，就是崩溃。本章的理论基础就是建立在这些动态过程及其与整体后工业化景观（TPIL）关系之上的。

12.2　人类社会及其景观的无序转变动态

人类作为一种极其敏感的、复杂的生物，其社会与景观永远都处于混沌的边缘，并且，对于人类的价值观、世界观、信仰和愿望方面的任何波动和变化，它都将做出反应。人类的精神和意识对该系统行为的影响使得它复杂于那些非人类系统的行为，对于我们的景观也是一样的。由于自然和人类精神之间存在着切实的联系，自然亦是我们整体人类生态系统不可分割的一部分，与人类的生活有着根本的联系。因此，它们的命运不能简单地以线性方程来推测，也不能用微分方程的数学模型来描述。这就意味着在目前的全球信息化社会进化中的短暂阶段,即使是由表面上看来无关紧要的行为所引起的小波动,也可能诱引我们朝这个重要的"混沌点"转变,而其后果要么是系统的崩溃,要么是一个新的突破,这种后果既不是能事先预计好的,也不是随机形成的,但是可以有目的地去操控。用 Laszlo(2006,p21)的原话来讲,就是:"如果我们能够意识到这一过程,如果我们用意志和智慧去利用它,我们将掌握自己的命运"。

尽管我们不能准确预测整体后工业化景观(TPIL)未来的命运,但是在我们的能力范围之内,可以引导它朝一个可持续的未来发展,目前,摆在所有景观生态学家和所有关心地球未来命运的人面前的一个巨大挑战就是:如何来引导。

根据 Laszlo 的理论,我们把这个现代混沌动态过程分成 4 个主要的社会和景观转变阶段:

(1) 积累期的触发阶段,1800—1960 年。起始于"硬性的"技术革命,例如第一次工业革命的工具和机器。这导致了景观的逐渐转变,一步步从太阳能驱动的传统的农-林-牧生物圈景观朝化石能源驱动的城市-工业技术圈景观,以及一个太阳能和化石能源综合驱动的精细化农业景观转化。

(2) 加速全球化时期的累积阶段,1960—2005 年。在这一时期,技术革命中的"第二次工业革命"正在将依赖重心从需要大量能源和材料输入的"硬"技术转移到一种相对无形的"软"技术上,后者则作为信息,用安装了复杂程序的计算机储存于光盘之中。这种"软"技术的全球扩散使得这种经典的经济更有效率。这种深奥的转变给少数人带来了新的财富,但是对于大众而言,它加深了贫困以及边缘化,导致可再生资源和不可再生资源的加速消耗,降低了城郊技术圈的宜居性以及生物圈景观中的生物多样性和文化丰富度。与此同时,它也开启了新的机遇,如果我们能够及时意识到并善加利用的话,这未尝不是好事。

(3) 决策窗期,2005-2012 年。在 20 世纪末,全球化已经到了一个新的阶段:世界上的各种系统变得越来越不可持续。经济全球化方面的进步,以及各种原本独立的文化之间联系的加强,触发了政治圈的压力,经济圈的脆弱性,金融圈的反复无常,以及气候和环境的加剧恶化,这一切都反映在景观的加速退化上。如今,社会进入了一个动乱期,人类的灵活性和创造性使得社会产生了较大的波动,这也将决定社会将如何发展。

(4) 2012 年的混沌点 (?)"这一过程起始于 19 世纪初,自 20 世纪 60 年代以来开始朝一个决策窗加速发展,如今达到了一个没有回头路的临界值:混沌点"(Laszlo,2006,p23)。现在我们只有两条路可走:一条是毁灭之路,一条是突破之路。然而在当前世界的转变之中,技术革新是关键点,它正处于进化之中——思考这个社会的价值和认知。

12.3 历史的教训

在处理我们目前的危机之前,我们应当了解一些关于人类社会及其景观之间紧密互动的历史教训。早在公元前 4000 年,苏美尔人在中东地区就发展出了当时最先进的第一次人类文明。他们在幼发拉底河水库的后面创造了一个复杂的灌溉运河网络,但是由于地下水位上升,土壤表层盐碱化,导致了其谷物,如小麦、大麦的生产力降低,从而破坏了其经济结构和政治统治,导致了这个伟大民族的衰败。在其身后的幼发拉底河冲积平原上,只留下一片荒凉的沙漠景观。

同样的命运在公元后 900 年也降临到了繁荣的南美洲玛雅文明之上。当时,由于毁林和土壤侵蚀造成的食物短缺,引起了玛雅各城之间的冲突,为了获得食物,他们争夺土地,那些肥沃的低地在开垦之后就变成了没有生产力的次生灌丛。美国人类学家 Saunders 和 Weaver(1994)发现,有关生态的和历史的证据都表明,最近的一段玛雅文明中,由于大范围的战争,仅在一个世纪之内,原本约有 300 万人口的尤卡坦半岛人口急剧下降。其标志是时事日志记录的停止以及神庙与宫殿的停建。正如相关研究所显示的,由于政治和社会因素,洪都拉斯的 Capon 山谷地中聚集了大量人口,而在如此之小的聚居地上,由于排他性的、连续的玉米耕种以及剧增的定居者,导致了集中的、高强度的土地利用方式。这样的土地利用方式超出了该山谷的承载力,于是发生了灾难性的事件。考古学上的发现显示,这里曾发生了灾难性的土壤侵蚀;骨骼分析也表明,所有年龄和阶层的人们都出现了严重的营养不良。这些发现都支持了这一假设:无法控制的人口增长以及由此引起的土地和土壤资源的灾难性后果,是 Capon 山谷人口下降以及最终遭到废弃的主要原因。

总之,在与世隔绝的情况下,人类社会的行为与其景观之间的相互依存的关系更为明显。中国的哈尼梯田文化是这一关系的良好佐证。梯田稻作农业是一种精耕细作农业,其产量是旱作、刀耕火种、采集狩猎等其他山区农业的若干倍,且可以吸收大量劳动力,是人口稠密的山区在传统条件下最富有成效的农业生产方式,可以养活大量的人口。此外,由于梯田沿等高线分布,能截留顺坡而来的水土肥料,因而具有天然的环境保护功能,是生态效益、经济效益和社会效益结合得最好的传统山地农业(角媛梅,2003)。然而,随着交通和医疗状况的改善、人口的增加以及市场经济的发展,特别是观光旅游业的发展,许多哈尼人改变了其赖以生存的文化传统,毁林开荒、过度猎杀和采集野生动植物,使哈尼梯田文化景观面临山体滑坡、泥石流等的威胁,影响了哈尼梯田文化景观的持续存在(角媛梅等,2002)。

这一情形在 Vogiatzkis 和 Pungetti(2008)的那本全面的、跨学科的关于地中海岛屿景观的文集中也有体现。其中,极其多样化的岛屿社会上不同的生态和历史足迹在他们各自的多功能景观中留下了不同的烙印。再加上每个岛屿天生的异质性，就形成了令人惊讶的、高度的生态、文化和社会经济多样性。目前，对其景观的巨大影响来自于他们如何处理迅速增长的旅游人数，这正在威胁着他们的社会和最有价值的海岸带景观。

冰岛人身上体现了人类社会与景观间具有密切相互关系的一个正面实例。他们居住在一个非常不同的、极其严酷的孤岛式的生态条件下。6个世纪以前，冰岛人就意识到对高原草甸的过度放牧最终将导致原本就瘠薄的土层进一步流失，而他们的绵羊以及主要的家畜都要依靠这一薄层来生存。最后，所有的农夫联合决定，要根据可持续的牧场承载力，来限制绵羊的数量，以保证他们的毛织品和肉产品经济从这种草地"公用地（commons）"威胁中解脱出来。

如今，冰岛社会也展示着这种巨大的生态前瞻性和政治决断性：它是世界上第一个决定将经济基础从目前不可持续的化石能源，转化到第二个千年中叶时的以氢、光能和风能为代表的可持续能源的国家。如今，冰岛首都雷克雅未克的公共汽车使用的就是氢燃料电池。很快，新西兰将紧随其后。

12.4　加速的生态、社会经济和文化危机

在第11章我已经提及过，根据许多国际组织的调查资料，人类对化石能源、农产品、林产品和淡水资源的过度消耗，已经引起了巨大的生态破坏。其标志是退化的自然和"自然资本"，如植物、动物、水体、大气和土地，已经不能够充分再生，以满足迅速发展的人口的需要。这一点日益明显，尽管科学和技术有了巨大的飞跃，新出现的全球信息化社会也依然不能解决20世纪末产生的巨大的生态危机问题。相反，目前的全球化过程不仅将这种生态危机从工业化国家扩散到全球尺度上，还进一步加速了这一危机的发生，其灾难性的后果不可恢复，使我们的时间更加紧迫。人类相信物质产品的增长是解决问题的万能药，而不顾它是否超越了生态的理性、知识和伦理观念，在这种强迫性的信念的驱动下，人类社会如今正在接近一个重要的"混沌点"，在该点上，人类与自然的关系将产生一个不可逆转的分离。迅速增长的人口以及随之而来的消费正在威胁着地球用于维持自然和人类的承载力，破坏着气候的稳定性，危及着全球的陆地和海域的有机生命。

Lester Brown（2008a）在其最近的《拯救文明的计划B 3.0动员》中，概括了这种情况的紧迫性：

"我们没有多少时间了。我们正处在一个看不见的自然阈值的交叉口，也正在超越一个没有意识到的底线，这一底线不是由自然设定的。自然只是时间的守护者，而我们看不到时钟。"

目前，对抗全球气候变化所造成的负面影响已经成为国际关注的重要问

题。联合国于2007年12月在巴厘岛的一系列气候变化谈判标志着两年来就缩减排放进行的努力有了一个开端。如果这次努力没有成功，那么对于问题的解决而言，就一切都太迟了。根据政府间气候变化委员会的最新报道，为了确保全球平均气温的上升幅度不超过2℃，2050年温室气体的排放量应减少到2000年的一半。190个国家的120个代表决定修改东京条约中关于减少CO_2排放量的标准。这只能通过大量减少对煤、原油和天然气的消耗来解决。那样的话，朝可持续的变革迈出的第一步就需要我们将经济基础从化石燃料转变为太阳能，正如第11章所阐述的那样。

遗憾的是，美国，这个很富有的国家，也是污染最为严重的国家之一，只是在最后一分钟，迫于世界其他各国的沉重压力，不情愿地签署了文件，答应加入到减少全球温室气体排放的努力中来，同时，巴厘岛决议没有采取任何特定的许诺来规定如何在2020年之前减少这20%的碳排放。并不奇怪，美国为什么不像加拿大、俄罗斯和沙特阿拉伯那样愿意签署这一条约，因为政府也与这种化石能源及其巨大的相关利益紧密绑定在一起，减少碳排放会让他们损失投资于原油和天然气产品上的数千亿美元。

根据Russell和Sawin（2007）的数据，大气层中温室气体的累积量以美国为最，大约为1 599 545 000 t化石燃料碳。但是从2008年开始，中国将逐渐步印度之后尘，在2015年将成为大气层中碳的最大贡献者。然而，2006年，以每人5 300 t的碳排放，比之中国的每人1 100 t而言，以及西欧的每人2 200 t，美国依然是人均最大的碳排放国。中国和印度都反对受到任何限制，并呼吁要根据人均消耗量而不是国家的消耗量来评价碳污染。

正如Russell和Sawin所言："美国只有一个方法来超越这种困境，那就是充分发展政治积极性来寻找一个解决气候变化的方案——工业化国家有这个技术和经济实力去缩减他们自己的碳排放，并帮助世界朝向一个新能源的未来发展；发展中国家有巨大的机会来开辟新的发展之路，以打破过去的发展模式，并在此过程中，帮助上百万人摆脱贫困。"

根据最新的2007年的记录，世界气温在无情地爬升。2007年全球平均气温是14.73℃，排在最热年份记录的第二位，仅比最热的2005年低0.03℃。2007年的1月是历史记录中最暖和的1月份，那年9月的气温也排在历年9月的第二位。仅在北半球，2007年的平均温度达到了15.04℃，是1880年以来的最高值，也比1951到1980年的平均值要高出整整1℃。要是温室气体没有大幅度的缩减，全球平均气温将上升大约6.4℃。

在下文，我将更详细地讨论这一点。最近，由于格陵兰冰盖的迅速消融，不断有重约亿吨的冰块从母体冰山上脱落滑下，这一巨大变故进一步加速了全球气候的变化。再加上南极洲西部冰架的迅速融化，这二者的共同作用将使海平面上升39英尺（约12 m），比所预测的要快得多。

地球政策研究所在 2008 年 10 月 8 日出版了由 J. Larsen（2008）所著的一份有关上升的海面以及强烈的风暴将威胁全球安全的详细报道，她这样写道：

"全球变暖为形成更为强大的风暴提供了更多的能量！更加强大的风暴能够将最小幅度的海平面上升变成危险的事件，因为它将酝酿更强大的风暴潮，足以扫平海岸带的所有生态系统。脆弱的滨海地带拥有众多的人口，许多世界最大的城市如加尔各答、伦敦、上海和华盛顿府都位于这一地带，一旦这里出现危险，成千上万的人们将直接面对这种威胁。纽约城区的绝大部分区域海拔不超过海平面 15 英尺（5 m）；一个 3 级的飓风就能轻松淹没 1/3 的曼哈顿。而且，地球上每 10 个人里就有 1 个居住在海拔低于 33 英尺（10 m）的海岸带上。如果上升的海平面和极端的气候条件使得这些地点不再适宜居住的话，将有 6 亿 3 千万人流离失所⋯⋯"

实际上，2008 年夏末秋初的龙卷风风暴潮已经将居住于缅甸、越南和孟加拉国的成千上万人变成了"海域生态难民"。

新奥尔良如今还没有从 2005 年的"卡特里娜"飓风灾难中恢复过来，在这场飓风中，1 835 人死亡，城市的绝大部分区域遭到毁灭性破坏，造成了大约 812 亿美元的经济损失。当"艾克"飓风来临时，上万人被迫疏离该城。幸运的是，在到达该城之前，飓风旋转得慢了下来，但仍然给加勒比海中的小岛造成了严重的损失，并淹没了塔希提岛，该地在一周之前已经有 500 人因"汉娜"飓风而死亡，几千人流离失所。在加勒比海的岛屿中，另一个名为"古斯塔夫"的飓风引起了路易斯安那州的 84 人死亡，以及巨大的经济损失，保险公司仅为这一场飓风就付出了近 100 亿美元的赔偿金。

Larsen（2008）总结道："如果我们让全球变暖超出了控制，那么在哪一个点上，这种频繁的灾难会完全战胜我们的金融和社会系统呢？在这种早期的波动中，我们今天以千位数来计算海洋生态难民，然而，除非我们能迅速扼制温室气体的排放，否则我们以后将以百万为单位来计算这一人群。"

全球范围内，不仅二氧化碳排放的速度加快，甲烷的排放速度也在加快。最近一系列的研究发现，在所排放的温室气体中，甲烷占 18%，它是由反刍的牛群和羊群排放的，1 kg 甲烷引起的气候变暖是 1 kg 二氧化碳的 23 倍。IPCC 的主席呼吁人们要减少对肉类的消耗，以期减轻气候变暖。与此相反的是，人们对肉类的需求正在迅速增加，尤其是在发展中国家；对牛肉以及更大牧场的需求也是加速热带雨林减少的主要原因之一，这将在下文提及。

然而，应该强调，与公众信念相反的是，全球气候变化的影响并不仅仅关系到我们的整体人类生态系统及其景观的可持续未来。用 Al Gore 在 2007 年诺贝尔和平奖获奖演说上的话来讲，就是：

"地球和她上面的居民正在互相毁灭，现在到了我们与地球和平相处的时候了。"

在这条毁灭之路上，前文所提及的生物和文化上的贫乏化、最有价值的生物圈景观及其免费的生态服务的消失起着绝对的主角作用。最能体现那些重要的景观功能丧失的指标，就是流域水平上毁林的程度与范围，大约有 1/3 的区域失去了 75% 的原始植被覆盖。世界生命基金会警告说，如果在 21 世纪末，大气中的二氧化碳水平继续上升，北半球 70% 的自然生境将消失，包括加拿大、俄罗斯和斯堪的那维亚半岛的大部分景观和北欧国家的一半景观。根据 IUCN 2007 年的红色清单的报道，目前，在全球尺度上，越来越多的植物和动物受到严重威胁，已经濒临灭绝。红色清单中如今包括了 41 715 种动植物，其中有 16 306 种濒临灭绝，比前一年增加了 188 种。其中，有些是很聪慧的动物，如扬子江中的白鳍豚（*Lipotes vexillifer*），它也是中国最重要的标志之一，还有大猩猩和猩猩，如西非猩猩属的刚果亚种，以及印度尼西亚的黑猩猩。在红色清单的 12 043 种植物中，超过 2/3 的物种如今都受到严重威胁。灭绝的主要原因是未受保护的景观、生境和栖息地的消失，由于人类的压力、气候的变化以及越来越多的自然灾难的破坏作用，例如印度尼西亚的海啸灾难。但是即使在自然保护区中，严重的偷猎行为和无法控制的采伐活动，也使这种毁灭过程以指数速度增长。每天地球上某处都有大约两个巴黎市大的森林被砍掉。海洋生物多样性方面，76% 的世界鱼类被完全捕捞或过度捕捞，面临灭绝。2008 年，加拉帕戈斯的 10 种珊瑚虫也首次加入到严重濒危物种的名单中来。正如在第 11 章所提到的，跨越洲际的交通运输的全球普及趋势有利于旅游人数的大量增长，即使我们提倡的是所谓的"生态旅游"，也会给那些宝贵的、迷人的自然避难所带来沉重的压力。

所有这些陆地与海域景观的命运——我们的整体后工业化全球景观，都是一个整体——与人类社会文明的进化趋势正通过互相放大、互相催化的反馈作用而接近一个临界值，这反映了人类文化和意识进化中的一个严重危机。尤其是当我们看到全球化给文明带来的无处不在的均质化和退化现象时，这一切就更为真切。这不仅仅导致原生态的本土社会及其文明、语言、志向、习俗和价值观的加速消失，也致使其传统的特色景观的加速消失，而这些特色景观就是以多种方式表现的"地之灵（spirit of the place）"。由互联网所传送的、迅速扩展的计算机虚拟信息，既有其积极的一面，也有其消极的一面，它与其他的大众媒介工具一起，已经成为这种逆向的文化转型的主要全球化工具。

快餐和垃圾食物大量消费的全球化可以作为这种"反文明"进程的一个最有说服力的例子，它有着深远的意义。快餐起源于美国，那里的公民们消耗着大量的这种不健康的快餐食物，在它上面的花费超过了用于电影、书籍、报纸、录像带和音乐上的花销。全世界最有侵略性、最成功的倡导者就是麦当劳快餐连锁店，它已经成了"美帝国文化"的一个象征。一个意想不到的后果则是：由于对这种便宜的、无营养的、夹有瘦肉的汉堡包的大量需求，导致南美洲热带雨林遭到了进一步的破坏。

在对哥斯达黎加进行研究考察的时候，我亲眼见证了这一幕。位于 Montverde 的最繁茂的一些山地森林成为这种破坏性文化和经济的牺牲品：本地的居民和地主们无视森林的基本生命支持价值，而只看到眼前的短暂利益，就把它们卖给了大型的肉牛饲养公司，这些公司通过为快餐生意提供汉堡包中的牛排而获利。森林被烧毁、清空，以成本最低的方式，或者说是一种毁灭性的方式，成为牧场，最终被废弃，再以同样的方式来对待下一片收购的森林。结果是，对汉堡包的需求越大，就有越来越多的森林被转变成低生态价值的、退化的草地。要是没有有效的文化、法律、政治和社会经济约束，这种恶性循环会持续下去，直到森林全部消失。幸运的是，哥斯达黎加不是这种情况，那儿有大量的 Montverde 雨林作为国家公园而被保存下来，并成为它惊人丰富的生物多样性的最后避难所，以及主要的旅游胜地。然而，与此同时，这种由汉堡包中的牛排所驱动的，对土地过度开发和退化造成的巨大压力加剧了哥斯达黎加的土地短缺状况，在 20 世纪 80 年代，那里的农业用地已经扩展到了海边与国界线上，以农业为主的社会不得不经历这样一个突变：从土地资源丰富到短缺（Augelli，1984）。

12.5　农作物提取生物燃料的悲剧

目前，世界范围内对廉价生物燃料和肉类日益增长的需求，与正在消失的景观及其土壤和水资源之间发生了恶性循环。这与迅速增长的人口之间形成了互相放大、互相催化的作用，对地球自然资源的开采以及气候的不稳定性，全球信息化社会与其生物圈景观之间的这种恶性循环，使得越来越多的人的基本需求无法得到满足，使得社会越来越贫穷。这不仅导致了人类与生物圈和地圈关系的不可持续性，还危及人类与整体人类生态系统作为一个整体的不可持续性。

以燃料为目的的酿酒厂的建成以及用高质量的谷物作燃料，以这种方式为基础的乙醇生物燃料产业将食品经济和能源经济联系起来，这种新的强健的链条加速了全球信息化社会与其生物圈景观间的恶性循环。对高产量的生物燃料作物（如美国的玉米、热带的甘蔗和棕榈油，特别是后两者）需要的增长使越来越多的热带雨林被砍伐，并且生物燃料作物的需求与保障廉价粮食供应和未来的景观及其生物多样性密切相关。从植物中提取乙醇和其他生物燃料，如今消耗了世界谷物产量的 17%。上升的需求和迅速攀升的原油价格，加上来自土地和水资源的压力，将进一步促进对生物燃料的需求。食品需求上升的一个重要因素，是发展中的亚洲国家的生活水平在不断提高。例如，在最近 20 年里，中国人均年肉类消耗量从 20 kg 上升到了 59 kg，因此很快，中国就不得不靠进口牛肉和猪肉来维持这一需要。

Brown 在他的报告（2008b）中指出，为了减少美国的石油危机，而将谷物转化成燃料所做的这种错误努力，是"历史上最大的灾难的开始"。

"谷物燃料计划，目前满足了美国对汽油需求的 3%，但是这种满足对于它所引起的人类灾难和政治混乱相比，是得不偿失的"。世界正面临着日益严重的食品价格的暴长，如小麦、玉米和大豆（用于"生物柴油"）的价格已经上升到一两年前的两倍了。在墨西哥，玉米面的价格已经上升了 60%。巴基斯坦的面粉价格翻了一倍，中国也正面临着它二十年来最为严重的一次食品价格上涨。根据世界银行统计，食物价格每上升 1%，穷人的卡路里摄入量就降低 0.5%。如今已经有 18 000 个孩子死于饥饿和相关的疾病。考虑到生物燃料对食品价格的影响，到 2050 年挨饿的人数将上升到 12 亿。小麦出口国的前两位，俄罗斯和阿根廷，以及大米出口国的前两位，泰国和越南，已经根据食品短缺正在出台一项新的政策，限制出口以降低国内食物价格的增长。

这已经被经济合作与发展组织（OECD）最近的报告所证实，它还声称，"药物之弊甚于疾病"，言外之意是，这种解决之道所带来的负面影响，比能源问题本身更加严重。无论对消费者还是纳税人而言，生物燃料的使用将交通燃料的费用翻了一番。而且，生物燃料谷物的种植对土地的需求加速了森林、湿地和牧场的消失。因此，环境的破坏将更甚于汽油和柴油方面的短缺问题。仅仅是将乙醇作为一种纤维的副产品或者是油料废物从甘蔗中提取出来，就可以大大降低温室气体的排放。中国做出了正确的结论，严禁将可以用作食物的任何谷物用于制作生物燃料，与此相反，美国却奖赏这种做法。

生物燃料"爆炸"的影响已经在南美洲引起了巨大的反应，那里的大豆种植者和农场主正在侵占亚马孙河和油棕种植园，在该地原始森林和泥炭地上留下了惊人的、大范围的收割痕迹。实际上，巴西政府已经充分注意到了最近亚马孙森林被毁的事实：在 2007 年的最后 5 个月里，亚马孙原始森林里有 7 000 km² 的树木被非法偷采，如果这种趋势继续下去，到 2008 年 8 月它将损失 15 000 km² 的森林。

用"绿色燃料"技术来替代不可持续的化石燃料的做法，将对我们的整体人类生态系统和它的生物圈景观造成更大的灾难，这是人类社会进入全球信息社会混乱的一个征兆，它与它所创造的全球景观之间有着高度的不确定性。

在第 11 章中，我已经提到了采用"绿色"技术的风涡轮机会毁坏景色，杀死鸟类。然而，这种矛盾冲突具有更加深远的毁坏性，这对于景观生态学家、规划者和管理者而言，是一个更大的挑战。尽管世界农产品以惊人的速度增长，但是对化石燃料、生物燃料和食物的需求增长更快，这对于贫穷的国家和富裕国家的贫穷地区是一个恶兆。这种"短缺的地缘政治"是文明进入一个过分发展而面临崩溃模式的一个早期表现，像玛雅人在他们衰退的年代里为食物而争斗一样。在全球经济不景气、出现食物危机的目前，8亿5千万人正在忍受饥饿之苦，8亿人即将面临饥饿，这幅景象是极易出现的。

12.6　苦涩的大米故事

从2007年3月到2008年3月，小麦的价格上涨了130%，大豆上涨了87%，大米上涨了74%。而且，还在不停上涨。因此，在2008年5月，世界最大的大米出口国，泰国，将其出口价翻了三番，每吨超过了1 000美元。泰国的水稻田非常之广，但是由于效率不高，它们的产量是世界最低的：大约每公顷2.6 t，而中国由于灌溉和施肥，每公顷产量达到了6.2 t。种植水稻的绝大多数农民没有从大米涨价中获利。由于缺乏贮藏仓以及相应的灌溉工具，这迫使他们在大米收割之后的11月迅速将其以极低的价格售出。

米饭是几十亿亚洲人的主要食物，他们的收入越低，日常生活开支中用于食物的比例越高，那些日收入低于1美元的人都处于饥饿的边缘。严重的大米危机可以作为全球经济向不可持续的"混沌点"崩塌的兆头，这有着深远的生态和社会学意义。这次危机的一个主要原因，是增长的人口以及收入和消费水平的相应提高，尤其以中国和印度更为明显；另一方面，化肥、杀虫剂和交通费用的增加导致了水稻田的缩减；自然灾害的泛滥，如菲律宾的台风、孟加拉国的龙卷风、越南和印度尼西亚的洪灾；世界大米贮备从35%减至15%，其中只有6%能够用于出口；主要的大米生产国限制了粮食的出口，这是为了阻止本地的物价上涨，必须要贮备足够的大米以保证当地消费，以避免政治上的不稳定性，这一点很重要，因为这种不稳定性可能颠覆政府。

由于大米危机，联合国粮食与农业组织共花了5亿美元用于支持最贫穷的国家满足他们的基本需要，但这还远远不够。从柬埔寨的例子中可以看出这一点：尽管柬埔寨是一个主要的大米生产国，大部分的居民都买不起日常所吃的大米粉。因此，45万学龄儿童只能接受每天早晨的大米－豆子－金枪鱼的混合物，但是用于这一重要项目的基金支持很快会用光，如果这种情况再不改善的话，很多孩子将被迫待在家里，帮助父母获得食物。

12.7　同时代的两个对比明显的实例：格陵兰和中国生态现状分析

为了进一步展示这种迫切需要，目前的趋势正朝着崩溃转变，在太迟之前，我选择了两个对比明显的例子：一个是格陵兰——世界上拥有最少人口的最大岛屿——面积相当于澳大利亚，只有5万7千人居住于靠近北极圈的地方，他们的社会和冰雪景观无疑是气候变化及其负面影响的最大受害者。另一个是中国，它是世界上人口最多的国家，有13亿公民，目前正经历着朝全球信息化社会转变的、迅速的经济发展，这种发展对于中国乃至全世界都有着深远的、负面的生态影响。

12.7.1 融化的格陵兰——全球变暖的主要受害者

格陵兰的冰雪景观（ISL）覆盖了超过3/4的全岛面积，大约220万km^2——是地中海面积的一半——并包含了全世界8％的冰贮量。格陵兰是全球变暖速率最精准的"温度剂"。它的冬季平均气温在过去30年里上升了4℃——4倍于全球平均值——水温则上升了2℃。2007年的7月，在Engmegslik，这个格陵兰岛东岸最大的村庄，最高气温达到了25.3℃，其居民不得不整天四处寻找荫凉地。

结果是，近些年来冰雪融化的速度超过了岛上的降雪速度，这种不平衡一年比一年严重，其冰盖景观以每年220 km的速度在收缩，而且还在加速。根据戈达德空间飞行中心地球物理研究所2007年9月的报告，2007年7—8月份的北冰洋冰雪覆盖最大值要比到目前为止测量的平均峰值小6％。它的厚厚的永久性冰盖的外延部分自2004—2005年来降低了14％。这意味着冰盖收缩的速度是早些年的18倍。格陵兰冰盖景观的完全消失能够引起地球上各大洋的平均水位上升7 m。大量的冰冷的淡水将对墨西哥湾暖流造成灾难性的破坏，而这一暖流对西欧气候的稳定极为重要。

尽管冰可将太阳能反射回宇宙空间，但它也通过开放的水面吸收光能，使其周围海水的水表温度上升。因此，冰越少，水越多，温度越高。冰和水在反射率上的差异，以及它们之间相互放大的正反馈作用对上升的全球气温无疑是火上浇油，因此我们应对这种日益临近的全球崩溃状况予以高度关注。

如今，这种"正在消失的"冰雪景观给因纽特人的社会带来了巨变，他们自从13世纪以来就居住于格陵兰岛。中世纪以来，他们用一种惊人的方式改变了生活、文化和经济，以适应冰盖景观所独有的严酷的生活环境。自从第一批丹麦商人在17世纪到达这里之后，他们原始的游牧生活逐渐改变，但是其传统生活方式发生第一次巨变则在1953年，那年格陵兰从丹麦的殖民地正式转变为该国的一个组成部分，丹麦政府实施的"现代化"给他们带来了较大的压力。这引起了因纽特人的城市化，产生了深远的社会-经济和文化负面影响。1979年，格陵兰获得自治权之后，这一压力有所缓解。但如今，上升的气温、消失的冰雪景观、永久性冻土的消融，毁坏了他们的房屋，这成为因纽特人目前以及未来都要面对的威胁。

Assaf Uri在他最近去格陵兰岛的过程中，见证了格陵兰人生活质量的降低以及环境的巨变，这些已经在以色列"Haaretz"报2007年9月刊中进行了广泛报道（可登录网站：www.haaretz.com浏览）。他花了很多时间与因纽特居民交流，也采访了许多科学家，跟踪这一系列事情的进展。其中 Conrad Steffen，一位加拿大多伦多大学的学者，也是最早的气候变化专家，他在近二十年内都在研究格陵兰发生的变化。就在这个夏天，他的研究团队"瑞士夏令营"，由于冰雪消融，海拔下降了 1 m，他们的许多实验装置也随着融化的冰水流走消失了。他的结论是，"由于本地居民和整个世界的作用，格陵兰正在消融"。最新的模型显示，所有大洋的水位上升 7 m 有可能发生在千年后，但是如果 Steffen 和其他专家是正确的话，在 21 世纪末即使水位只上升 1 m，对于所有的岛屿、所有大陆的滨海地区，也是一个灾难性的后果，这种情况在格陵兰已是事实。

Erne Lange，一位来自格陵兰西海岸 Eelemanak 的 39 岁的渔夫和猎人，告诉 Uri 说，他记得早在 10 年前，他最后一次坐着狗雪橇穿过冻结的北冰洋海面行走了许多千米，猎取大比目鱼和环斑海豹，后者是该区的特有海豹。自那之后，一个冬天接一个冬天，海水都没有冻结，五年前，在海边甚至出现了喜欢暖流的 Bakala 鱼。每个夏天，他们的房屋地基下的冻土层都在一点点消融，而在两年前的冬天，他首次发现融化的冰川雪水正在流向大海。当他讲述的时候，就在他们的身后，Jakobsen 海港的南边缘，大块的冰川碎块掉入海中，并缓缓飘向北大西洋，这也是北半球冰川消融最快的地方。因纽特人有许多术语来代表冰的不同状态，如今他们最常用的词语，就是"shikui-atok"，即"融化的冰"，所以 Ernest Lange 告诉 Uri，"在最近两年的冬天，我们都不敢带着帐篷和狗出门，去冰下捕鱼，去海湾猎取海豹，因为那里的冰冻得不实。但是我无法想象这一生再也不能猎取海豹。两周吃不到海豹肉就已经是一种煎熬了"。在最近 5 年里，他越来越多地以导游为生。"抓住一个游客比抓一条鱼容易多了"，他笑着说。尽管如此，由于气温的上升，北极熊正在从格陵兰的冰雪景观中消失，迁移到更北的地区，这将给狩猎业和旅游业带来沉重的打击。

随着冰雪的消融，土层裸露出来，在它的下面，可能埋藏着钻石矿、金矿、油田以及其他的矿物资源，这种找矿浪潮正在兴起。受全球不可持续的经济发展趋势的驱动，这些将对格陵兰的环境和社会造成另一种新的威胁。

2008 年夏天，当我即将结束本章节写作的时候，传来消息说格陵兰的冰雪景观几乎完全消失了，格陵兰（Greenland）真的变成了"绿色土地"，面临着不可预知的未来。

12.7.2　中国的经济发展和生态现状与前景

作为一个范例，世界上没有一个发展中国家比得上中国，其社会以一个惊人的速度从一个工业前的农业大国快速转变成全球信息化国家，如今正在接近"决策窗"阶段。

有着 13 亿人口的中国是世界上人口最多的国家，世界上每 5 个人中就有

1个是中国人。其面积仅仅为960万 km²，大部分人口都挤在一个像美国东部密西西比河流域那么大的区域内。在最近二十年里，甚至是最近十年里，中国经济以惊人的速度发展。尽管其自然资源并不丰富：中国的人均森林面积是世界平均值的1/6，人均淡水资源是世界平均值的1/4，而且它的原油和天然气资源也非常之少，但是他们确实做到了这一点。中国成为仅次于美国、日本和德国之后的第四经济大国，2007年，中国已经超过德国。2007年中国的国内生产总值比2006年上升了15%，占世界生产总值的16%，比之占世界生产总值19%的美国，只是稍稍逊色而已。由于出口和投资，中国的国内生产总值从2%跳升到了11.4%，13年中的最高值，达到了2007年预测的世界生产总值3.7万亿的1/3。然而我们不能忽视这一事实，美国的人均GDP是45 790美元，中国是5 345美元，而印度，发展中国家的第二大国，只有2 753美元（http://en.wikipedia.org/wiki/List_of_countries_by_GDP_(PPP)_per_capita）。

如果能够实现所预测的快速经济发展，中国将成为最大的商业贸易参与者，中国的消费趋势将指示着整个行业的升降。中国和印度的大量增长中的人口将牵制其对能源、食物和原材料的基本需要，导致世界市场在需求和价格上的波动性增加，以及随之而来的不稳定性和不安全性。然而，与此同时，中国日益成为一个消费至上的国家，随着人们生活水平的提高，中国对食物的需求也在增加。例如，自2000年以来，对牛奶的消费已经翻了4番，而且上升势头依然不减。作为一种基本的食物——猪肉的价格，在2007年冬天上升了56%。不仅猪肉和奶的消费增多了，对牛肉类食物的需求也在增加。

然而，2008年1月份的大暴风雪已经造成了几十亿美元的损失，以及成百人的死亡，还有空前的食物价格上涨，通货膨胀率达到了7.9%。因此，在面对出现的全球金融危机时，用国务院总理温家宝的话来说，中国政府将面对更大的困难，在通货膨胀和"不稳定的、不可调和的、不可限制的经济发展"中找到合适的平衡点。

自那时起，中国政府的最大担忧就是随着上升的生活消费和食物需求而来的迅速上涨的通货膨胀率。温总理在2008年3月13日宣布，很难将通货膨胀率控制在4.8%的水平上。2007年的食物价格上涨已经给中国人民造成了巨大的困难，但是温总理许诺首要的是要限制通货膨胀，稳定经济增长。

所有这些发展趋势都明显揭示了全球经济的紧密相关性，以及社会变革的主要驱动力正朝着社会和经济的不可持续性发展，与目前混乱的巨变相吻合。正如下文将讨论的，这对于环境和整体人类生态系统景观也是一样的，而且，它们的命运也将成为不可持续性发展的最有力的驱动力，危及着成千上万人类及其自然和农业景观的健康。

中国对能源需求的2/3是由其巨大的煤矿资源的储备得来的，现在中国所消耗的煤比美国、欧洲和日本加起来的还要多。2008年，中国已经成为了温室气体的最大生产国。有车一族的迅速增加，劣质燃料和不能控制的空气污染，已经成为城市空气污染的罪魁祸首：只有1％的中国城市人口（5.6亿人）呼吸的空气被欧盟（EU）认为是无害的。小于10 mg的固体颗粒是主要的空气污染源。

中国空气污染的影响已经达到了全球尺度：其工业引发的酸雨降落到了韩国和日本，中国已经被证明是洛杉矶固体颗粒物污染的最大来源。

水资源短缺可能是最严峻的环境问题，对于未来的发展有着深远的影响：将有5亿中国居民无法得到干净的水。在中国北方，每人的用水量低于可持续发展所需要的最低值，即使是在水源丰富的南方地区也有这种情况；低效的利用率、工业和农业用水造成的污染将加剧这一情况。

20世纪90年代以来，中国众多城市的城郊结合地因交通便利和劳动力廉价而成为工业园区，引进了化工、制造等污染企业，造成了大气污染、水污染、土壤污染等问题。长年的污染积累，导致"癌症村"、"怪病村"现象在中国各地频现，尤其高发于广东、浙江、江苏等经济发展较快的省份。2008年，卫生部和科技部联手完成的第三次中国居民死亡调查报告显示：癌症已成为中国农村居民最主要死因之一，其中与环境、生活方式有关的肺癌、肝癌、结直肠癌、乳腺癌、膀胱癌死亡人数明显上升，其中肺癌和乳腺癌上升幅度最大，过去30年分别上升了465％和96％。在未来20年内，癌症死亡人数可能翻番（http://dengfeiblog.blog.sohu.com/115187915.html）。因此改进对水的管理是中国面临的一个重要而紧急的挑战。

世界目前还面临着由气候引起的河流缺水导致的灌溉水缺乏，喜马拉雅和青藏高原的山地冰川正在融化，这将使印度和中国无法满足旱季对雪水的需要。在黄河和长江流域，那些严重依赖灌溉的农业区，这种季节性的断流将会极大减少农作物的产量。

正如Brown（2008a）在其最近更新的《拯救文明的计划B3.0动员》一书所言，这一点已被国际气候变化委员会所证实，它还报道说喜马拉雅冰川在迅速地消退，可能在2035年完全融解。姚嬗栋，中国冰川学的领军人物之一，曾警告说，中国西部的青藏高原冰川和冻土正在加速融化。这将极大地减少黄河和长江在旱季的径流量。像恒河，以及流经中国干旱北方的黄河，将变成季节性河流。

然而，即使面临着河流在未来将干涸的危机，中国和印度仍然过度开采地下水资源用于灌溉。例如，在中国北方平原，也是国家的主要粮食生产区，每一处的地下水水位都在下降。

在地下水资源严重短缺的情况下，如果再失去河流灌溉水，就会因粮食短缺而造成政治上的不稳定。黄河流域养育了1.47亿人口，由于该区域降水较少，他们的命运与黄河紧密相连。长江是中国第一大地表水灌溉资源，它的产出占中国每年1.3亿吨大米的一半以上，还满足了该流域3.68亿人口的其他用水需求。

与许多其他国家一样，中国也正与通货膨胀作斗争，中国的食物安全是一个高度敏感的话题。正如 Brown（2008a）所预测的，为了缓和食物短缺，中国正试图通过其持有的大量美元外汇进口粮食，以降低国内的食物物价，绝大多数是从美国进口。中国，这个在二十多年前大豆完全能够自给自足的国家，现在也要进口 70％的大豆，导致大豆价格居高不下。巴西已经成为中国最主要的大豆提供国，如今，这也成为亚马孙森林加速毁坏的原因之一。

正如以上所描述的，我们现在有足够的证据证明，全球的山地冰川正在加速融化，这威胁着中国主要河流每年的水供应和世界粮食产量。尽管这些有关河流的预测有些模糊，中国政府目前正致力于世界上最大的、被称为"三峡工程"的水电工程。实际上，根据《纽约时报》在 2007 年 12 月的报道，"三峡工程"所引起的水污染、土壤流失，影响了周边的环境、生态和社会效应。三峡大坝的主要负责人也认为该工程的"环境安全"是一个新的大挑战。

在讨论中国景观现状的时候，我们应该认识到，60％的中国人仍然居住在农村，但是如果目前的快速城市化势头不减的话，到 2020 年，将有 2 亿人成为新增的城市居民。

然而，中国的人口是美国的 5 倍，耕地却只有它的 1/10，以占世界 7％的农田养活了占世界 24％的人口。随着经济的快速发展，人民的生活水平和食物消费以及加速的城市化和工业化，都将不断增加自然与农业景观所承受的压力。

中国在非常短的时间内，就有 1 500 万 hm^2 的土地从农业景观变成了技术圈景观，这个事实也是其经济快速发展的一个主要后果。

因此，中国面临的另一巨大挑战，就是如何克服农业用地表层土壤的流失和退化，以及不适宜耕种的生物圈景观的退化。像世界上其他具有千年文明史的国家一样，中国也忍受着传统的不可持续的土地利用方式，例如过度放牧、过度抽取地下水以及过度采伐森林。在西方世界犯下的错误之后，这些问题也在变化，但是通过机械化和大量投入肥料和其他化学物质以提高产量为目的的精细化农业也是极为有害的，有着严重的后果。1998 年，我到中国参加了一次景观生态学方面的博士培训班，期间有机会接触了这方面的一些问题，也观察到了一次由于工厂氟泄露所造成的空气污染对其周边大豆田所造成的大面积严重破坏，我在这次课程的演讲中这样强调：

"要现代化，但不要西方化！"

根据 Laszlo（2006）所说，中国的 1 亿 hm^2 可耕种土地中，有 1/10 是高度污染的，1/3 的面临着缺水和土壤流失，1/15 是盐碱地，近 4％的则在沙漠化过程中。

在第 11 章，我已经引用了 Brown（2001a）所报道的，由于风蚀和沙漠化，中国的沙尘暴影响到了北美洲，"沙尘暴从加拿大到亚马孙形成了一个毯状带"。他警告说，这种不可持续的农业发展方向，正威胁着中国的未来，阻止沙漠化需要大量的精力，如果沙尘暴继续扩展的话，不仅将妨碍中国的经济,还将引发一场巨大的东向移民潮。

客观地说,目前中国政府正担心着人口老龄化以及以男性为主的问题。但是如果放松了计划生育工作,将导致人口增长的加速。

《生态与环境前沿（Frontiers in Ecology and Environment)》的一个专题（2006年9月,第4卷第7期）,专门讨论中国的环境挑战及其解决方案。许多研究都相互交叉,涉及由于上海的快速城市发展而造成的严重环境后果（Zhao et al., 2006）。作者总结说,为了维持环境可持续和不断城市化之间的平衡,绿色城市的土地利用管理、政策以及发展,应当为人类和野生动物提供一个更健康的环境。

根据Fang和Kiang（Fang and Kiang, 2006）的研究,中国是世界上生物多样性最丰富的国家之一,有着超过3万种的维管束植物和6 399种脊椎动物,山区为这些生物提供了生境。作者确定了10个拥有多种濒危动植物的生态区。这些区域的生物多样性应当享受最高级别的优先保护。

在此,值得一提的是,中国政府在世界野生动物基金会（WWF）的帮助下,成功地将广泛散布的小种群大熊猫从濒临灭绝的境况下挽救回来。已经建有23个专门的大熊猫自然保护区,还在规划建立更多的生态廊道,使得大熊猫能够在中国南方,靠近西藏边缘的14 000 km^{2}的范围内自由穿越。

世界观察研究所中国计划主管人刘静玲（Liu Jingling,音译）在她的论文《大后退》（Foreign Affairs, 9—10月,2007）中指出,中国正在面临的生态挑战是空前的,如此巨大范围的环境问题的解决,将具有很高的研究价值,中国已开始将其注意力放到应对环境挑战上。她指出了中国在环境运动中的一些可喜进步。从新千年的开端,中国中央政府已经逐步提高了其在环境和资源保护方面的承诺,但是要最终达到她的和谐可持续发展经济的目标,还要假以时日。

本地保护主义和来自北京的政治压力,明显对地方政府带来了影响。但仍然缺少一个合理的系统来检查和平衡当地官员的职责,并给予违反者,包括那些由外国投资者建立的大企业,以合理的惩罚。

在另一份世界观察研究所的报道中,中国可再生能源协会驻北京副主席李俊峰称,中国在可再生能源上已经处于世界领先水平。政府的宏伟目标,加上中国强大的制造业,二者的结合可能使中国在未来数年内在可再生技术上"跃过"所谓的工业强国。中国将可能达到——甚至超过——他的目标,即到2020年可再生能源将占所消耗能源的15%。如果中国实现了其在能源多样化方面的承诺,并在可再生能源方面成为一个世界领先国的话,到2050年,将有30%的能源由可再生能源所替代。在2006年,全世界有超过500亿美元被用于可再生能源的研究之中,中国在2007年投资120亿美元用于新的可再生能源方面,仅次于德国。风能和太阳能在中国的发展尤其快,2006年中国制造的风力涡轮机和太阳能电池组翻了一番。在未来三年内，中国将超过目前在太阳能和风能上领先的欧洲、日本和北美，它目前已经占据了太阳能热水器和小型水电机市场。

根据 Senior（2008），中国最大的风能农场将在阜新建成，其面积为 100 km²，200 台风力涡轮机将产生 6 亿千瓦的电能，替代目前由化石能源所产生的电力，它每年将减少 75 万 t CO_2 排放，以及 4 000 t SO_2 排放。

总而言之，我们可以认同前面提到的专刊的客座编辑（Fang and Kiang, 2006）的观点：

中国超常速的经济发展，将使她成为历史上独一无二的、最大范围的社会经济和生态"试验场"。

没有人知道未来是什么样子，但是毫无疑问，这场试验对环境的影响是空前的，这不仅仅是对于这个国家本身及其邻国而言，对于整个世界也是一样。将这些负面的环境影响降到最低是一个巨大的挑战，它需要世界范围内的决策者、学者、非政府组织和公众的共同协商与努力。

在此过程中，中国景观生态学家可以发挥至关重要的作用。

自 20 世纪 80 年代景观生态学被引入中国以来，在短短时间内已经取得了巨大的进步。这反映在《中国的景观生态学进展（Landscape Ecology Progress in China）》（2007）这本选集中，它也是近年来该领域发表的高水平研究论文的一个重要信息财富。该文集涵盖了理论、方法、土地利用变化的景观生态后果，以及景观规划和管理方面的一些问题。然而，所有这些研究都是作为语言信息发表在各种科学期刊上，因此，它们仅仅只针对学者和专业读者，终究将被归档于成千上万的其他类似的有价值的科学论文和报道之中。

正如我在本书前些章节所强调的那样，只有当其研究结果被转化为实际的可用信息时，这种语言上的科学信息才能改变现实情况。为这一目的，这些研究中所得出的结论必须为土地利用方面的决策者和管理者所理解，才能被用于景观规划、管理、保护和恢复的实际操作之中。这本选集中囊括了该领域完备的研究，但即使是其中最复杂和最先进的处理快速景观变化的方法，如果景观生态学家不能使其工作有效地引起那些相关人士的注意，也不会对目前急需的生态和社会经济可持续发展以及人类和自然的健康有直接的帮助。因此中国景观生态学家不仅仅要涉及学术研究，还应当在所有的范围内与相关专业人士和实际操作者紧密合作。

面对这些巨大的挑战，中国景观生态学家的人数依然太少，景观生态学工作者的研究动机、高度及其工作的独特性，将决定他们的实际影响。当然，这种情况对于亚洲和南美洲的发展中国家的景观生态学家和科学家都是一样的。它需要本书中所列出的各个方向的、能解决实际问题的跨学科的教育和培训。在这一方面，景观生态学在荷兰的实践，可以作为一个典范。

12.8　结论：急需可持续发展变革的重要但非充分的标志

除了我在第 11 章提到的、在生产中使用太阳能和风能这种令人鼓舞的进步，其他可替代能源也取得了令人欣慰的进步。例如，2007 年全球生产的光电太阳能电池已经增加了 50%，最近 5 年来累计安装量增加了 5 倍。德国是这一领域的领先者，在 2007 年由 4 万工人生产了 1 063MW 的太阳能电池组。同一年，它还安装了 1 300MW 的新 PV 电池组。

在美国，光电电池的生产上升了 48%，达到了 266MW，但是就全球生产和安装的总量来讲，只占了 7%。美国制造商如今将致力于太阳能技术的"下一浪潮"：2007 年全球的薄膜生产，以及计划在西部沙漠中大量安装这些先进的 PV 电池。

正如 Jonathan G. Dorn 在地球政策研究所最新的《拯救文明的计划 B3.0 动员》中所报道的，在休眠了 15 年之后的 2006 至 2007 年，太阳能发电厂经历了一个高潮，世界范围的生产线上新增了 100MW 的电容量。近来能源价格上涨，对全球气候变化的关注增加，以及新的经济刺激，使得这一技术有了新的动力。在今后 5 年内，太阳能电力的电容量有望每 16 个月就增加一倍，世界范围内太阳能发电的电容量在 2012 年将达到 6 400MW——这是目前的 14 倍。如果这一增长速度能持续到 2020 年，全球安装的太阳能发电机的电容量将超过 200 000MW——相当于 135 个煤炭发电厂。美国将投入几十亿美元到太阳能发电工业之中，随着即将来临的碳排放限制，太阳能电力将成为最基本的能源。

这将成为可替代、清洁和可再生能源迅速增长的一个象征。然而，要完全解决我在本章以及第 11 章中所提到的加速退化的自然环境质量和人类生活质量问题，还很遥远：

在向全球信息化时代转变过程中，这些由生态的、社会经济的以及文化的危机引起的主要的威胁，只能由我们的整体人类生态系统的可持续变革来解决。这要求我们的经济基础从化石能源向以太阳、风和水为基础的、清洁的可再生能源过渡。与之相伴的，是更加可持续的生活方式与消费格局，使用更少的自然资源、珍爱自然甚至向自然投资，通过人类社会与自然间的合作共生（symbiosis）来达到双赢的局面。

从目前处境所得到的结论是，我们的全球信息化社会已经达到了生态与认识危机决策窗阶段。它正在迅速地接近不可挽回的混沌点这一关键时期，此时只有两条道路可选：要么毁灭，要么突破，这将决定全球景观的命运。因此，所有的技术成就都要用于阻止这种毁灭的可能性。

然而，在目前的转变中，技术革新是一个关键因素，这是人类社会的价值与感知向意识转变上的进化。我们现在有最后一个机会，可以通过意志与远见朝这个深远的可持续变革的突破迈进。这可以通过科学、技术、经济、社会、精神和政治力量来达到。

在这一过程中，景观生态学家和所有其他的学者、专家面临的是这样一项挑战：作为领导者使人类社会与其景观间达到合作共生的平衡点。他们要积极参与到创造更健康、更适于生活、更有吸引力的城市工业技术景观，并保护与恢复可持续的、多样化的太阳能驱动的生物圈景观与海域景观，以及有生产力的、可持续发展的农业景观。正如在第3章与第11章中详细描述的那样，这可以由深思熟虑的景观规划和管理，在统一的、跨学科的景观科学帮助下来实现。

倘若中国也学习美国人的消费方式，将需要用全球的生物承载力来满足这一需要。这对中国来说几乎是不可能的，对世界上其他国家来说也是不可能的。相比之下，如果中国能够开辟一条新的发展之路，既可保证环境质量又能实现人类的富足，那她将最终引导整个世界的新潮流。这需要科技、经济、道德和政治力量的共同努力来实现。

在本章结束之际，奥巴马当选为美国总统，如果他能成功引导美国从依赖化石能转向太阳能或者其他无污染的可再生能源，这将成为美国乃至全世界走向可持续未来的一个契机，因为能源的变革是整个可持续性大变革的基础。

参 考 文 献

AGGER P, BRANDT J. 1988. Dynamics of small biotopes in Danish agricultural landscapes [J]. Landscape Ecology, 3:227-240.

ALBERTI M, MARZLUFF J M, SCHULENBERGER E, BRADLEY G, RYAN C, CRAIG Z. 2003. Integrating humans into ecology: opportunities and challenges for studying urban ecosystems[J]. Bio-Science, 53:1169-1179.

ALLEN E B (ed.). 1988. The reconstruction of disturbed arid lands: an ecological approach [C]//ALLEN E B (ed.). The reconstruction of disturbed arid lands: an ecological approach. American Association for the Advancement of Sciences. Selected Symposium 109. Boulder: Westview Press Inc.

ALLEN T F H, HOEKSTRA T W. 1992. Toward a unified ecology[M]. New York: Columbia University Press, 384.

ALLEN E, NAVEH Z. 1996. The limits to ecological and cultural restoration in Mediterranean-type landscapes[C]//STEINBERGER Y (ed.). Preservation of our world in the wake of change, Vol. VI B: Proceedings of the Sixth International Conference of the Israeli Society for Ecology and Environmental Quality Sciences (ISEEQS). Jerusalem, Israel, 30 June-4 July, 1996. Jerusalem: ISEEQS Publication, 775-778.

ALLESCH C G. 1990. The space of landscape and the space of geography[M]// SVOBODOVA H (ed.). Cultural aspects of landscape. Wageningen: Pudoc Scientific Publishers, 17-23.

ANDERSON E. 1956. Man as a maker of new plants and new plant communities[M]// THOMAS W L (ed.). Man's role in changing the face of the earth. Chicago: University of Chicago Press, 763-777.

ANTROP M, VAN EETVELD V. 2000. Holistic aspects of suburban landscapes: visual image interpretation and landscape metrics[J]. Landscape and Urban Planning, 50: 43-58.

APPENZELLER T, DIMICK D R. 2004. Global warning: signs from Earth. National Geographic, 9: 3-75.

AUGELLI J P. 1984. Costa Rica: transition to land hunger and potential instability[M]. 1984 Yearbook of Conferences of Latin Americanist Geographers, 10:94-161.

AUSTAD I. 1996. Effects of abandonment and reintroduction of management on field layer vegetation in wooded hay meadows in western Norway[C]//STEINBERGER Y (ed.). Preservation of our world in the wake of change, Vol. VI B: Proceedings of the Sixth International Conference of the Israeli Society for Ecology and Environmental Quality Sciences (ISEEQS). Jerusalem, Israel, 30 June-4 July, 1996. Jerusalem: ISEEQS Publication, 767-770.

BAR-LAVIE B. 1980. Eco-shop development at an environmental high school in Israel[M]// BASKSHI T S, NAVEH Z (eds.). Environmental education: principles, methods and applications. New York: Plenum Press, 255-262.

BARRETT G W. 2001. Closing the ecological cycle: the emergence of integrative science[J]. Ecosystem Health, 7:79-84.

BASTIAN O, SCHRCIBER K F. 1994. Analyse und oekologische bewertung der landschaft [M]. Stuttgart: Gustav Fischer Verlag.

BASTIAN O, STEINHARDT U (eds.). 2002. Development and perspectives in landscape ecology, conceptions, methods, application [M]. Dodrecht: Kluwer Academic Publishers.

BAUDRY J, BUNCE R G H (eds.). 1989. Land abandonment and its role in conservation [C]//BAUDRY J, BUNCE R G H (eds.). Land abandonment and its role in conservation. Proceedings of the Zaragossa/Spain Seminar, December 10-12. Options Mediterraneannes Series A, 15:1-190.

BEGUSH K, PIRKL H, PRINZ M, SMOLONER C, WRBEKA T. 1995. Forschungskonzept Kultur landschafts forshung; Forschungs schwerpunkt Kultur landschafts forschung. Bd1.

BELL S S, FONSECA M S, MOTTEN L B. Linking Restoration and Landscape Ecology[J]. Restoration Ecology, 1997, 5(4): 318-323.

BERTALANFFY L VON. 1968. General system theory [M]. New York: George Braziller, 1289.

BIGNAL E M, MCCRACKEN D I. 1996. Low-intensity farming systems in the conservation of the country side[J]. Journal of Applied Ecology, 33:413-424.

BIRKS H, KALAND P E, DAGFILM M (eds.). 1988. The cultural landscape, past, present and future[M]. Cambridge: Cambridge University Press, 520.

BISWELL H H. 1989. Prescribed burning in California wild lands vegetation management [M]. Berkeley: University of California Press.

BLOCH A. 1996. Bullish on butterflies[J/OL]. Earthwatch XV (3):11-13.

BOHM D. 1980. Wholeness and the implicate order[M]. London: Routledge and Kegan Paul.

BOHM D, PEAT F D. 1987. Science, order and creativity[M]. Toronto: Bantam Books, 280.

BOHM D. 1996. On dialogue[M]//Nichol L (ed.). On dialogue. New York: Routledge.

BOLLGER J, LISCHKE H, GREEN D G. 2005. Simulating the spatial and temporal dynamics of landscapes using generic and complex models[J]. Ecological Complexity, 2:107-116.

BRADSHOW A D, CHAWICK M J. 1980. The restoration of land[M]. Oxford: Blackwell Scientific Publication.

BRANAGAN D. 1962. A discussion of factors involved in the development of Tanganyika Masailand[R]. Unpublished Report.

BRANDT J. 1998. Key concepts and interdisciplinarity in landscape ecology: a summing-up and outlook[C]// DOVER J W, BUNCE R G H (eds.). Key concepts in landscape ecology. Proceedings of the 1998 European Congress of the International Association for Landscape Ecology, Myerscough College, UK, 3-5 September 1998. Garstang:

International Association for Landscape Ecology (IALE(UK)), 421-434.

BRANDT J, AGGER P. 1984. Methodology in landscape ecological research and planning [C]//Proceedings of the First International Seminar of IALE, Roskilde University Center. October 1984. Roskilde Universitaetsforlag Roskilde, Denmark.

BRANDT J, VEJRE H. 2004. Multifunctional landscapes: theory, values and history [M]. Southampton: WIT Press, 276.

BRANDT J, HOLMES E, LARSEN D. 1992. Conceptual problems in connection with "applied monitoring" of a dynamic agricultural mosaic using detailed spatial landscape database [C]//Ecosystem classification for environmental policy and conservation Proceedings of a Workshop. Leiden, The Netherlands, December 17-18, 1-17.

BREUSTE J H. 1998. Preface[M]//BREUSTE J, FELAMANN H, UHLMANN O (eds.). Urban ecology. Berlin: Springer-Verlag.

BRIGHT C. 2000. Anticipating environmental "surprises"[M]//BROWN L R, FLAVIN C, FRENCH H (eds.). State of the World 2000: A Worldwatch Institute Report on Progress Toward a Sustainable Society. New York: W. W. Norton & Company, 22-38.

BROWN L H. 1963. Kenya's range resources[J]. The Kenya Farmer, 85:1-3.

BROWN L R. 1995. Ecopsychology and the environmental revolution[M]//ROAZAK T, GOMES M E, KRAMER A D (eds.). Ecopsychology: restoring the earth healing the mind. San Francisco: Sierra Club Books.

BROWN L R. 1996. The acceleration of history[M]//BROWN L R. State of the world report 1996. A Worldwatch Institute Report on Progress Toward a Sustainable Society. New York: W. W. Norton & Company, 22-38.

BROWN L R. 2001a. Dust bowl threatening China's future[EB/OL]. [2001-5-23]. http://www.earthpolicy.org/Alerts/Alert13.htm.

BROWN L R. 2001b. Eco-economy: building an economy for the earth[M]. New York: W. W. Norton & Company, 275.

BROWN L R. 2002. Global temperatures near record for 2002[EB/OL]. [2002-12-11]. http://www.earth-policy.org/Updates/Update20.htm

BROWN L R. 2003a. World creating food bubble economy based on unsustainable use of water [EB/OL]. [2003-5-13]. http://www.earth-policy.org/Updates22.htm.

BROWN L R. 2003b. Plan B: rescuing a planet under stress and a civilization in trouble[M]. New York: W. W. Norton & Company.

BROWN L R. 2006. Plan B 2.0: rescuing a planet under stress and a civilization in trouble [M]. New York: W. W. Norton & Company.

BROWN L R. 2008a. Plan B 3.0: mobilizing to save civilization[M]. New York: W. W. Norton & Company.

BROWN L R. 2008b. Why ethanol production will drive worlds food prices even higher in 2008 [EB/OL]. [2008-1-24]. http://www.earth-policy.org/Updates/2008/Update69.htm.

BROWN L R, FLAVIN C. 1999. A new economy for a new century[M]//BROWN L R, FLAVIN C, FRENCH H, STARKE L, ABRAMOVITZ J N, DUNN S, GARDNER

G, MATTOON A T, MCGINN A P, O'MEARW M (eds.). State of the world 1999: A Worldwatch Institute Report on Progress toward a Sustainable Society. New York: W. W. Norton & Company, 1-22.

BROWN L R, FLAVIN C, FRENCH H, STARKE L, ABRAMOVITZ J N, DUNN S, GARDNER G, MATTOON A T, MCGINN A P, O'MEARW M (eds.). 1999. State of the world 1999. A world-watch Institute Report on Progress Towards a Sustainable Society[M]. New York: W. W. Norton & Company, 259.

BUBER M. 1970. I and thou[M]. New York: Charles Scribners's Sons., 140.

BUGOD P. 1996. Monuments and their environmental treatment[C]//STEINBERGER Y (ed.). Preservation of our world in the wake of change, Vol. VI B: Proceedings of the Sixth International Conference of the Israeli Society for Ecology and Environmental Quality Sciences (ISEEQS). Jerusalem, Israel, 30 June—4 July, 1996. Jerusalem: ISEEQS Publication, 764-766.

BURROUGH P A. 1981. Fractal dimensions of landscapes and other environmental data[J]. Nature, 294:243.

BURROUGH P A, MACMILLAN R A, VAN DEURSEN W. 1992. Fuzzy classification methods for determining land suitability from soil profile observations and topography [J]. Journal of Soil Science, 43:193-210.

CADENASSO M, PICKETT S T A, GROVE J M. 2006. Dimensions of ecosystem complexity: heterogeneity, connectivity and history[J]. Ecological Complexity, 3:1-12.

CADENASSO M, PICKETT S T A, WEATHERS K C, BELL S S, BENNING T I, CARREIRO M M, DAWSON T E. 2003. An interdisciplinary and synthetic approach to ecological boundaries[J]. BioScience, 53:717-722.

CAHALAN W. 1995. Ecological groundedness in Gestalt theory[M]//ROAZAK T, GOMES M E, KRAMER A D (eds.). Ecopsychology: restoring the earth healing the mind. San Francisco: Sierra Club Books, 216-223.

CAPRA F. 1996. The web of life: a new scientific understanding of living systems[M]. New York: Anchor Books/Doubleday, 347.

CAPRA F. 2002. The hidden connections: integrating the biological, cognitive, and social dimensions of life into a science of sustainability[M]. New York: Doubleday, 320.

CARMEL Y, NAVEH Z. 2002. The paradigm of landscape and the paradigm of ecosystems-implications for land planning and management in the Mediterranean Region[M]. Journal of Mediterranean Ecology, 3: 24-34.

CARPENTER R. 1995. Limitations in measuring ecosystems sustainability[M]//TRYZNA T (ed.). A sustainable world: defining and measuring sustainable development. London: Earthscan Publication, 175-197.

COHEN J E. 1996. How many people can the earth support [M]? New York: W. W. Norton & Company.

CONNELL J H, NOBLE I R, SLATYER R O. On the mechanisms producing successional change[J]. Oikos, 50(1): 136-137.

COSTANZA R (ed.). 1991. Ecological economics: the science and management of sustainability[M]. New York: Columbia University Press.

COSTANZA R. 1996. Ecological economics: reintegrating the study of humans and nature[J]. Ecological Applications, 6:987-990.

COSTANZA R, DALY H E. 1992. Natural capital and sustainable development [J]. Conservation Biology, 6:37-46.

CURTIS J T. 1959. The vegetation of Wisconsin[M]. Madison: University of Wisconsin Press.

DANSEREAU P. 1957. Biogeography: an ecological perspective[M]. New York: Ronald Press.

DANSEREAU P. 1975. Inscape and landscape [M]. New York: Columbia University Press, 118.

DARLING F F. 1963. The unity of ecology[J]. Nature, 199:885.

DE GROOT R S. 1992. Functions of nature: evaluation of nature in environmental planning, management and decision making[M]. Amsterdam: Wolters-Noordhoff BV.

DE LEO G, Levin S A. 1997. The multifaceted aspects of ecosystem integrity [J/OL]. Conservation Ecology, http://www.consecol.org/vol1/iss1/art3.

DE PALMA A. 1996. Popularity brings a huge Canadian park to crisis[N]. The New York Times, Science Supplement, 5 January 1996: 3A.

DE NOV-VAN TOL J. 2003. Needs for training of professionals[M]//TRESS B, TRESS G., VAN DER VALK A, FRY G (eds.). Interdisciplinary and transdisciplinary landscape studies: potentials and limitations. Wageningen: Delta Series 2, 129-135.

DEVALL B, SESSIONS G. 1985. Deep ecology: living as if nature mattered[M]. Salt Lake City: Peregrine Smith Books, 295.

DI CASTRI F. 1997. Editorial: landscape in a changing globalized environment[J]. Landscape Ecology, 12: 3-5.

DI CASTRI F. 1998. Ecology in a global economy[M]//GOPAL B, PATHAK P S, SAXENA K G (eds.). Ecology today: an anthology of contemporary ecological research. New Delhi: International Scientific Publications, 1-14.

DI CASTRI F. 2000. Ecology in a global context of economic globalization[J]. BioScience, 50: 321-332.

DI CASTRI F, HADLEY M. 1986. Enhancing the credibility of ecology: is interdisciplinary research for land use planning useful[J]? Geojournal, 13:299-325.

DI CASTRI F, MOONEY H A (eds.). 1973. Mediterranean-type ecosystems: origin and structure[M]. Berlin, New York: Springer-Verlag.

EGLER F E. 1942. Vegetation as an object of study[J]. Philosophical Science, 9:245-290.

EGLER F E. 1964. Pesticides in our ecosystem[J]. American Scientist, 52:110-136.

EGLER F E. 1970. The way of science: a philosophy for the layman[M]. New York: Hafner Publishing Company.

EHRLICH P R. 2002. Human natures, nature conservation and environmental ethics[J].

BioScience, 52:31-43.
EIGEN M, SCHUSTER P. 1979. The hyper cycle: a principle of natural self-organization [M]. New York: Springer-Verlag.
ELLENBERG H. 1971. Integrated experimental ecology: methods and results of ecosystem research in the German Solling Project[M]. New York: Springer-Verlag, 214.
ELLENBERG H. 1973. Ekosystem forschung[M]. Heidelberg: Springer Verlag, 280.
EVERNDEN N. 1985. The natural alien: humankind and environment [M]. Toronto: University of Toronto Press, 160.
FALLON L E. 1963. Development of the range resources: Republic of Tanganyika[R]. U. S. -A. I. D Mission, Dar es Salaam.
FANG J Y, KIANG C S. 2006. China's environmental challenges and solutions[J]. Frontiers in Ecology and Environment, 4:339.
FARINA A. 1989. Recent changes of the mosaic patterns in a mountain landscape (North Italy) and consequences on vertebrate fauna[C]//BAUDRY J, BUNCE R G H (eds.). Land abandonment and its role in conservation. Proceedings of the Zaragossa/Spain Seminar, December 10-12. Options Mediterraneannes Series A, 15:121-134.
FARINA A. 1998. Principles and methods in landscape ecology[M]. London: Chapman & Hall.
FARINA A. 2000. The cultural landscape as a model for the integration of ecology and economic[J]. BioScience, 50:313-320.
FARINA A, NAVEH Z (eds.). 1993. A Landscape approach to regional planning: the future of Mediterranean landscapes[J]. Landscape and Urban Planning, 24:1-4.
FISCHER-KOWALSKI M, HABERL H. 1993. Metabolism and colonization: modes of production and the physical exchange between societies and nature[J]. Innovations in Social Science Research, 6:415-442.
FISCHER-KOWALSKI M, HABERL H. 1997. Tons, joules, and money: modes of production and their sustainability problems[J]. Society & Natural Resources, 10:61-85.
FISCHER-KOWALSKI M, HABERL H. 1998. Sustainable development, long term changes in socio- economic metabolism, and colonization of nature[J]. International Social Science Journal,156:573-587.
FISCHER-KOWALSKI M, HABERL H (ed.). 2007. Socioecological transitions and global change: trajectories of social metabolism and land use[M]. Cheltenham, Northampton: Eward Elgar Publishing Inc.
FISCHLOWITZ-ROBERTS B. 2002. Green power purchases growing by leaps and bounds [EB/OL]. [2002-4-2]. http://www. earth-policy. org/Updates/Update9. htm.
FLAVIN C. 1997. The legacy of Rio[M]//BROWN L R, FLAVIN C, FRENCH H (eds.). State of the world report 1997: A Worldwatch Institute Report on Progress Toward a Sustainable Society. New York: W. W. Norton & Company.
FLAVIN C. 2001. Rich planet, poor plane[M]//STARKE L (ed.). State of the World 2001. New York: W. W. Norton & Company, 3-20.

FOLKE C, GUNDERSON L. 2004. Challenging complexities of change: the first issue of Ecology and Society[J/OL]. Ecology and Society 9(1): 19. http://www.ecologyandsociety.org/vol 9/iss1/art19/.

FORMAN R T T. 1995. Land mosaics: the ecology of landscapes and regions[M]. Cambridge: Cambridge University Press.

FORMAN R T T, GORDAN M. 1986. Landscape ecology[M]. New York: John Wiley & Sons, 619.

FRANKL V. 1969. Reductionism and nihilism[M]//KOESTLER A, SMITHIES J R (eds.). Beyond reductionism: new perspectives in the life sciences. London: Hutchinson, 396-408.

FRANKL V. 1994. Logotherapie lind existenzanalyse: texte aus sechs jahrzenten [M]. Muenchen: Quintessenz, 320.

FRENCH H. 2000. Coping with ecological globalization[M]//BROWN R L, FLAVIN C, FRENCH H, ABRAMOVTIZ J N, BRIGHT C, DUNN S, HALWEIL B, GARDNER G, MATTOON A, MCGINN A P, O'MEARA M, POSTEL S, RENNER M, STARKE L. State of the World Report 2000. A Worldwatch Institute Report on Progress Toward a Sustainable Society. New York: W. W. Norton & Company, 184-201.

GARDNER G, HAHVEIL B. 2000. Nourishing the underfed and overfed[M]//BROWN R L, FLAVIN C, FRENCH H, ABRAMOVTIZ J N, BRIGHT C, DUNN S, HALWEIL B, GARDNER G, MATTOON A, MCGINN A P, O'MEARA M, POSTEL S, RENNER M, STARKE L. State of the World Report 2000. A Worldwatch Institute Report on Progress Toward a Sustainable Society. New York: W. W. Norton & Company, 59-78.

GARNER G. 2002. The challenge for Johannesburg: Creating a more secure world[M]// STARKE L (ed.). State of the World 2002: The Worldwatch Institute Report. New York: W. W. Norton & Company, 3-23.

GATTO M, DE LEO G A. 2000. Pricing biodiversity and ecosystem services: the never-ending story[J]. BioScience, 40:347-356.

GILLMAN C. 1949. A vegetation-types map of Tanganyika[J]. Geographical Review, 39: 7-37.

GOLLEY F B. 1990. Love of the land[J]. Landscape Ecology, 4:81-82.

GONZALES BERNALDES F. 1991. Ecological consequences of the abandonment of traditional land use systems in central Spain[C]//BAUDRY J, BUNCE R G H (eds.). Land abandonment and its role in conservation. Proceedings of the Zaragossa/Span Seminar December 10-12. Options Mediterraneennes Series A, 15:23-29.

GORE A. 1992. Earth in balance: forging a new common purpose[M]. London: Earthwatch Publisher.

GOULD S J, ELDREGE N. 1983. Punctuated equilibrium: the tempo and mode of evolution reconsidered[J]. Paleobiology, 3:115-151.

GREEN B. 1985, 1992, 1995. Countryside conservation: the protection and management of amenity ecosystems [M]. London: George Allen and Unwin, 251.

GREEN B. 1996. Countryside conservation: land ecology, planning and management [M]. 3rd ed. London: E & FN Spon.

GREEN D G, KOMP N, KIMMINGTON G, SADEDIN S. 2006. Complexity in landscape ecology[M]. Dordrecht: Springer-Verlag.

GREEN D G, SADEDIN S. 2005. Interactions matter-complexity in landscapes and ecosystems [J]. Ecological Complexity, 2: 117-130.

GREEN J L, HASTINGS A, ARZBERGER P, AYALA F J, COTTINGHAN K L, CUDDINGTON K, DAVIS F, DUNNE J F, FORTIN M, GERBER L, NEUBERT M. 2005. Complexity in ecology and conservation: mathematical, statistical, and computational challenges[J]. BioScience, 55:501-510.

GRINKER R R. 1976. In memory of Ludwig von Bertalanffy's contribution to psychiatry[J]. Behavioral Science, 21:207-217.

GROSSMANN W D. 2000. Realizing sustainable development with the information society-the holistic double-gain-link approach[J]. Landscape and Urban Planning, 50: 179-193.

GROSSMANN W D, FRÄENZLE S, MEIβ K-M, MULTHAUTP T, RÖESCH A. 1997a. Alternative Landschaftsplan für eine kleine attraktive Stadt in der Informationsgesellschaf Beispiel Visselhoevede. UFZ-Umwelt-forschungszentrum Leipzig-Halle, Arbeitsgruppe Regionale Zukunftsmodelle, Leipzig, 127.

GROSSMANN W D, FRÄENZLE S, MEIβ K-M, MULTHAUTP T, RÖESCH A. 1997b. Sociologisch, -oekonomisch- und oekologisch lebensfaehige Entwicklung in der Informationsgesellschaft. UFZ Bericht, UFZ-Umweltsforschungszentrum Leipzig-Halle Bericht Gmb H. Arbeitsgruppe Regionale Zukunftsmodelle, Leipzig, 127.

GROSSMANN W D, MEIβ M, FRÄENZLE S. 1997c. Art, design and theory of regional revitalization within the information society[J]. Gaia, 6:105-119.

GROSSMANN W D, NAVEH Z. 2000. Transdisciplinary challenges for regional sustainable development towards the post industrial information Society[C]//Proceedings of the Third International Conference of European Ecological Economy Society, Vienna, 3-6 May, 1-3.

GROVE A T, ISPIKOUDIS J, KAZAKLIS A, MOODY J A, PAPANASTASIS V, RACKHAM O. 1993. Threatened Mediterranean landscapes: west Crete[R]. Research Report to EU. Department of Geography University of Cambridge. Cambridge, England.

GUNDERSON L H, HOLLING C S (eds.). 2002. Panarchy: understanding transformations in human and natural systems[M]. Washington DC: Island Press.

GUSTAFSON E J. 1998. Quantifying landscape spatial patterns: what is the state of the art [J]? Ecosystems, 1: 143-156.

HAAS L. 2002. New energy from the power of the wind[J]. Deutschland, 6:46-9.

HABER W. 1990a. Basic concepts of landscape ecology and their application in land management[J]. Physiology and Ecology, 27 (Special Number):131-146.

HABER W. 1990b. Using landscape ecology in planning and management[M]//ZONNEVELD I S, FORMAN R T T (eds.). Changing landscapes: an ecological perspective. New

York: Springer-Verlag.

HABER W. 2004. The ecosystem-power of a metaphysical construct [M]// Landschafts oekolgie in Weihenstephan, Heft 13. Freising, 2004:25-48.

HAKEN H. 1983. Synergetics[M]. 3rd ed. Berlin: Springer Verlag.

HAKEN H. 1987. Advanced synergetics[M]. Berlin: Springer Verlag.

HASSETT B, PALMER M, BERHARDT E, SMITH S, CART J, HART D. 2005. Restoring watersheds project: trends in Chesapeake Bay tributary restoration [J]. Frontiers in Ecology and the Environment, 3:259-267.

HEADY H F. 1960. Range management in East Africa[M]. Nairobi: Government Printer.

HENZELL E F. 1962. The use of nitrogen fertilizer on pastures in the sub-tropics and tropics [C]//A Committee of the Division of Tropical Pastures, C. S. I. R. O., Australia. A review of nitrogen in the tropics with particular reference to pastures. C. A. B. Bull. 46: 161-172. Farnham Royal, England.

HIGGS E. 2005. The two culture problem: ecological restoration and the integration of knowledge[J]. Restoration Ecology, 13:159-164.

HOBBS R. 1997. Future landscapes and the future of landscape ecology[J]. Landscape and Urban Planning, 37:1-9.

HOCHLEITNER R D. 1999. Prospects of hope for the future: how we will live tomorrow[J]. Deutschland, 6:12-15.

HOLDGATE M. 2002. Ten years, 10 success stories[J]. World Conservation, 2:4-5.

HOLLING C S. 1996. Surprise for science, resilience for ecosystems and incentives for people [J]. Ecological Applications, 6:733-735.

HOLLING C S. 2000. Theories for sustainable futures[J/OL]. Conservation Ecology, 4(2):7 (Editorial). http://www.concecol.org/vol4/iss2/art7.

HOLLING C S, BERKES E, FOLKE C. 1999. Science, sustainability and resources management [M]//BERKES B F, FOLKE C, COLDING J (eds.). Linking Social systems. Cambridge: Cambridge University Press.

HOOVER S R, PARKER A J. 1991. Spatial components of biotic diversity in landscapes of Georgia, USA[J]. Landscape Ecology, 5:125-136.

HORVAT I, GLAVAC V, ELLENBERG H. 1974. Vegetation sudosteuropas[J]. Stuttgart: Gustav Fischer Verlag.

HOYLE F. 1983. The intelligent universe[M]. London: Michael Joseph Limited.

HULL R B, ROBERTSON D P, BUHYOFF G J. 2003a. Beyond the interventionist preservationist duality[J/OL]. Conservation Ecology, 7(1):r4. http://www.ecologyandsociety.org/vol 7/iss1/resp4/

HULL R B, ROBERTSON D P, RICHERT D, SEEKAMP E, BUHYOFF G J. 2003b. Assumptions about ecological scale and nature knowing best hiding in environmental decisions[J]. Conservation Ecology, 6: 12.

HUTCHINSON H G. 1964. Ranching[R]. First FAO Afric. meeting on Animal Production and Health. Addis Ababa, March 1964.

HUNTINGFORD G W B. 1953. The southern Nilo-Hamithes[M]. London: Intern. Afric. Inst.

HUXLEY J. 1961. The conservation of wildlife and natural habitats in Central and East Africa [M]. Paris: UNESCO; New York: Columbia University Press.

IALE-CHINA CHAPTER. 2007. Landscape Ecology Progress in China. Report of the International Association of Landscape Ecology, China Chapter. Beijing.

IUCN Species Survival Commission Report 2000. IUCN red list of threatened species[M]. Gland: IUCN.

IUCN/UNEP/WWF. 1991. Caring for the earth: a strategy for sustainable living[M]. Gland: IUCN, 310.

ISON R L, MAITENY P T, CARR S. 1997. Systems methodologies for sustainable natural resources research and development[J]. Agricultural Systems, 55:257-272.

JANTSCH E. 1970. Inter-and transdisciplinarity university: a systems approach to education and innovation[J]. Policy Sciences, 1:203-428.

JANTSCH E. 1975. Design for evolution, selforganization and planning in the life of human systems[M]. NewYork: George Braziller.

JANTSCH E. 1976. Self-transcendence: new light on the evolutionary paradigm [M]// JANTSCH E, WADDINNGTON C W (eds.). Evolution and consciousness: human systems in transition. Reading: Addison-Westley, 9-10.

JANTSCH E. 1980. The self-organizing universe: scientific and human implications of the emerging paradigm of evolution[M]. Oxford: Pergamon Press, 320.

JØRGENSEN S E. 1997. Integration of ecosystem theories: a pattern [M]. 2nd ed. Dordrecht, Boston, London: Kluwer Academic Publishers, 388.

JØRGENSEN S E, MÜLLER F. 2000. Handbook of ecosystem theories and management[M]. Boca Raton: Lewis Publishers, 600.

KAMETZ H. 1963. Assessment of known water sources and suggestions for further development in Masailand [R]. Dep. Water Development and Irrigation. Ministry of Agric., Arusha.

KAPLAN D. 1992. Responses of Mediterranean grassland plants to gazelle grazing[C]// THANOS C A (ed.). Proceedings of the 6th International Conference on Mediterranean Climate Ecosystems, September 1991, University of Athens, Athens, Greece, 75-79.

KAPLAN S. 1995. The restorative benefits of nature: toward an integrative framework[J]. Environmental Psychology, 15:169-182.

KENNAN T C D. 1962. Veld management in the semi-intensive, semi-extensive and extensive farming area of Northern Rhodesia with special reference to research findings[C]// Proceeding of the First International Conference of Pasture Workers. Bulawayo, S. Rhodesia, 73-91.

KELLERT S R. 1996. The value of life: biological diversity and human society [M]. Washington, D. C.: Island Press/Shearwater Books, 480.

KHOSLA A. 1997. Sufficiency and efficiency: putting need above greed [J]. World

Conservation, 1-2/97:26-27.

KING A, SCHNEIDER B. 1991. The first global revolution: a report by the Council of the Club of Rome[M]. New York: Pantheon Books.

KLIJIN J, VOS W (eds.). 2000. From landscape ecology to landscape science[M]. Dodrecht: Kluwer Academic Publishers.

KOESTLER A. 1969. Beyond atomism and holism: the concept of the Holon [M]// KOESTLER A, SMITHIES I R (eds.). Beyond reductionism: new perspectives in the life sciences. London: Hutchinson, 192-216.

KOESTLER A, SMITHIES I R (eds.). 1969. Beyond reductionism: new perspectives in the life sciences[M]. London: Hutchinson, 451.

KOSKO B. 1993. Fuzzy thinking: the new science of fuzzy logic [M]. New York: Hiperion, 318.

KOTHARI A. 1996. India's protected areas: the journey to joint management[J]. World Conservation, 2/96:8-9.

KRRISHNAMOHAN K, ALLENBY B R (eds.). 2002. Industrial Ecology: an Introduction [J]. International Journal of Ecology and Environmental Sciences, 28(1): 3-6.

KROEBER A L, KLUCKHOLM C. 1949. Culture: a criticai review of concepts and definitions[M]. Cambridge: Harvard University Press, 430.

KRUMMEL J R, O'NEILL R V, MANKIN J B. 1986. Regional environmental simulation of African cattle herding societies[J]. Human Ecology, 14:117-130.

KUHN T S. 1970(1st ed.), 1996(3rd ed.). The structure of the scientific revolution[M]. Chicago: University of Chicago Press, 324.

LAMPREY H F. 1963. A study of ecology of the mammal population of a game reserve in the Acacia Savanna of Tanganyika, with particular reference to animal numbers and biomass [D]. Ph. D thesis. University of Oxford.

LANGE E, MILLER D(eds). 2005. Our shared landscape: integrating ecological, socio-economic and aesthetic aspects in landscape planning and management[C]. Proceedings of a conference at Ascona, Switzerland, May 2-6 2005, Swiss Federal Institute of Technology, ITH Zurich.

LANGER H. 1973. Öekologie der geosozialen Umwelt[J]. Landschaft und Stadt, 5:133-140.

LARSEN J. 2003. Record heat wave in Europe takes 35,000 lives: far greater losses may lie ahead[EB/OL]. [2003-10-9]. http://www.earth-policy.org/Updates/Update29.htm.

LARSEN J. 2008. Rising seas and powerful storms threaten global security[EB/OL]. [2008-10-9]. http://www.earth-policy.org/Updates/2008/Update76.htm.

LASZLO E. 1972. Introduction to systems philosophy: toward a new paradigm of contemporary thought[M]. New York: Harper Torchhooks, 322.

LASZLO E. 1987. Evolution: the grand synthesis[M]. Boston: New Science Library, 211.

LASZLO E. 1994. The choice: evolution or extinction? A thinking person's guide to global issues[M]. New York: C. P. Pumam & Sons, 215.

LASZLO E. 2000. Macroshift 2001-2010: creating the future in the early 21st century[M].

New York: ToExcel, 164.

LASZLO E. 2001. Macroshift: navigating the transformation to a sustainable world[M]. San Francisco: Berret-Koehler Publishers, 249.

LASZLO E. 2003. The connectivity hypothesis[M]. Albany: State University of New York Press, 192.

LASZLO E. 2004. Science and the akashic field: an integral theory of everything [M]. Rochester: Inner Traditions.

LASZLO E. 2006. The chaos point: the world at the crossroads[M]. Charlottesville: Hampton Roads Publishing Company Inc.

LASZLO E. 2007. The quest for a quantum leap in human affairs[EB/OL]. [2008-1-20]. http://www.worldshiftnetwork.org/action/background/article/8.html.

LASZLO E. 2008. Quantum shift in the global brain: how the new scientific reality can change us and our world[M]. Rochester: Inner Traditions.

LEDGER H P. 1964. The place of wildlife in African agriculture[R]. First FAO African Meeting on Animal Production and Health, Addis Ababa, March 1964.

LESER H. 1991, 1997, 1999. Landschafts oekologie [M]. Stuttgart: Eugen Ulmer Gmb H&CO.

LEVIN S A. 1990. Physical and biological scales and the modeling of predator-prey interactions in large marine ecosystems[C]//SHERMAN K, ALEXANDER L M, GOLD B D (eds.). Large marine ecosystems: patterns, processes, and yields. AAAS Selected Symposium. Publ. No. 90-30S, American Association for the Advancement of Science, Washington, D.C., 179-187.

LEVIN S A. 1999. Fragile dominion: complexity and the commons[M]. Reading: Perseus Books Group.

LEWIS H T. 1973. Patterns of Indian burning in California: ecology and ethnohistory[J/OL]. The Journal of California Anthropology, 1(1). http://repositories.cdlib.org/ucmercedlibrary/jca/vol1/iss1/art18/.

LEWIS H T. 1982. Fire technology and resources management in aboriginal North America and Australia[C]// WILLIAMS N M, HUNN E S (ed.). Resource managers: North American and Australian hunter-gatherers: selected symposium 67. Washington: American Academic Association of Science. Boulder: Westview Press, 45-66.

LI B L. 1996. Fuzzy modeling in ecology[J]. Ecological Modelling, 90:109-184.

LI B L. 2000a. Why is the holistic approach becoming so important in landscape ecology[J]? Landscape and Urban Planning, 50:27-49.

LI B L. 2000b. Fractal geometry applications in description and analysis of patch patterns and patch dynamics[J]. Ecological Modelling, 132:353-361.

LI B L. 2001. Fuzzy statistical and modeling approach to ecological assessments[M]//JENSEN M E, BOURGERON P E (eds.). A guidebook for integrated ecological assessments. New York: Springer-Verlag, 211-220.

LIKENS G E, BORMAN F H, PIERCE R S, EATON J S, JOHNSON N M. 1977.

Biogeochemistry of a forested ecosystem[M]. New York: Springer-Verlag.

LINDERMAN R L. 1942. The trophic-dynamic aspect of ecology[J]. Ecology, 23:399-418.

LÖEFFLER J. 2002. Landscape structures and processes[M]//BASTIAN O, STEINHARDT U. Development and perspectives of landscape ecology. Dordrecht: Kluwer Academic Publishers, 49-112.

LORIG S M. 1994. Turnbull woods forest preserve: an ecological assessment and restoration management plan 1994[M]. Glencoe: The Chicago Horticultural Society.

LORIMER C G. 1985. The role of fire in the perpetuation of oak forest[C]//JOHNSON J E (ed.). Proceedings: challenges in oak management and utilization. Madison: Cooperative Extension Service, University of Wisconsin, 22-34.

LUCAS P H C. 1992. Protected landscapes: a guide for policy makers and planners[M]. London: Chapman & Hall, 297.

LYLE J T. 1994. Regenerative design for sustainable development[M]. New York: John Wiley & Sons.

LYLE, J T, SAFFORD JM. 1996. Oak revegetation strategy for Los Angeles County[C]// STEINBERGER Y (Ed.). Preservation of Our World in the Wake of Change. VIB Sixth International Conference of the Israeli Society for Ecology & Environmental Quality Sciences (ISEEQS). Jerusalem 1996. ISEEQS Publications, Jerusalem, 849-852.

MACAULEY D. 1997. Greening philosophy and democratizing ecology[M]//MACAULEY D (ed.). Minding nature: a philosophy of ecology. New York, London: Guilford Press, 192-216.

MAKHZOUMI J, PUNGETTI G. 1999. Ecological landscape design and planning: the Mediterranean context[M]. London: E&FN Spon.

MANDELBORT B B. 1982. The fractal geometry of nature[M]. New York: Freeman & Co., 325.

MANSVELT J D, MULDER J A. 1993. European features for sustainable development: a contribution to the dialogue[J]. Landscape and Urban Planning, 27:67-90.

MANSVELT J D, VAN DER LUBBE M J. 1999. Checklist for sustainable landscape management[R]. Final Report to the European Community on the Landscape and Nature Protection Capacity of Organic/Sustainable Types of Agriculture. Amsterdam: Elsevier Scientific Publishing.

MARGULIS L, LOVELOCK J E. 1974. Biological modulation of the earth atmosphere[J]. Icarus, 21: 471-489.

MATURANA H, VARELA F. 1980. Autopoiesis and Cognition [M]. Dodrecht: Reidel Publishing Company.

MCDONNELL M J, PICKETT S T A (ed.). 1993. Humans as components of ecosystems: the ecology of subtle human effects and populated areas [M]. New York, Berlin, Heidelberg: Springer-Verlag.

MCGINN P A. 2002. Reducing our toxic burden[M]//STARKE L (ed.). State of the World Report 2002: A Worldwatch Institute Report on Progress Toward a Sustainable Society.

New York: W. W. Norton & Company, 75-100.

MCNEELY J A (ed.). 1995a. Expanding partnership in conservation[M]. Washington, D. C. : Island Press.

MCNEELY J A. 1995b. The interaction between biological diversity and cultural diversity[R]. International Conference on Indigenous Peoples, Environment and Development, Zurich, 15-18 May, 1995. International Union for the Conservation of Nature, Gland, Switzerland.

MEADOWS D H, MEADOWS D L, RANDERS J. 1992. Beyond the limits: global collapse or a sustainable future[M]? London: Earthscan Publication.

MERLEAU-PONTY M. 1962. Phenomenology of perception[M]. London: Routledge & Kegan Paul, 393.

MESAROVIC M, PESTEL E. 1974. Mankind at the turning point: the second report to the Club of Rome[M]. New York: Dutton/Readers' Digest Press, 210.

MILLENNIUM ECOSYSTEM ASSESSMENT. 2005. Ecosystems and human well-being: synthesis[M]. Washington D. C. : Island Press.

MILNE B T. 1991. The utility of fractal geometry in landscape design[J]. Landscape and Urban Planning, 21:81-90.

MILLER J G. 1971. The nature of living systems[J]. Behavioral Science, 16:277-301.

MOSES. 2000. Modeling Sustainable Development in the European Information Society[R]. Final report ENV4-CT97-2600-PL97-0543 for the EU Program, Environment and Climate, 1994-1998 Area 4: Human Dimensions of Environmental Change. EU Brussels. 230.

MOSS M R. 1999. Interdisciplinarity, landscape ecology and the transformation of agricultural landscapes[J]. Landscape Ecology, 15:303-311.

MUELLER F, LI B L. 2004. Complex systems approach to study human environmental interactions[M]//HONG S, LEE J A, IHM B S, FARINA A, SON Y, KIM E S, CHOE J C (eds.). Ecological response and strategy: issues in a changing world state. Dordrecht: Kluwer Academic Publishers, 31-46.

MUNRO A. 1995. Sustainability: rhetoric or reality [M]? //TRZYNA T (ed.). A sustainable world: defining and measuring sustainable development. London: Earthscan Publication, 27-35.

MYERS N. 1979. The sinking ark[M]. Oxford: Pergamon Press.

NAESS A. 1986. Intrinsic value: will the defenders of nature please rise[M]? //SOULÉ M (ed.). Conservation biology: the science of scarcity and diversity. Sunderland: Sinauer, 504-515.

NAESS A. 1995. Politics and the ecological crisis: An introductionary note[M]//SESSIINS G (ed.). Deep ecology for the 21st Century: readings on the philosophy and practice of the new environmentalism. Boston & London: Shambhala Publications, 379-408.

NAESS A, ROTHENBERG D. 1989. Ecology, community and life style[M]. Cambridge: Cambridge University Press.

NASSAUER J I. 1990. Statements at the closing session of the first international conference on cultural aspects of landscape[M]//SVOBODA H (ed.). Cultural aspects of landscape. Wageningen: Pudoc Scientific Publishers, 173.

NASSAUER J I. 1992. The appearance of ecological systems as a matter of policy[J]. Landscape Ecology, 6: 239-250.

NASSAUER J I. 1997. Cultural sustainability aligning aesthetics and ecology [M]// NASSAUER J I (ed.). Placing nature: culture and landscape ecology. Washington, D. C. : Island Press.

NAVEH Z. 1964. The need for integrated long-term and quantitative research for the management and improvement of East African range lands[R]. East Afric. Conf. of Range, Pasture and Livestock Specialists. Kitale. June 1964.

NAVEH Z. 1967. Mediterranean ecosystems and vegetation types in California and Israel[J]. Ecology, 48: 445-459.

NAVEH Z. 1970a. Ecology and development[R]. Second World Congress of Engineers and Architects: Dialogue in Development, Jerusalem, December 14-23, 1970.

NAVEH Z. 1970b. Effect of integrated ecosystem management on productivity of a degraded Mediterranean hill pasture in Israel[R]. Proc XI International Grassland Congress, Brisbane, Australia. 1970:9-63.

NAVEH Z. 1971. Conservation of ecological diversity of Mediterranean ecosystems through ecological management[M]//DUFFY E, WATT A S (eds.). The scientific management of animal and plant communities for conservation. London: Blackwell Scientific Publications, 605-622.

NAVEH Z. 1973. The neo-technological landscape degradation and its ecological restoration [M]// BARREKETTE E S (ed.). Pollution engineering and scientific solutions. New York: Plenum Press, 168-181.

NAVEH Z. 1974a. The ecological effects of fire in the Mediterranean region [M]// KOZLOWSKI T T, AHLGREN C E (eds.). Fire and ecosystems. New York: Academic Press, 401-443.

NAVEH Z. 1974b. The ecological management of non-arable Mediterranean upland[J]. Journal of Environmental Management, 2:351-371.

NAVEH Z. 1975. Degradation and rehabilitation of Mediterranean landscapes[J]. Landscape Planning, 2: 133-146.

NAVEH Z. 1977. Reconstruction of Mediterranean uplands by ecosystem management and multiple-purpose environmental afforestation[R]. FAO Technical Consultation of Forest Fires in the Mediterranean Region. May 1977, St Maxim, France. FAO, Rome.

NAVEH Z. 1982. Landscape ecology as an emerging branch of human ecosystem science[J]. Advances in Ecological Research, 12:189-237.

NAVEH Z. 1984a. The vegetation of the Carmel and Nahal Sefunim and the evolution of the cultural landscape[M]//RONEN A. The Sefunim prehistoric sites, Mount Carmel Israel. Oxford: BAR International, 23-63.

NAVEH Z. 1984b. Towards a transdisciplinary conceptual framework of landscape ecology [C]//Proceedings of the First International Seminar on Methodology in Landscape Ecological Research and Planning. Roskilde University Center, October 1984 Roskilde Universitaetsforlag Roskilde, Denmark, 35-45.

NAVEH Z. 1987. Biocybernetic and thermodynamic perspectives of landscape functions and land use patterns[J]. Landscape Ecology, 1:75-85.

NAVEH Z. 1988. Multifactorial reconstruction of semiarid Mediterranean landscapes for multipurpose land use[C]//ALLEN E B(ed.). The reconstruction of disturbed arid lands: an ecological approach. American Association for the Advancement of Sciences. Selected Symposium 109. Boulder: Westview Press, Inc. , 234-256.

NAVEH Z. 1989a. Fire in the Mediterranean: a landscapes ecological perspective[C]// GOLDAMMER J F, JENKINS M J (eds.). Fire in ecosystems dynamics. Proceedings of the Third International Symposium in Freiburg, FRG, May 1989. Hague: SPB Academic Publishing, 1-20.

NAVEH Z. 1989b. The challenges of desert landscape ecology as a transdisciplinary problem-solving oriented science[J]. Journal of Arid Environment, 17: 245-253.

NAVEH Z. 1990a. Neoth Kedumim: the restoration of biblical landscapes in Israel[J]. Management Notes, 7: 9-12.

NAVEH Z. 1990b. Landscape ecology as a bridge between bio-ecology and human ecology [M]//SVOBODOVA H (ed.). Cultural aspects of landscape. Wageningen: Pudoc Scientific Publishers, 173.

NAVEH Z. 1991a. Biodiversity and ecological heterogeneity of Mediterranean uplands[J]. Economia Montana-Linea Ecological, 24:47-60.

NAVEH Z. 1991b Mediterranean uplands as anthropogenic perturbation dependent systems and their dynamic conservation management[M]//RAVERA O A (ed.). Terrestrial and aquatic ecosystems, perturbation and recovery. New York: Ellis Horwood, 544-556.

NAVEH Z. 1993a. Red Books for threatened Mediterranean landscapes as an innovative tool for holistic landscape conservation: introduction to the western Crete Red Book case study[J]. Landscape and Urban Planning, 24: 241-247.

NAVEH Z. 1994a. Biodiversity and landscape management[M]//KIM K C, WEAVER R D (eds.). Biodiversity and landscapes: A paradox of humanity. New York: Cambridge University Press, 175-195.

NAVEH Z. 1994b From biodiversity to ecodiversity: a landscape ecology approach to conservation and restoration[J]. Restoration Ecology, 2:180-189.

NAVEH Z. 1994c. The role of fire and its management in the conservation of Mediterranean ecosystems and landscapes[M]//MORENO J, OECHEL W C (eds.). The role of fire in Mediterranean-type ecosystems. New York: Springer Verlag, 163-185.

NAVEH Z. 1995a. Transdisciplinary landscape-ecology education and the future of post-industrial landscapes[C]//FARINA A, NAVEH Z (eds.). Symposium on educating landscape ecologists for the 21st century: the role of landscape ecology in scientific and professional training. IALE World Meeting 1995, Toulouse. Bolletin dei Museo di Storia Naturale de la Lunigiana, Vol. 9. Supple- mento, Aulla, 13-26.

NAVEH Z. 1995b. Interactions of landscapes and cultures[J]. Landscape and Urban Planning, 32: 43-54.

NAVEH Z. 1997. A critical appraisal of sustainable development: introduction to workshop on sustainable land use[C]//The First European Dialogue Conference on Science for a Sustainable Society-Integrating Natural and Social Sciences, October 1997. Department of Environment, Technology and Social Science, Roskilde University, Denmark, 26-29.

NAVEH Z. 1998a. Culture and landscape conservation: a landscape ecological perspective [M]//GOPAL B, PATHAK P S, SAXENA K G. (eds.). Ecology today: an anthology of contemporary ecological research. New Delhi: International Scientific Publications, 19-48.

NAVEH Z. 1998b. From biodiversity to ecodiversity: holistic conservation of biological and cultural diversity of Mediterranean landscapes[M]//MONTENEGRO G, JAKSIC F, RUNDEL P W (eds.). Landscape disturbance and biodiversity in Mediterranean-type ecosystems. Berlin-Heidelberg: Springer Verlag, 23-54.

NAVEH Z. 1998c. Ecological and cultural landscape restoration and the cultural evolution towards postindustrial symbiosis between human society and nature[J]. Restoration Ecology, 6:135-143.

NAVEH Z. 2000a. Transdisciplinary challenges for education towards regional development [C]//BRAUNEGG S, NARODOSLAESKY M (eds.). Proceedings of conference on higher Education for Sustainable Regional Development. SUSTAIN, Graz, 42-71.

NAVEH Z. 2000b. What is holistic landscape ecology? A conceptual introduction[J]. Landscape and Urban Planning, 50:7-26.

NAVEH Z. 2001a. Multifunctional, self-organizing biosphere landscapes and the future of our total human ecosystem: a new paradigm for transdisciplinary landscape ecology[J]. World Futures, 60:469-503.

NAVEH Z. 2001b. Ten major premises for a holistic conception of multifunctional landscapes [J]. Landscape and Urban Planning, 57:269-284.

NAVEH Z. 2002. A transdisciplinary education program for regional sustainable development [J]. International Journal of Ecology and Environmental Sciences, 28:167-191.

NAVEH Z. 2005. Epilogue: toward a transdisciplinary science of ecological and cultural landscape restoration[J]. Restoration Ecology, 13: 228-234.

NAVEH Z, ALLEN E B. 2001. Restoration ecology and landscape ecology: a win-win relationship[R]. Plenary lecture at the IALE European Conference 2001: Developments of European Landscapes, Stockholm University and University of Tartu. Geographici Universitatis Tartunsis, 38-41.

NAVEH Z, BRANAGAN D. 1964. A proposal for a combined range, livestock and wild life research and development scheme in Tanganyika, Masailand [R]. Ministry of Agriculture, Forests and Wildlife. Tanganyika. Dares Salaam.

NAVEH Z, BURMIL S, MANN A. 1976 Plant species richness in Mediterranean shrubland and woodland of Israel[C]//Proceedings of the 7th Scientific Conference of the Israel Ecological Society, October 1976, Tel Aviv, 150-170.

NAVEH Z, CARMEL Y. 2003. The evolution of the cultural landscape in Israel as affected by fire, grazing, and human activities[M]//WASSER S P (ed.). Evolutionary theories and processes: modern horizons (papers in honor of Eviatar Nevo). Dodrecht: Kluwer Academic Publishers, 397-409.

NAVEH Z, Dan J. 1973. The human degradation of Mediterranean landscapes in Israel[M]// DI CASTRI F, MOONEY H A (eds.). 1973. Mediterranean-type ecosystems: origin and structure. Berlin, New York: Springer-Verlag, 373-390.

NAVEH Z, KUTIEL P. 1990. Changes in vegetation in the Mediterranean basin in response to human habitation and land use[M]//WOODWELL G (ed.). The earth in transition: patterns and processes of biotic impoverishment. New York: Cambridge University Press, 259-300.

NAVEH Z, LIEBERMAN A S. 1984. Landscape ecology: theory and application[M]. New York: Springer-Verlag.

NAVEH Z, LIEBERMAN A S. 1994. Landscape ecology: theory and application [M]. 2nd ed. New York: Springer-Verlag.

NAVEH Z, WHITTAKER R H. 1979. Structural and floristic diversity of shrublands and woodlands in northern Israel and other Mediterranean areas[J]. Vegetation, 4:171-190.

NEGOITA C V. 1985. Expert systems and fuzzy systems [M]. Menlo Park: Benjamin/Cummings Publishing Company, 160.

NEVO E. Evolution of genome-phoneme diversity under environmental stress[J]. PNAS, 2001, 98(11): 6233-6240.

NEVO E, GEILES A, KAPLAN D, GOLENBERG E M, OLSVIG-WHITTAKER L, NAVEH Z. 1986. Natural selection of allozyme polyrnorphism: a microsite test revealing ecological genetic differentiation in wild barley[J]. Evolution, 40:13-22.

NORMAN M J T. 1962. The utilization of Townsville Lucerne pasture for beef cattle fattening at Katherine, N. T. [C]//Proceeding of the North Queensland Agrost Conference South. Johnstone, Australia. Session 12/4.

NORTON B G. 1987. Why preserve natural variety[M]. Princeton: Princeton University Press.

NOSS R F. 2001. Maintaining the ecological integrity of landscapes and ecoregions[M]// PIMENTEL D, WESTRA L, NOSS R F (eds.). Ecological integrity: integrating environment, conservation and health. Washington D. C. : Island Press, 191-208.

NOY-MEIR I. 1975. Stability of grazing systems: an application of predator-prey graphs[J]. The Journal of Ecology, 63(2): 459-481.

NOY-MEIR E, KAPLAN D. 1991. The effect of grazing on the herbaceous Mediterranean vegetation and its implications on the management of nature reserves[R]. Interim Report to the Nature Conservation Authorities, Jerusalem, Israel (In Hebrew).

ODUM E C, ODUM H T. 1980. Energy systems and environmental education[M]//BAKSHI T, NAVEH Z (eds.). Environmental education: principles, methods and applications. New York and London: Plenum Press, 213-231.

ODUM E P. 1959. Fundamentals of ecology[M]. 2nd ed. Philadelphia and London: W. B. Saunders Company.

ODUM E P. 1971. Fundamentals of ecology [M]. 3rd ed. Philadelphia: W. B. Saunders Company.

ODUM E P. 1993. Ecology and our endangered life support systems[M]. 2nd ed. Sunderland: Sinauer Associates Inc.

ODUM H T. 1971. Environment, power and society[M]. New York: John Wiley & Sons.

OLSCHOWY G. 1975. Ecological landscape inventories and evaluation [J]. Landscape Planning, 2:37-44.

O'NEILL R V, DE ANGELIS D L, WAIDE J B, ALLEN T F H. 1986. A hierarchical concept of ecosystems[M]. Princeton: Princeton University Press, 384.

O'NEILL R V. 2001. Is it time to bury the ecosystem concept? (with full military honors, of course!)[J]. Ecology, 82:3275-3284.

O'NEILL R V, KAHN J R. 2000. *Homo economus* as a keystone species[J]. BioScience, 50: 333-338.

ONEKO A. 1963. Importance of tourism[R]. Cited in Reporter-East Africa's News Magazine. 7 December, 1963.

ORR D W. 1992. Ecological literacy: education and the transition to a post modern world[M]. New York: State University of New York Press, 215.

OWEN M A. 1964. Annual report of the kongwa pasture research station[R]. Ministry of Agriculture, Forests and Wildlife, Tanganyika.

PACALA S W, CANHAM C D, SILANDER J A Jr. 1993. Forest models defined by field measurements: I. The design of a northeastern forest simulator[J]. Canadian Journal of Forrest Research, 23(10): 1980-1988.

PALANG H, MANDER Ü, NAVEH Z. 2000. Holistic landscape ecology in action[J]. Landscape and Urban Planning, 50:1-6.

PALANG A, SOOVALI H, ANTROP M, SETTEN G. 2004. European rural landscapes: persistence and change in a globalizing environment [M]. Dordrecht/Boston/London: Kluwer Academic Publishers.

PANKOW W, 1976. Openness as self-transcendence[M]//JANTSCH E, WADDINGTON C W (eds.). Evolution and consciousness: human systems in transition. Reading: Addison-Westley, 16-36.

PATIL G P, JOHNSON G D, MYERS W L. 1998. Statistical ecology of landscape characterization with satellite data for resource assessment and management: an ecological indicator approach[C]//GOPAL B, PATHAK P S, SAXEN K G (eds). Ecology today: an anthology of contemporary ecological research. New Delhi: International Scientific Publication, 453-466.

PEAT D F. 1997. Infinite potential: the life and times of David Bohm[M]. Reading: Addison-Wesley.

PEDROLI B. 1989. The nature of landscapes[M]. Den Hague: CIP-Gegevens Kunnninkiije Bibliotheek, 146.

PEDROLI G M B, VOS W D, ROSSI R. 1988. The farmer river barrage effect study: Giunta Regionale, Toscana[M]. Firerize: Marsilio Editori, 370.

PEREIRA H C. 1962. Hydrological effects of changes in land use in some East African catchment areas[J]. East African Agriculture and Forestry Journal, 27:126-131.

PEREIRA H C, MCCULLOCH J S G. 1962. Water requirements of East African crops[M]// RUSSELL E W (ed.). The natural resources of East Africa. Nairobi, 88-91.

PICKETT S T, PARKER A V T, FIEDLER P L. 1992. The new paradigm in ecology: implications for conservation biology above the species level[M]//FIEDLER P L, JAIN S K (eds.). Conservation biology. New York: Chapman and Hall, 65-88.

PICKETT S T A, WHITE P S. 1985. The ecology of natural disturbance and patch dynamics [M]. New York: Academic Press.

PIERCE D, MORAN D. 1994. The economic value of biodiversity[M]. London: Earthscan Publications.

PIETSCH W H O. 1999. Landscape changes by lignite mining demonstrated by example of the Lusatian area [M]// Kovar P (ed.). Nature and Culture in Landscape Ecology (Experiences for the 3rd Millenium). Prague: The Karolinum Press, 238-251.

PIGNATTI S. 1994. Ecologia del paesaggio[M]. Torino: Unione Tipografica Editrice Torinese (UTET), 228.

PIMENTEL D. 1992. Conserving biological diversity in agricultural systems[J]. BioScience, 42:354-362.

PIMENTEL D, WESTRA L, NOSS R F (eds.). 2000. Ecological integrity: integrating environment, conservation and health[M]. Washington, D. C. : Island Press, 234.

PINTO-CORREIA T. 1993. Threatened landscapes in Alenteio, Portugal: the 'montado' and other 'agro-silvo-pastoral' systems[J]. Landscape and Urban Planning, 24:43-48.

PRIGOGINE I. 1976. Order through fluctuations: self-organization and social systems[M]// JANTSCH E, WADDINGTON C W (eds.). Evolution and consciousness: human systems in transition. Reading: Addison-Westley, 93-130.

PRIGOGINE I. 1997. The end of certainty: time, chaos, and the new laws of nature[M]. New York: The Free Press.

PRIGOGINE I, STENGERS I. 1984. Order out of chaos: man's new dialogue with nature [M]. New York: Bantam New Age Books, 394.

RAPPAPORT R A. 1979. Ecology, meaning, and religion[M]. Richmond: North Atlantic Books, 97-144.

REES W. 1995. Ecological footprints of the future[J]. People and Planet, 5:6-8.

REES W. 1998. How should a parasite value its host[J]? Ecological Economics, 25:49-52.

REES W. 2000. Patch disturbance, ecofootprints, and biological integrity: revisiting the limits to growth (or why industrial society is inherently unsustainable)[M]//PIMENTEL D, WESTRA L, NOSS R F (eds.). Ecological integrit: integrating environment, conservation and health. Washington D. C. : Island Press,139-156.

RICKLEFFS R R, NAVEH Z, TURNER R E. 1984. Conservation of ecological processes [R]. IUCN Commission on Ecology Pager no. 8. IUCN, Gland, Switzerland.

RISSER P G. 1987. Landscape ecology: state-of-art[M]//TURNER M G, BOQUCKI D J (eds.). Landscape heterogeneity and disturbance. New York: Springer-Verlag, 3-14.

ROMME W H. 1982. Fire and landscape diversity in subalpine forests of Yellowstone National Park[J]. Ecological Monographs, 52:199-221.

ROSENZWEIG M L. 2003. Win-win ecology: how the earth's species can survive in the midst of human enterprise[M]. New York: Oxford University Press.

ROSZAK T. 1992. The voice of the earth: an exploration of ecopsychology[M]. New York: Simon and Schuster, 367.

ROSZAK T. 1994. The cult of information[M]. Berkeley: University of California Press, 267.

ROSZAK T. 1995. Where psyche meets Gaia[M]//ROSZAK T, GOMES M E, KAMLER A D (eds.). Ecopsychology: restoring the earth healing the mind. San Francisco: Sierra Club Books, 1-17.

ROSZAK T, GOMES M E, KAMLER A D (eds.). 1995. Ecopsychology: restoring the earth healing the mind[M]. San Francisco: Sierra Club Books, 338.

RUIZ DE LA TORTE J R. 1985. Conservation of plants within their native ecosystems[M]// GOMEZ-CAMPO C (ed.). Plant conservation m the Mediterranean Area. Hague: Dr. W. Junk b. v. Publishers, 197-219.

RUSSELL J, SAWIN J. 2007. Help wanted: international climate change mitigation seeks leader [EB/OL]. [2007-9-25]. http://www.worldwatch.org/node/5369.

SAGOFF M. 2000. Ecosystem design in historical and philosophical context [M]//D. PIMENTEL D, WESTRA L, NOSS R F (eds.). Ecological integrity: integrating environment, conservation and health, Washington, D. C. : Island Press, 61-78.

SACHS W. 1995. Global ecology and the shadow of development[M]//SESSIONS G (ed.). Deep ecology for the 21st century: readings on the philosophy and practice of the new environmentalism. Boston & London: Shambhala Publications, 39-58.

SAUER C O. 1925. The morphology of landscape[J]. University of California Publications in Geography, 2: 19-53.

SAUNDERS W, WEBSTER D. 1994. Preindustrial man and environmental degradation[M]// KIM K C, WEAVER R D (eds.). Biodiversity and landscapes: a paradox of humanity. New York: Cambridge University Press, 77-104.

SCHEER H. 2000. The second industrial revolution: the solar age[J]. Deutschland, 4: 46-49.

SCHMIDT K. 1996. Status and the environment[J/OL]. Change, 32:10-12.

SCHOLZ R W, HÄBERLI R, BILL A, WELTI M (eds.). 2000. Transdisciplinarity: joint problem-solving among science, technology and society [M]. Workbook II: Mutual learning sessions. (Vol. 2). Zürich: Haffmans Sachbuch Verlag.

SCHULTZ A M. 1967. The ecosystem as a conceptual tool in the management of natural resources[M]//CIRANCY-WANTRUP S V, PARSONS J J (eds.). Natural resources: quality and quantity. Berkeley: University of California Press, 139-161.

SENGE P M, KLEINER A, ROBERTS C. 1994. The fifth discipline fieldbook[M]. London: Nicholas Brealey Publishing.

SENIOR K. 2008. New winds blowing in China [J]. Frontieras in Ecology and the environment, 8:177.

SHOENMAKERS B. 2002. Inflation of sustainability[J/OL]. Change, 63:3.

SIEFERLE R P. 1997. Rueckblick auf die Natur. Eine Geschichte des Menschen und Seiner Umwelt[M]. Muenchen: Luchterhand Literatur Verlag.

SIMON H A. 1962. The architecture of complexity [J]. Proceedings of the American Philosophical Society, 106: 467-482.

SIMON H A. 1973. The organization of complex systems[M]//PATTEE H H. Hierarchy Theory. New York: George Braziller, 3-27.

SMITH M J. 1998. Ecologism towards ecological citizenship[M]. Minneapolis: University of Minnesota Press.

SNOW C P. 1963. The two cultures: a second look[M]. Cambridge: Cambridge University Press.

SPETNAK C. 1999. The resurgence of the real: body, nature and place in a hypermodern world[M]. New York: Routledge, 276.

STEBBINS G L. 1982. Darwin to DNA: molecules to humanity[M]. San Francisco: W. H. Freeman.

STEINHARDT U. 1998. Applying fuzzy set theory for medium and small scale landscape assessment[J]. Landscape and Urban Planning, 41:203-208.

STRAUS E. 1963. The primary world of senses[M]. London: Fontana/Collins, 320.

SYRBE R U. 1996. Fuzzy -Bewertungsmethoden Fur Landschaftsokologie und Landschaftsplanung [J]. Archiv fur Natur und Landschaft, 34:181-206.

TALBOT L M, LEDGER H P, PAYNE W J A. 1961. The possibility of using wild animal production on East African range lands based on a comparison of ecological requirements and efficiency of range utilization by domestic livestock and wild animals[R]. Eighth Intern. Cong. Animal Prod., Hamburg, 205-210.

TANSLEY A G. 1935. The use and abuse of vegetational concepts and terms[J]. Ecology, 43: 284-307.

THAYER R J. 1994. Gray world, green heart: technology, nature and the sustainable landscape[M]. New York: John Wiley & Sons.

THOMAS A. 1957. Man's Role in Changing the Face of the Earth. Chicago University Press, Chicago.

TOLBA M. 1992. Saving our planet: challenges and hope[M]. London: Chapman & Hall.

TOUPAL R S. 2003. Cultural landscapes as a methodology for understanding natural resource management impacts in the western United States[J/OL]. Conservation Ecology, 7.

http://www.consecol.org/vol7/iss1/art12/.

TRESS B. 2000. Landwirtschaft landschaft: umstellungpotential landschaftlicher konsequenzen der oekologischen landwirtshaft in Daenemark [D]. Institute for Geography and International Development Studies, Roskilde: University of Roskilde.

TRESS B, TRESS G, DÉCAMPS H, D'HAUTESERRE A. 2001. Bridging human and natural sciences in landscape research[J]. Landscape and Urban Planning, 57:137-141.

TRESS B, TRESS G. 2002. Characteristic of disciplinary and meta-disciplinary approaches [M]//BASTIAN O, STEINHARDT U (eds.). Development and perspectives in landscape ecology: conceptions, method, application. Dodrecht: Kluwer Academic Publishers, 27-37.

TRESS B, TRESS G, VAN DER VALK A, FRY G (eds.). 2003. Interdisciplinary and transdisciplinary landscape studies: potentials and limitations[M]. Wageningen: Delta Series 2.

TROLL C. 1939. Luftbildplan und ökologische Bodenforschung[J]. Zeitschrift der Gesellschaft für Erdkunde zu Berlin, 7/8, 241-298.

TROLL C. 1971. Landscape ecology (geo-ecology) and bio-econology: a terminology study [J]. Geoforum, 8:43-46.

TRZYNA T (ed.). 1995. A sustainable world: defining and measuring sustainable development[M]. London: Earthscan Publication, 272.

TUAN Y F. 1974. Topophilia: a study of environmental perceptions, attitudes, and values [M]. Englewood Cliffs: Prentice-Hall, Inc.

TURNER M G, GARDNER R, O'NEILL R V O. 2001. Landscape ecology in theory and practice: pattern and process[M]. New York: Springer-Verlag.

VAN DER MAAREL E. 1977. Toward a global ecological model for physical planning in the Netherlands [R]. Ministry of Housing and Physical Planning, The Hague, The Netherlands.

VESTER F. 1976. Urban systems in crisis-understanding and planning of human living-spaces: the biocybernetic approach[M]. Stuttgart: Deutsche Verlags-Anstalt, 89 pages.

VITOUSEK P M, MOONEY H A, LUBCHENCO J, MELILLO J M. 1997. Human domination of Earth's systems[J]. Science, 277:494-499.

VOGIATZKIS I N, PUNGETTI G, MANNION A M. 2008. Mediterranean island landscapes: natural and cultural approaches[M]. Dordrecht: Springer-Verlag.

VOGL R J. 1980. The ecological factors that produce perturbation-dependent ecosystems [M]//CAIRNS J JR. (ed.). The recovery process in damaged ecosystems. Ann Arbor: Ann Arbor Science Publisher, 63-94.

VOS S, STORTELDER A H F. 1992. Vanishing Tuscan landscapes: landscape ecology of a submediterranean-Montane area (Solano Basis), Tuscany, Italy[M]. Wageningen: Pudoc Scientific Publishers.

WADDINGTON C H. 1975. A catastrophe theory of evolution: the evolution of an evolutionist [M]. Ithaca: Cornell University Press.

WALI A, DARLOW G, FIALKOWSKI C, TUDOR M, DEL CAMPO H, STOTZ D. 2003. New methodologies for interdisciplinary research and action in an urban ecosystem in Chicago[J/OL]. Conservation Ecology, 7. http://www.consecol.org/vol 7/iss3/art2/.

WALKER B. 2000. Analyzing integrated social-ecological systems. Executive Summary[R/OL]. Wallenberg Workshop. September 12-14 2000. Royal Swedish Academy of Sciences, Stockholm. http://www.resiliance.org/reports/Wallenberg-report.dec00.html.

WALKER B, CARPENTER S, ANDERIES J, ABEL N, CUMMING G S, JANSSEN M, LEBEL L, NORBERG J, PETERSON G D, PRITCHARD R. 2002. Resilience management in social-ecological systems: a working hypothesis for a participatory approach[J/OL]. Conservation Ecology 6(1): 14. http://www.consecol.org/vol6/iss1/art14/.

WALTNER-TOEWS D, KAY J J, NEUDOERFFER C, GITAU T. 2003. Perspective changes everything: managing ecosystems from the inside out[J]. Frontiers in Ecology and the Environment, 1:23-30.

WARBURG M. 1977. Plant and animal species diversity along environmental gradients in a Mediterranean landscape of Israel Animal species diversity[R]. Research Report 450. Binational Israel-American Science Foundation. Technion, Israel Institute of Technology, Haifa. Israel.

WARBURG M, BEN-HORIN R A, RANKEVICH D. 1978. Rodent species diversity in mesic and xeric habitats in the Mediterranean region of northern Israel[J]. Journal of Arid Environment, 1:63-69.

WARD D J. 2003. Redefining ecology[J/OL]. Conservation Ecology, 7(1): r8. http://www.consecol.org/vol7/iss1/resp8/.

WCDE. 1987. Our common future: report of the world commission on environment and development[M]. Oxford: Oxford Press.

WEINBERG G M. 1975. An introduction to general systems thinking[M]. New York: John Wiley and Sons, 304.

WEISS P A. 1969. The living system: determinism stratified [M]//KOESTLER A, SMITHIES J R (eds.). Beyond reductionism: new perspectives in the life sciences. London: Hutchinson, 3-55.

WEST O. 1962. Factors affecting the carrying capacity of Veld grazing[C]. Proc. First Interdep. Conf. Pasture Workers, Bulawayo, S Rhodesia, 23-43.

WESTERN D, FINCH V. 1986. Cattle and pastoralism: survival and production in arid lands [J]. Human Ecology, 14:77-94.

WESTERN D. 1997. In the dust of Kilimanjaro[M]. Washington. D. C.: Island Press/Shearwater Books.

WHITTAKER R H. 1965. Dominance and diversity in land plant communities[J]. Taxon, 21(2/3):213-251.

WHITTAKER R H. 1975. Communities and ecosystems [M]. 2nd ed. New York: Macmillan.

WHYTE R O. 1962. The myth of tropical grassland[J]. Tropical Agriculture, 31:1-11.

WHYTE R O. 1976. Land and land appraisal[M]. Hague: Dr. W. Junk b. v. Publishers, 376.

WILSON J G. 1962. The vegetation of Karamoja District, Northern Province of Uganda[R]. Uganda Dep. Agric. Memoirs of Res. Div. , Ser. 2: Vegetation, No. 5.

WINDER N. 2003. Successes and problems when conducting interdisciplinary and transdisciplinary (= integrative) research[M]//TRESS B, TRESS G, VAN DER VALK A, FRY G (eds.). 2003. Interdisciplinary and transdisciplinary landscape studies: potentials and limitations. Wageningen: Delta Series 2, 74-90.

WLO, 1998. A new identity for landscape ecology in Europe[C]. A research strategy for the next decade: outlines formulated at the European congress. Landscape ecology: things to do, Amsterdam, 6-10 October. The Dutch Association of Landscape Ecology, Wageningen.

WORLD RESOURCES 2000-2001. 2000. People and ecosystems: the fraying web of life[M]. Amsterdam:Elsevier Science.

WREBKA T, SCRENCSITS E, REITER K. 1997. Classification of Austrian cultur landscapes- for nature conservation and sustainable development[C]//MIKLOS L (ed.). Proceedings of the II. International Conference on Culture and Environment 7th-8th November 1996, Banska Stiavnica, Slovak Republic. Nadacia Unesco-Chair for Ecological Awareness, Bansla Stiavnica.

WU J. 2007. Past, present and future of landscape ecology (Editorial)[J]. Landscape Ecology, 22:1433-1435.

Wu J, HOBBS R. 2002. Key issues and research priorities in landscape ecology: an idiosyncratic synthesis[J]. Landscape Ecology, 17:335-365.

YOUNG G L. 1974. Human ecology as an interdisciplinary concept: a critical inquiry[J]. Advances in Ecological Research, 8:1-105.

ZADEH L A. 1973. Fuzzy sets and systems[M]//FOX J (ed.). System theory: microwave Research Institute Symposia Series IV. Brooklyn: Polytechnic Press, 29-37.

ZHAO S Q, DA L J, TANG Z Y, FANG H J, SONG K, FANG J Y. 2006. Ecological consequences of rapid urban expansion: Shanghai, China[J]. Frontiers in Ecology and the environment, 4:341-346.

ZONNEVELD I S. 1982. Landscape ecology, a science or a state of mind[M]//TJALLINGII S P, DE VEER A A (eds.). Perspectives in landscape ecology. Wageningen Pudoc Scientific Publishers, 9-16.

ZONNEVELD I S. 1995. Land ecology: an introduction to landscape ecology as a base for land evaluation, land management and conservation[M]. Oxford: SPB Academic Publishing.

角媛梅.2003.哈尼文化区的特质——哈尼梯田文化景观[J].云南地理环境研究,15(1):51-56.

角媛梅,程国栋,肖笃宁.2002.哈尼梯田文化景观及其保护研究[J].地理研究,21(6):733-741.

索　引

A 域　　16,214,217
Bohm 全息摄影范式　　54
VA 菌根　　7
α(物种)多样性　　35
α 生境多样性　　41
β 生境多样性　　35,41
γ(景观)多样性　　35
γ 土地单元多样性　　41
δ 土地系统多样性　　41
半干旱牧区　　132
半自然生态区　　78
不连续性　　174
不稳定性　　31,72
超循环　　68,172
城市工业技术圈景观　　153
城市工业技术圈生态区　　94
城市工业生态区　　82
城市化综合征　　83
城市危机综合征　　141
臭氧层耗竭　　159
大协调　　10,47,98
大转变　　61
单向生产系统　　58
等级结构　　49,66,92
等级组织　　49
顶极　　105
丢弃式经济　　193
动态流平衡　　79,105,107
动态平衡　　7,31,39,40
动态全球系统模型　　101
动态演替　　36
动态自组织　　171
豆科牧草　　136
多尺度　　153
多功能景观　　8,44,56

多过程网络　　172
多目标土地利用规划　　145
多维度　　153
多稳态　　72
多学科　　176,210
多重稳定性　　31,72
二元化观点　　55
发展规划　　133
非均衡热力学　　31
非可再生资源　　180
非平衡热力学理论　　156
非平衡系统　　9
分维方法　　9
分形　　96
分支点　　10,47,70,71,115,172
丰富度　　39
负反馈　　139
负熵　　47,141
复学科　　176,210
盖亚假说　　84
干扰　　39
格式塔　　30,92,94
格式塔系统　　9,48,65,153,166,167
工农业生态区　　94
工业化农业　　9
工业化社会　　15
工业化时代　　187
工业技术圈　　9
公用地　　227
功能复杂性　　29
功能整合　　121
共生关系　　59,121
共同进化　　171
过境流　　183
耗散结构　　31,46,72

和解生态学	189	可持续性变革	160,187
后工业化信息时代	47	可再生生态区	81
后工业化整体人类景观	33	可再生资源	180
后工业时代	59	空间维	24
互涉学科	176,210	控制论	170
化石能源	58	跨学科	45,46,176,187,210,217
化石能源时代	161	跨学科的途径和方法	5
还原论	22,56,167,187	跨学科区域发展	176
环境变革	35	跨学科挑战	9
环境危机	163	跨学科性	14,205,210
恢复生态学	6,7	临界点	62
混沌点	17,224,225,233	绿色能源	161
火生态学	4	绿色燃料	194,232
机械论	167,187	模糊逻辑	178
集约化农业产业生态区	81	模糊逻辑学	9,97
技术圈	59,141	模糊评价	97
技术圈景观	23,35,82,120,121,170,180	内流平衡	73
技术生态区	84	能量流	22
交叉催化环	9	能量效率	47
交叉催化网络	9,33,59,68,85,183	农－林－牧业生态区	94
交叉学科	31,176,210	农业产业化生态区	71
结构复杂性	29,47	农业生态区	84
近自然生态区	72	耦合关系	15
经济可持续性	58	气候变化	159,229
经济全球化	44	气候事件	62
精神智慧空间	16	潜在自然植被	104
景观	21,26,27,75,93	氢能经济	194
景观复杂性	28	区域可持续发展	14,184
景观恢复	114	驱动力	118
景观生态系统	27	全球化	157
景观生态学	1,4,140	全球信息化时代	187
景观塑造驱动力	40	燃烧轮回期	39
景观演化	47	人工技术圈	4
景观异质性	53	人口增长	101,139
巨变	44,61,223	人类－生态系统关系综合征	202
决策窗	17,225,235	人类生命支持系统	118
开放景观	51	人类生态系统科学	140
科技效率	180	人类生态学	10,45
可持续发展	148,179	人类智慧圈	51
可持续发展跨学科性	15	人造资本	180

认知系统	167
软价值	35, 78, 110
沙尘暴	63
熵	46
社会代谢	175
社会生态学	175
生发性秩序	9, 54, 96, 215
生境	34
生境丧失	64
生命支撑系统	94, 219
生态等级	9
生态等级理论	25
生态等同景观	3
生态多样性	35, 109
生态复杂性	29
生态和经济危机	160
生态恢复	117
生态经济学	103
生态可持续性	58, 148
生态旅游	117
生态伦理学	102
生态区	26, 36, 50, 141
生态圈	84, 114
生态全球化	182
生态危机	62
生态位多样性	3
生态稳定性	40
生态系统	21, 22, 25
生态系统健康	151
生态心理学	78
生态整体性	175
生态智慧	12
生态智慧伦理	15
生态足迹	14, 71, 83
生态足迹法	174
生物－技术－生态区	71
生物－生态－文化三角形模型	8
生物多样性	34, 35
生物圈	56, 59, 141
生物圈景观	8, 23, 121, 153
生物圈景观和技术圈景观	16
生物圈生态区	14
生物燃料	232
生物－社会－经济生态网络	146
生物生态学	45
时空有序整体	93
实证主义	55
世界观察研究所	157
狩猎畜牧业	133
双稳态	72
太阳能时代	161, 194
碳能经济	194
碳足迹	223
土地利用方式	63
土地利用决策	103
退耦效应	84
微生境	38
文化多样性	40
文化和社会经济变革	150
文化景观	92, 115
文化生物圈景观	105
文化生物生态区	72
文化危机	160
文化演化	47, 171
稳态平衡系统	105
物种灭绝	34, 159, 190
系统动态模型	32
显性秩序	54, 215
限制因子	139
乡村生态区	82
镶嵌结构	66
协同进化	3
协同性	174
协同学	31
心理物理系统	56
新古典市场经济模式	85
新技术景观退化	34
信息崇拜	181
信息化社会	161
信息圈	59, 86

信息时代	9	整体性范式	67
信息宇宙	16	整体性方法	4
学科交叉	46	整体研究范式	46
亚城市生态区	82	植被修复	6
亚等级体系	50	智慧圈	56,67,76,86,98,168
岩石圈	56	中等数量系统	29
一般系统论	15,165	子整体	49
隐含秩序	9,54,96,215	自超越和自组织能力	8
营养结构	22	自创造(或人类行为)系统	116
硬价值	35,78,118	自催化	9
有机农业生态区	80	自然-文化混合系统	8
有序原理	31	自然避难所	117
远离平衡态的景观	31	自然等级	92
再生产系统	57	自然地理空间	16
再生速率	180	自然生态区	72
再生系统	120	自然生物圈	34
再生性生态区	10	自然网络	175
折叠秩序	96	自然资本	180,227
整体后工业化景观	224	自然资产	57,78,219
整体景观	84	自生系统	67
整体景观恢复	7	自适应(或生物)系统	116
整体景观生态多样性	5	自我创造系统	172
整体论	2	自组织理论	31,156
整体论范式	213	自组织能力	31
整体人类生态系统	3,8,9,11,16,30,51, 56,66,93,171	自组织宇宙	98
		综合服务价值	103
整体性	22,54	总体景观生态多样性	33,91

中文版后记

　　Naveh 教授这本具有开创意义的景观生态学论著在中国出版，适逢历史上一个新时代的到来。整个人类-自然系统，整个行星地球的生态状况，已经进入了一个关键阶段：到达了分支点上。种种迹象表明：我们作为主角所生存的、塑造了我们生活的这个系统，已经来到了无路可退的分支点上，而这一点，直到最近，才有一些理论系统学家和一些持整体性观点的自然和社会科学家认识到。目前面临的选择已不再是是否采取行动，而是变与不变的问题，而且变，也不能是偶然的、带有短期效应的变，而是带有系统前瞻性和理性目标的变。我们的行为和态度如果不及时改变，毫无疑问地将导致系统的崩溃，不仅给人类，而且给地球上的所有物种都将带来灾难性的后果。

　　在人类历史的这个关键转折点上，需要一种系统方法来理解我们作为关键角色所存在的这个系统的整体性，运用复杂性开放系统的理念，把系统的各个组成部分融合在一起，使其达到可持续的动态平衡。这需要一种对现实问题的新的、更高层次的理解，需要对解决这些问题的一些原则的熟知，以及把这些原则转化为具体而有效的行动的愿望。

　　整体性的景观生态学将人类因素全面纳入进来，成为解决这一划时代的挑战不可替代的资源。Naveh 教授毕生的贡献，通过此书体现出来，李秀珍博士将它的精华提炼为理性行动所需要遵循的一些原则，介绍给中国的领导人、科学家和普通读者，使中国——这位觉醒中的巨人——认识到，其重要性不仅仅在于其作为经济大国的崛起，更重要的是其在保证系统动态可持续发展中的作用，这不仅关系到人类的生存，而且关系到整个行星地球上所有生命的未来。

Ervin Laszlo
2009 年 4 月

译者的话

译者与本书作者 Zev Naveh 教授相识于 1998 年亚太地区景观生态学国际研讨会，当时 Naveh 先生是作为大会特邀报告人来参会的，给人的印象是观点比较"另类"、"超前"。此后时断时续保持联系。2007 年第七届国际景观生态学大会期间，Naveh 先生表达了他希望将这本集中了他毕生学术研究精华的论著译成中文出版的愿望，并强调该书正被译成西班牙语、意大利语等多种文字，但考虑到我自己已然超重的工作负荷，没有马上承诺翻译此书。会议结束后，Naveh 先生很执着地不断发送邮件，敦促我考虑翻译此书，我才不得不真正坐下来认真翻阅该书的内容，考虑它是否对中国读者有参考价值，发现其中不少涉及人与自然如何协调发展的观点，非常适合我国当前社会经济发展的需要。

该书原著中收录了不少关于地中海山地景观的研究论文，考虑到中国的自然环境状况和读者兴趣，译者对原书章节进行了筛选，并与原作者进行了沟通，最终共同选定了一些章节，又加上另外补充的几篇文章，构成此书的原稿。需要指出的是，由于原作品是由若干单篇文章构成的，各章节之间有少量重复，考虑到每章内容的完整性，没有对重复出现的文字进行删节，只对少量重复出现的图表进行了统一整理和交叉引用。此外，文中的一些观点，特别是关于中国的一些论述，只是作者一家之言，有些观点译者本人也不敢苟同，但这毕竟代表了一部分西方人的看法，因此将原文译出放在这里，谨供中国读者参考和思索。

论文的具体翻译工作由近年景观生态学方向毕业的年轻博士来承担，其中，中文版前言、引言、第 7、8、11 章由李秀珍翻译；第 1、2、12 章由冷文芳翻译；第 3、4 章由解伏菊翻译；第 5、6 章由角媛梅翻译；第 9、10 章由李团胜翻译，全书由李秀珍统一校对和编辑。

非常感谢李百炼教授积极推荐该书作为生态学名著译著丛书之一出版，也特别感谢高等教育出版社李冰祥博士的大力协助。在此还要感谢马志刚和贾悦同学在文字输入过程中所做的贡献，以及郭文永同学对文字和参考文献的认真校对、整理。

由于时间仓促，文中难免有疏漏或表达不清之处，敬请读者批评指正。

李秀珍
2009 年 12 月

郑 重 声 明

高等教育出版社依法对本书享有专有出版权。任何未经许可的复制、销售行为均违反《中华人民共和国著作权法》，其行为人将承担相应的民事责任和行政责任，构成犯罪的，将被依法追究刑事责任。为了维护市场秩序，保护读者的合法权益，避免读者误用盗版书造成不良后果，我社将配合行政执法部门和司法机关对违法犯罪的单位和个人给予严厉打击。社会各界人士如发现上述侵权行为，希望及时举报，本社将奖励举报有功人员。

反盗版举报电话：(010)58581897/58581896/58581879
反盗版举报传真：(010)82086060
E - mail：dd@hep.com.cn
通信地址：北京市西城区德外大街4号
　　　　　高等教育出版社打击盗版办公室
邮　　编：100120

购书请拨打电话：(010)58581118